普通高等教育电气信息类系列教材

可编程序控制器原理与应用基础
第 3 版

刘凤春　　王永兴　　周晓丹　　巴　宇　编著
唐庆玉　　主审

U0378576

机械工业出版社

本书分上、下两篇。上篇为理论教学篇，阐述了可编程序控制器（PLC）的基本原理和硬件配置，系统介绍了西门子 S7-200 SMART PLC 的指令系统以及编程方法。上篇共 6 章，包括可编程序控制器概述、可编程序控制器的基本原理、S7-200 SMART PLC 的硬件系统、S7-200 SMART PLC 的指令系统、可编程序控制器程序设计基础以及可编程序控制器的通信及网络。下篇为实验教学篇，系统介绍了西门子 S7-200 SMART PLC 的编程软件及其使用方法，并配置了丰富的实验内容，便于读者理论结合实际。下篇共 3 章，包括可编程序控制器编程软件、基础指令编程实验以及可编程序控制器编程综合实验。

全书在阐述基本概念和基本原理的基础上，侧重于编程方法的讲解和练习，着重于工程实际应用能力的培养。各章配有大量的练习题，附录中提供了第 4 章和第 5 章部分练习题的答案，供读者检验知识的掌握程度和巩固所学的知识。

本书可作为高等院校工科各个专业相关课程的教材，也可作为有关工程技术人员的参考用书。

本书还配套有多媒体教学课件，供读者免费使用。

图书在版编目（CIP）数据

可编程序控制器原理与应用基础/刘凤春等编著. —3 版. —北京：机械工业出版社，2022.9（2024.12 重印）
普通高等教育电气信息类系列教材
ISBN 978-7-111-71526-9

Ⅰ. ①可… Ⅱ. ①刘… Ⅲ. ①可编程序控制器–高等学校–教材 Ⅳ. ①TP332.3

中国版本图书馆 CIP 数据核字（2022）第 163410 号

机械工业出版社（北京市百万庄大街 22 号　邮政编码 100037）
策划编辑：刘丽敏　　　　责任编辑：刘丽敏　王　荣
责任校对：肖　琳　李　婷　封面设计：张　静
责任印制：郜　敏
中煤（北京）印务有限公司印刷
2024 年 12 月第 3 版第 3 次印刷
184mm×260mm · 18.5 印张 · 457 千字
标准书号：ISBN 978-7-111-71526-9
定价：53.80 元

电话服务　　　　　　　　　网络服务
客服电话：010-88361066　　机　工　官　网：www.cmpbook.com
　　　　　010-88379833　　机　工　官　博：weibo.com/cmp1952
　　　　　010-68326294　　金　书　网：www.golden-book.com
封底无防伪标均为盗版　　机工教育服务网：www.cmpedu.com

第 3 版前言

本书自 2016 年出版第 2 版至今已经五年了。根据这五年来读者的反馈意见，以及目前可编程序控制器（PLC）技术的发展水平、各高校实验室 PLC 设备的升级换代修订了第 2 版。通过这次修订，以期本书在内容、叙述方式和专业术语的应用等方面更趋完善和成熟，让本书更有利于读者自主学习。本次主要针对可编程序控制器的硬件和软件进行了升级，具体修订工作简述如下。

首先，全面修订了 PLC 的产品型号。本书的前两版是以西门子 S7-200 PLC 为基础的，系统介绍了 PLC 的基本原理、硬件系统组成、编程指令系统和编程方法。近年来，由于 PLC 应用领域不断扩展，工业自动化生产也对 PLC 技术提出了更高的要求，而旧版 S7-200 PLC 的硬件架构存在不合理之处。例如，要实现各种通信，就必须扩展各种通信模块。本次修订，本书的主要内容硬件系统组成和编程指令系统采用了西门子公司的 SIMATIC S7-200 SMART PLC。这是西门子公司经过大量市场调研，为我国用户量身定制的一款高性价比小型 PLC 产品。SMART 是西门子提出的一个产品战略，SMART 的寓意为"简单（Simple）""易维护（Maintenance-friendly）""高性价比（Affordable）""坚固耐用（Robust）"和"上市时间短（Timely to market）"。S7-200 SMART 系列 PLC 提供了紧凑型和标准型两大类、多达 12 种型号的 CPU，单主机内置了 20~60 点的 I/O 点数，定位于超越 S7-200 PLC 的高性价比下一代产品，融入了小型自动化系统的发展理念和设想。

S7-200 CPU 与 S7-200 SMART CPU 基本相似，主要不同点体现在以下 9 个方面，弄清楚这些差别，对于在实验室使用 S7-200 CPU 的读者来说，仍然可以继续使用本书。

1）通信端口不同。S7-200 SMART 标准型 CPU 集成了一个以太网端口和一个 RS485 通信接口，这是 S7-200 SMART 系列 PLC 的亮点之一，可以满足大多数小型自动化设备的联网控制需求。而 S7-200 CPU 没有以太网端口，只能通过扩展通信模块 CP243-1 来添加以太网端口。

2）外存储器不同。S7-200 CPU 采用专用的存储器卡存储或移植程序，而 S7-200 SMART CPU 主机上集成了一个 Micro SD 卡插槽，使用市面上通用存储器卡 Micro SD HC 卡能实现远程维护程序的功能，如固件升级、更新程序或恢复设备出厂设置等。这是 S7-200 SMART 系列 PLC 的亮点之二。

3）扩展模块的种类不同。S7-200 SMART 的标准型 CPU 扩展选件包括扩展模块和信号板两种：扩展模块与 CPU 的连接采用插针而不是扁平电缆；信号板是全新的可选件，插在 CPU 面板的插槽里，包括 CM 通信信号板、DI/DO 信号板、AI/AO 信号板和电池板。显然，比 S7-200 CPU 的扩展更加灵活、方便。

4）主机面板上的 DI/DO 点布局和运行模式开关不同。S7-200 CPU 的数字量输入点 DI 接线排在面板下方，数字量输出点 DO 接线排在面板上方；而 S7-200 SMART CPU 与它相反，DI 接线排在面板上方，DO 接线排在面板下方。在 S7-200 CPU 的右侧前盖下有一个运行模式开关，可以改变 CPU 的运行模式，而 S7-200 SMART CPU 没有运行模式开关，只能在编程软件的系统块里更改 CPU 上电后的运行模式。

5）存储器容量和工作速度不同。S7-200 SMART CPU 采用了 S7-1200 系列 PLC 的中央处理器，使其具有更高的运算速度、更强的运算能力，程序和数据的存储以及保持能力得以大幅度提升。S7-200 SMART CPU 的程序容量为 12 ~ 30KB，数据存储器 V 区容量为 8 ~ 20KB，布尔指令的执行时间仅需 0.15μs。而 S7-200 CPU 的程序容量为 4 ~ 24KB，数据存储器 V 区容量为 2 ~ 10KB，布尔指令的执行时间为 0.22μs。

6）编程软件与编程电缆不同。S7-200 CPU 的编程软件是 STEP 7-Micro/WIN，需要专用的编程电缆 PC/PPI 电缆，根据编程计算机接口的不同，又分为 USB 和 RS232 两种电缆。而 S7-200 SMART CPU 的编程软件是 STEP 7-Micro/WIN SMART，通过以太网或 USB/PPI 编程电缆上传、下载或在线调试程序。两种编程软件的语法、图符和编程界面相同，但后者新增了指令和功能。使用 STEP 7-Micro/WIN SMART 能打开用 STEP 7-Micro/WIN 编制的程序，但有个别不再支持的指令必须手动修改。

7）硬件组态方式不同。S7-200 CPU 不需要进行硬件组态，连接扩展模块后，在其编程软件 STEP 7-Micro/WIN 中的 CPU 信息里可以查看到扩展模块的 I/O 地址。而 S7-200 SMART CPU 需要根据实际硬件配置，在编程软件 STEP 7-Micro/WIN SMART 的系统块中组态扩展模块及其参数。

8）数据掉电保持的方式不同。S7-200 CPU 采用内部超级电容器和外部电池卡实现数据掉电保持，还通过编程或编写数据块将需要保持的数据保存到 E^{2}PROM 中，除 MB0 ~ MB13 的所有存储区默认都是断电数据保持的。而 S7-200 SMART CPU 采用在 E^{2}PROM 中设置掉电保持区域来实现数据保持，这个不需要编程，只需要在编程软件的系统块中设定需要保持的存储器的范围，具有最大 12KB 的数据保持能力（默认所有数据都没有保持性）。

9）运动控制方式不同。两者都有多路高速脉冲输出，可以控制多根运动轴。S7-200 CPU 通过扩展 EM253 定位模块来增加控制运动轴的个数，而 S7-200 SMART 标准型 CPU 已经将 EM253 定位模块的功能集成在 CPU 内部，可以控制 2 ~ 3 个轴。

其次，在内容上进行了大量修订。

1）第 1 章使用了当前最新的 PLC 技术发展动态以及在国内的应用概况代替了原有内容；在简介各 PLC 厂商的产品时，依据最新的产品技术手册或厂商网站上提供的产品技术参数；鉴于我国厂商 PLC 技术的进步，增补了"我国主要品牌的可编程序控制器"一节的内容。

2）根据 S7-200 SMART 的编程软件 STEP 7-Micro/WIN SMART V2.3 全新编写了第 6 章和第 7 章的内容。

3）修订了全书的梯形图程序。在 S7-200 PLC 的编程软件中，梯形图的一个梯级称为"网络"，而新的编程软件将其称为"程序段"。

4）考虑到初学者以掌握基本原理、基本指令和基础应用程序编程方法为主，为了节省篇幅，简化了对中、大型 PLC 的介绍，删除了第 2 版附录。

5）部分章节增加了 * 号标识，相应的内容对于初学者来说属于了解的内容。

本书第 1~5 章、第 9 章及附录由刘凤春编著，第 6 章由周晓丹编著，第 7 章由王永兴编著，第 8 章由巴宇修改。全书由刘凤春定稿。

本书承蒙清华大学唐庆玉教授主审，他对全书进行了仔细审阅，提出了许多极其宝贵的建议和意见，在此，谨向唐庆玉教授表示衷心的感谢！另外，大连理工大学电工电子实验中心的王林老师在前两版的编著和修订工作中付出了极大的努力和心血，在本书成稿之际，本人由衷地感谢王林老师多年来与本人的精诚合作！同时，还要感谢所有参考资料的作者！

本书的编著我们倾注了极大精力，力求呈现给读者最先进的技术和最精华的应用实例，但学识与经验毕竟有限，疏漏与不当之处仍恐难免，恳请广大同行和读者不吝赐教。意见和要求请发送电子邮件至 lfc5e001@ dlut. edu. cn。

与本书配套的多媒体教学课件可以在机械工业出版社的网站（www. cmpedu. com）上免费下载。欢迎读者下载使用，以提高学习效率。

刘凤春

2021 年 7 月

第 2 版前言

本书自 2009 年出版第 1 版至今已经六年了。根据这六年来的使用情况以及读者的反馈意见，本修订版主要做了以下 5 个方面的修改：

1) 由于 PLC 技术发展迅速，应用领域不断扩展，因此，本书第 1 章使用了当前最新的 PLC 技术发展动态以及在国内的应用概况代替了原有内容；在简介各 PLC 厂商的产品时，依据最新的产品技术手册，以列表的形式给出了各个产品系列的主要技术参数；鉴于国产 PLC 技术的进步，增补了"国产品牌可编程序控制器简介"一节。

2) 由于本书定位于 PLC 技术的"应用基础"，所涉及的工程控制实例也是比较简单的控制问题，因此，在第 4 章介绍 S7-200 PLC 的指令系统中，删减了在复杂控制程序中才能使用到的一些指令（如某些数学运算指令和表功能指令等），并且对指令做了进一步归类，进行了统一的功能说明，便于读者对比理解、记忆和查找。

3) 本书进一步加强了编程方法和应用实例的介绍。在第 5 章中不仅补充了例题，还增补了"PLC 程序的逻辑设计法"一节，从而为读者提供了 PLC 控制程序系统的设计方法和丰富的编程实例。

4) 在下篇实验教学篇中，大幅修改了原书的写作风格，实验项目与第 5 章的例题和练习题结合更加紧密，控制问题和实验要求更加清晰，便于实验者找到编程思路；对于比较简单的控制程序没有直接给出程序，而是给出程序的设计思路和提示；对于比较复杂的程序不仅给出了设计思路，也给出了程序的主要部分或参考程序。

5) 为了帮助初学者检验自己的学习成果，本修订版增补了第 4 章和第 5 章的练习题答案，有些练习题还给出了多种编程方法。这些练习题答案也相当于编程实例。考虑到其他章节的练习题大都为思考题，故未给出答案（在教材正文中能找到答案）。

本书第 1~5 章由刘凤春编著，第 6 章和附录由周晓丹编著，第 7~9 章由王林编著。全书由刘凤春定稿。

本书承蒙清华大学唐庆玉教授主审，他对全书进行了仔细审阅，提出了许多极其宝贵的建议和意见，在此，谨向唐庆玉教授表示衷心的感谢！

关于本书的编著，我们倾注了极大精力，力求呈现给读者最先进的技术和最精华的应用实例，但学识与经验毕竟有限，疏漏与不当之处仍恐难免，恳请广大同行和读者不吝赐教。意见和要求请发送电子邮件至 lfc5e001@ dlut. edu. cn。

与本书配套的多媒体教学课件可以在机械工业出版社的网站（www. cmpedu. com）上免费下载。欢迎读者下载使用，以提高学习效率。

编著者

2015 年 10 月

第1版前言

可编程序控制器（PLC）是一种由微处理器控制的电子系统，专为工业环境下的应用而设计。它采用可编程序的存储器，用来存储并执行逻辑运算、顺序控制、定时、计数和算术运算等操作的指令，并通过数字式或模拟式的输入和输出，控制各种类型的机械或生产过程。PLC及其有关外围设备，都是按照易于与工业控制系统形成一个整体、易于扩充其功能的原则设计的。

PLC诞生于20世纪70年代。最早的PLC是以替换继电器-接触器控制系统的角色出现的，其主要实现的功能仅仅是逻辑简单的顺序控制功能。PLC一经出现，就以其高可靠性、高抗干扰能力、小体积、低功耗和简单直观的编程模式（如梯形图）而显示出强大的生命力，成为自动控制领域的明星。经过了30多年的发展，其功能和性能都有了极大的提高。现代PLC产品集逻辑控制、模拟量闭环控制、数据处理和数据通信联网等功能于一体，其平均无故障率时间间隔（MTBF）可达50万h，甚至100万h，能够满足工业生产的各个控制领域的应用要求。它已经成为工业控制的标准设备，其应用的深度和广度是一个国家工业自动化水平的重要标志之一。因此，学习掌握PLC的工作原理及其应用技术，对工科院校的工业电气自动化、自动控制、机电一体化以及其他非电类专业的学生和广大工程技术人员而言，具有很高的实用价值。

目前，世界上的PLC生产厂商有数百家，开发生产了各种各样型号和不同性能的PLC产品，它们有各自不同的硬件系统、指令集和编程软件，基本上互不兼容。尽管如此，由于PLC的功能大同小异，故其硬件系统的基本构成和工作原理是相同的，使用面向问题的编程语言的编程思想和编程方法是相同的。因此，当掌握了一种PLC产品的使用方法后，就具备了举一反三的编程能力。

S7-200系列PLC是小型PLC中的佼佼者。其应用领域极为广泛，覆盖了各行各业的所有与自动检测、自动控制有关的工业及民用领域，包括各种冲压机床、磨床、印刷机械、橡胶化工机械、中央空调、电梯控制、运动系统、环境保护设备等。S7-200系列PLC结构紧凑、成本低廉、功能强大，使其具有极高的性价比。无论在独立运行中，还是连成网络构成集散自动化系统皆能充分发挥其作用，是各种小型控制任务比较理想的解决方案。因此，本书以S7-200系列PLC为基础介绍PLC的基本原理与应用。

本书由理论、实验和附录三部分组成。

前6章是介绍PLC基本原理的理论部分。从应用的角度出发，简要介绍了PLC的发展概况、基本结构和工作原理，重点介绍了PLC的编程语言和编程方法。限于篇幅，在指令系统章节中，只介绍在我国市场上占有较大市场份额的西门子公司的S7-200系列PLC的指令系统，为学习者起到抛砖引玉的作用。另外，各章根据内容还设置了大量的例题和练习题。这些例题和练习题均来自工程实际问题，可引导读者正确理解PLC的基本理论知识和指令的基本功能，并快速掌握PLC的编程技巧。

后3章是介绍 PLC 实际应用方法的实验部分。介绍了编程软件的使用方法，并编制了丰富的、具有启发性的仿真实验项目。通过实验，将培养读者解决实际工程问题的能力。学习 PLC 必须将理论与实践充分结合才能真正掌握 PLC 技术，为从事相关技术工作奠定坚实的基础。

附录给出了 S7-200 PLC 指令一览表、S7-200 PLC 错误代码一览表以及 S7-200 PLC STL 指令执行时间一览表，为读者提供了使用西门子公司的 PLC 时的快速参考。另外，为给读者在阅读不同厂商 PLC 的控制程序时提供方便，附录还给出了西门子、三菱及松下公司的 PLC 指令对照一览表。

本书第1~5章由刘凤春编著，第6章和附录由周晓丹编著，第7~9章由王林编著。全书由刘凤春统稿。

本书承蒙清华大学唐庆玉教授主审，他对全书进行了仔细审阅，提出了许多极其宝贵的建议和意见，在此，谨向唐庆玉教授表示衷心的感谢！在本书的编著过程中，得到了大连理工大学陈希有教授的亲自指导，他提供了许多有用的资料和诸多修改意见。在此，诚挚感谢陈希有教授为本书所付出的努力和对本书的贡献！本书的编著得到了西门子（北京）有限公司的授权，该公司宋柏青先生给予了本书作者大力支持和帮助，在此表示衷心的感谢！本书在编写过程中参考了国内外有关的文献，在此对这些文献的作者一并表示诚挚的谢意！

关于本书的编著，我们倾注了极大精力，力求呈现给读者最先进的技术和最精华的应用实例，但限于学识与经验，疏漏与不当之处仍恐难免，恳请广大同行和读者不吝赐教。意见和要求请发送电子邮件至 lfc5e001@ dlut. edu. cn。

为了帮助教师使用和读者高效率地学习，本书还编著了与教材完全配套的多媒体教学课件，该课件的全部内容可以在机械工业出版社的网站（www. cmpedu. com）上免费下载。该多媒体教学光盘除提供教材上所有的素材，还附加了丰富的图片素材，为使用者提供了极大的方便。

编著者

2009 年 3 月

目　　录

上篇 理论教学篇

第1章 可编程序控制器概述

可编程序控制器是以微处理器为核心的、高度集成化的通用工业自动控制装置。它融合了计算机、自动控制以及通信等先进技术，具有可靠性高、功能完善、组合灵活、功耗低以及编程简单等优点，已经被广泛应用于工业生产的各个控制领域，成了工业生产自动化的支柱技术之一。可以说，可编程序控制器的应用深度和广度是衡量一个国家工业先进水平的重要标志。

早期的可编程序控制器主要用于开关量的逻辑控制，取代传统的继电器控制系统，因此，称为可编程序逻辑控制器（Programmable Logic Controller，PLC）。如今，逻辑控制只是可编程序控制器的基本控制功能之一，故称为"Programmable Controller"，简称PC。由于该简称容易与个人计算机（PC）相混淆，所以仍然将可编程序控制器简称为PLC。

1.1 可编程序控制器的由来与定义

1.1.1 可编程序控制器的由来

将各种继电器和接触器等有触点电器按照一定的规律连接起来，实现逻辑和顺序控制等功能的继电器控制系统起源于20世纪20年代。这种控制系统结构简单、价格便宜、易于掌握，满足了当时工业生产的基本控制要求，在近半个世纪里，一直占据了工业控制的主导地位。但是，继电器控制系统的缺点是显而易见的，体积庞大、可靠性差、响应慢、功耗高、噪声大、功能简单而固定。由于是依靠硬连线实现的逻辑关系，当生产工艺流程改变时，往往原有的控制柜都需要彻底更换，缺乏通用性和灵活性。这些缺点在20世纪60年代的汽车生产工业中凸现出来了。那时，美国汽车工业竞争加剧，加速了汽车型号的更新换代。而每一次改型都直接导致继电器控制系统的重新设计和安装，因其设计和安装周期较长，大大影响了新产品的上市时间。

当时，人们曾试图用小型计算机代替传统的继电器来实现工业控制。但采用小型计算机组成的控制系统价格昂贵，输入、输出电路不匹配，编程技术复杂，因而没能得到推广和应用。1968年，美国最大的汽车制造商通用汽车公司（GM公司）为了适应汽车型号的不断更新，希望找到一种方法，尽可能减少重新设计继电器控制系统和重新接线的工作，以降低成本、缩短设计和安装周期，设想把计算机通用、灵活、功能完备等优点和继电器控制系统的简单易懂、价格便宜等优点结合起来，制成一种通用控制装置，并要简化计算机的编程方法和程序输入方式，用面向控制过程、面向问题的"自然语言"进行编程，使得不熟悉计算机的人也能方便地使用。为此提出了如下10条指标进行招标：

1）编程简单、可以在现场修改程序；
2）维护方便，最好是插件式的结构；
3）可靠性高于继电器控制系统；

4）体积小于继电器控制系统；

5）可以将数据直接输入计算机；

6）在成本上能与继电器控制系统竞争；

7）输入可以是交流 115V；

8）输出为交流 115V、2A 以上，能直接驱动电磁阀；

9）在功能扩展时，原系统只有很小的变更；

10）用户程序存储器容量至少能扩展到 4KB。

1969 年，美国数字设备公司（DEC）研制出世界上第一台可编程序控制器，在 GM 公司的汽车自动装配线上试用，获得了成功，由此诞生了可编程序控制器技术。

在 20 世纪 70 年代，日本和西欧国家先后研制出了可编程序控制器。我国也从 1974 年开始研制，于 1977 年开始了工业应用。

1.1.2 可编程序控制器的定义

可编程序控制器这一名称最早是由美国电气制造商协会（NEMA）在 1980 年命名的，国际电工委员会（International Electro-technical Commission，IEC）于 1982 年、1985 年和 1987 年先后 3 次颁布了可编程序控制器的标准草案。IEC 的草案对可编程序控制器做了如下定义：

可编程序控制器是一种数字式运算操作的电子系统，专为工业环境下的应用而设计。它采用可编程序的存储器，用来在其内部存储执行逻辑运算、顺序控制、定时、计数和算术运算等操作的指令，并通过数字式或模拟式的输入和输出，控制各种类型的机械或生产过程。可编程序控制器及其有关外部设备，都应按易于与工业控制系统形成一个整体、易于扩充功能的原则设计。

1.1.3 可编程序控制器的主要性能指标和分类

1. 可编程序控制器的主要性能指标

（1）输入/输出点数（I/O 点数）

输入/输出点数是指 PLC 外部的输入、输出端子的个数，通常用输入点数和输出点数的和来表示。输入量与输出量有数字量和模拟量两种，因此，PLC 的 I/O 点数有数字量 I/O 点数和模拟量 I/O 点数之分。所有 PLC 的主机（亦称为 CPU）都内置了一定数量的数字量 I/O 点（亦称集成 I/O 点），只有少数 PLC 的主机集成了模拟量 I/O 点。无论哪种 I/O 点数都包括主机内置的 I/O 点数和能扩展的最多点数。主机内置的 I/O 点数往往数量不多，一般要通过扩展 I/O 模块来增加 I/O 点数。不同型号的 PLC，其 I/O 点数的扩展能力是不同的，最大扩展 I/O 点数主要受主机 CPU 的输入和输出映像寄存器大小的限制。

例如，西门子 S7-200 SMART 系列 PLC，对于经济型 CPU，没有扩展能力，其数字量 I/O点数只有主机内置的 20~60 点。而标准型 CPU，虽然主机内置的数字量 I/O 点数最多也只有 60 点（输入 36 点，输出 24 点），但预留了 512 点的数字量 I/O 映像区（输入 256 点，输出 256 点），可以通过 I/O 扩展模块，来增加数字量 I/O 点数。

I/O 点数是 PLC 最重要的技术指标之一，因为在选用 PLC 时，要根据控制对象的被检测信号输入的个数和控制量输出的个数来确定机型。

（2）存储容量

这里所说的存储容量是指用户程序存储器的容量，而不包括系统程序存储器。存储容量决定了 PLC 可以容纳的用户程序的长度，一般以"字节"为单位来计算。1024B 为 1KB。从微型 PLC 到大型 PLC，存储容量的范围为几十千字节~几十兆字节。

（3）扫描速度

扫描速度是指 PLC 执行程序的速度，是衡量 PLC 性能的重要指标之一。扫描速度有两种表示方法：一种是用执行 1KB 用户程序所用的时间来衡量扫描速度；另一种是用执行一条布尔指令所用的时间来衡量扫描速度。例如，西门子 S7-200 SMART 系列 PLC 执行一条布尔指令所用的时间为 0.15μs。这在小型机中属于速度较快的。

（4）编程指令的种类和条数

PLC 的编程指令的种类和条数越多，说明它的软件功能越强，即处理能力和控制能力就越强。例如，西门子 S7-200 SMART 系列 PLC 有 18 大类指令，合计 190 余条指令，其中除了基本的逻辑运算和数学运算指令，还包括了 PID 运算指令、高速脉冲输出指令和通信指令等高级指令。

（5）扩展能力和功能模块种类

PLC 的扩展能力取决于主机 CPU 的寻址能力和电源容量。要完成复杂的控制功能，除了主机，还需要配接各种功能模块。主机可实现基本控制功能，一些特殊的专门功能需要配置各种功能模块来实现。因此，功能模块种类的多少也反映了 PLC 功能的强弱，是衡量 PLC 产品档次高低的一个重要标志。

不同型号的 PLC 所配置的功能模块的种类是完全不同的，通常有如下一些类别的功能模块：模拟量与数字量转换模块、高速计数模块、位置控制模块、速度控制模块、轴定位模块、温度控制模块、通信模块、高级语言编辑模块等。目前，许多产品已经将模拟量与数字量转换、高速计数等功能集成在主机里了，因此也就不需要再配置相应的模块了。

2. PLC 的分类

（1）按结构形式分类

按结构形式的不同，PLC 可分为整体式和模块式两种类型。整体式的 PLC 将电源、CPU、存储器、I/O 接口电路等都集中装在一个机箱内，并带有通信端口。整体式也称为一体式，一般小型 PLC 采用这种结构。如图 1-1a 所示为一种小型整体式 PLC，它的左侧带有两个通信端口。模块式的 PLC 将各个具有独立功能的电路分装成若干个单独的模块，如 CPU 模块、I/O 接口电路、电源模块和各种功能模块，每个模块都安装在一个导轨或多个导轨上，各个模块之间通过总线电缆连接。一般大、中型 PLC 采用模块式结构。如图 1-1b 所示为一种模块式 PLC，共有 5 个模块。

（2）按数字量 I/O 点数分类

按数字量 I/O 点数的多少，PLC 在 20 世纪 90 年代就已经形成了微型机、小型机、中型机、大型机和超大型机等类型。一般微型机的数字量 I/O 点数在 64 点以内，小型机的数字量 I/O 点数在 256 点以内，中型机的数字量 I/O 点数在 2048 点以内，大型机的数字量 I/O 点数在 8196 点以内，超大型机（或称为巨型机）的数字量 I/O 点数大于 8196 点。

（3）按功能分类

按功能的强弱，PLC 可分为高、中、低档机三类。低档机具有逻辑运算、定时、计数、

a)   b)

图 1-1 整体式和模块式 PLC

移位、自诊断、监控等基本功能，有的还具备模拟量输入/模拟量输出（AI/AO）、数据传送、运算、通信等功能。中档机除具备上述功能，还有数码转换、子程序调用、通信联网功能，有的还具备中断控制、PID 控制等功能。高档机除具备上述所有功能，还有较强的数据处理、模拟量调节、函数运算、监控、智能控制等功能。

目前，一些小型（微型）PLC 都已经具备了高档机所具备的功能。例如，西门子 S7-200 SMART 系列 PLC 虽然属于小型机的范畴，但是它具备了中断控制、PID 控制、通信联网等高级功能。近年来有单机支持 300 回路和 65000 点 I/O 的大型系统对应中型以上的 PLC，均采用 16~32 位 CPU，小型 PLC 原来采用 8 位 CPU，现在根据通信等方面的要求，有的也改用 16~32 位 CPU。

1.1.4 可编程序控制器系统的硬件

各厂商的可编程序控制器产品结构、功能和组成大同小异。PLC 系统的构成总体来说都属于积木式结构，一般由中央处理单元（CPU）、电源模块、信号模块（I/O 接口）、功能模块、通信模块、存储器、编程器和人机界面等组成。另外，还可配置各种特殊功能的 I/O 模块和智能模块。

一个最基本的 PLC 系统包括 CPU 单元、电源、I/O 接口、存储器和编程器等几大部分。对于小型（微型）PLC，上述几大部分除了编程器，都已经集成在一起，构成了 PLC 系统的主机（亦称为 CPU 模块，见图 1-1a），该主机就能够满足比较简单的小型控制任务的需求。而编程器一般是在通用微机上安装编程软件来组成与主机对应的通用编程器的。编程器使用 PC-PPI 编程电缆或以太网电缆与主机连接，如图 1-2 所示。在微机上编写好的控制程序，通过编程电缆下载到主机里后，主机即可脱离编程器独立工作了。

图 1-2 PLC 系统的硬件（部分）

为了直观显示系统的控制参数或控制信息，PLC 系统一般还要配置人机界面。只能显示文字和符号的文本显示器是最简单的人机界面，若要将系统的工艺流程等复杂信息显示出来，则需选用触摸屏等高级人机界面。

对于中、大型 PLC，上述各个组成部分都是独立的模块（见图 1-1b），选配不同模块组合成的 PLC 系统可以满足各种复杂控制系统的需求。与小型 PLC 比较，中、大型 PLC 配置有更多种类的功能模块。这些功能模块主要包括计数器模块、闭环控制模块、电子凸轮控制模块、步进电机定位模块、伺服电机位控模块、称重模块、位置输入模块和超声波位置解码器模块等。小型 PLC 亦具备一定的扩展能力，通过扩展少量功能模块可以实现系统控制功能的扩充和增强。

总之，这种积木式、向用户开放的硬件结构，特别便于用户选用，以配置成不同控制功能、不同规模和复杂程度的 PLC 控制系统。另一方面，这种硬件配置的开放性，也为制造商、分销商（代理商）、系统集成商、最终用户带来很多方便。这也是 PLC 在各行各业中应用日趋广泛的主要原因之一。

1.2 可编程序控制器的特点与功能

1.2.1 可编程序控制器的特点

1. 可靠性高、抗干扰能力强

从系统构成上来说，由于 PLC 控制系统采用逻辑程序代替大量继电器触点构成的逻辑电路，因此，PLC 控制系统与相同功能的继电器控制系统相比，电气接线及开关触点已减少到数百分之一甚至数千分之一，硬件部分大为简化，显然硬件故障也就大大降低了。从系统设计上来说，PLC 是专门为在工业现场的恶劣条件下使用而设计的，通过硬件和软件两方面的多重措施，使 PLC 能够在具有很强的电磁干扰、机械振动以及极端温度和湿度的环境下安全地工作。具体措施如下：

（1）硬件措施

采用电磁屏蔽措施防止辐射干扰；I/O 接口电路采用光电隔离措施使工业现场的外电路与 PLC 内部电路之间实现电气隔离以防止干扰，避免 CPU 的误动作；输入采用模拟和数字双重滤波，既滤去了外部的高频干扰又削弱了各个模块之间的相互影响；输出采用联锁措施，在非正常情况下，将输出锁定在某种状态，避免被控对象误动作；采用性能优良的开关电源和后备电池，并严格筛选所使用的器件；采用环境检测、自诊断和"看门狗"电路，配合软件实现灵活的保护和故障指示；大型 PLC 还可以采用由双 CPU 构成冗余系统或由三 CPU 构成表决式系统，使可靠性进一步提高；采用模块式结构，缩小故障范围并缩短平均修复时间。

（2）软件措施

软件措施主要是采用故障检测和数据保护以及恢复等措施。例如，在每一个扫描周期，CPU 都要进行自诊断；设置专门的数据保持区，在 CPU 突然掉电时，该区域内的数据会自动保存到 CPU 的 E^2PROM 存储器中去。

由于采用了上述一系列软硬兼施的措施，使 PLC 的平均无故障运行时间都在几万小时甚至几十万小时以上，而且据统计，PLC 系统的故障 80%以上是出在外部设备上。

2. 功能完善、硬件配套齐全、通用性强

现代 PLC 既能控制开关量，也能控制模拟量；既可以控制一台生产机械、一条生产线，也可控制一个生产过程；既可以采用开环控制，也可以实现闭环控制。其通信联网功能，使 PLC 能与上位计算机构成分布式控制系统，是实现工厂全局自动化的基础。经过 40 多年的发展，PLC 产品已形成系列化和特殊功能的模块化，不同的模块组合，可以构成能满足各种控制要求的控制系统。在被控对象的硬件配置确定以后，可以编写不同的用户程序，方便、快捷地改变工艺流程。

3. 编程方法简单、容易掌握

PLC 最基本的编程语言都是采用源于继电器控制线路的梯形图，这种图形化的语言不需要使用者具备专门的计算机编程知识和电子电路理论基础，极易被一般工程技术人员所理解和掌握，为他们从事工业控制打开了方便之门。通过梯形图入门后，也就容易掌握其他的编程语言和编程方法了。

4. 设计容易、安装快捷、维护方便

工业被控对象大多是周期性工作的，PLC 的梯形图程序一般采用顺序控制设计法。这种编程方法很有规律，控制程序容易编制。对于复杂的控制系统，设计梯形图程序的时间比设计继电器控制系统电路图的时间要短得多。由于 PLC 产品的标准化和通用化，使系统的硬件安装过程类似于"搭积木"，简便快捷。由于前期可以使用仿真软件对控制程序进行调试，使现场的调试工作变得更加容易。因而，与其他控制系统的设计、安装和调试相比，大大缩短了控制系统的组建周期。

在维护方面，PLC 的故障率很低，正常工作时的维护工作量极小。即使 PLC 系统发生故障，由于具备软硬件的监控和显示功能，也能迅速查明原因，通过更换模块快速排除故障。而 PLC 各种模块的安装接线比较方便，因此 PLC 系统的维护成本极低。

5. 体积小、重量轻、功耗低

PLC 是采用了微电子技术制造的，具备结构紧凑、坚固、体积小、重量轻、功耗低等一系列优点。以西门子公司的小型 PLC S7-200 SMART 为例，CPU SR60 的外形尺寸为 $175mm \times 100mm \times 81mm$，质量为 611g，功耗为 25W。该 PLC 可以带 6 个扩展模块，每一个扩展模块的体积都比主机小，功耗只有几瓦。因此，不仅 PLC 的控制柜体积较小，而且小型 PLC 也很容易嵌入其他设备内，是实现机电一体化的理想设备。

6. 各公司的 PLC 互不兼容

各公司的 PLC 的软硬件体系结构是封闭而不是开放的。如专用总线、专家通信网络及协议、I/O 模板不通用，甚至连机柜、电源模板亦各不相同。编程语言虽多数是梯形图，但组态、寻址方式、语言结构均不相同，因此各公司的 PLC 互不兼容。

1.2.2　可编程序控制器的主要功能

经过 50 多年的发展和工业应用，PLC 以其强大的功能渗透到了工业控制的各个领域。下面简单介绍现代 PLC 的主要功能及其相关的应用领域。

1. 逻辑控制

逻辑控制是用 PLC 的与、或、非指令取代继电器触点的串、并联等逻辑连接，实现开关量的逻辑和顺序控制，这是 PLC 最基本的功能。用 PLC 取代传统的继电器控制系统可以实现对各种机床、磨床、电梯、高炉上料、印刷机械、纺织机械、注塑机械、装配机械、包装生产线、货物存取、电镀、运输和检测等的控制。

2. 定时与计数控制

定时与计数控制是用 PLC 的定时器、计数器指令取代时间继电器等，实现某些操作的时间控制与计数控制。现代 PLC 一般为用户提供了成百上千个定时器和计数器，其定时时间值和计数器的预置数既可以由用户程序设定，也可以由操作人员在工业现场通过人机对话装置实时设定或修改。这个功能对那些需要进行时间控制的工艺流程，或需要累计步序的生产过程的控制非常方便有效。

3. 数据处理

数据处理是用 PLC 的数据传送、比较、移位、数码转换、编码、译码以及数学运算和逻辑运算等指令来实现数据的采集、分析和处理。数据可以传送给其他智能装置或显示和打印输出。数据处理功能一般用于数控机床、柔性制造系统、过程控制系统和机器人控制系统等大中型控制系统。

4. 步进控制

步进控制是用 PLC 的步进指令取代由硬件构成的步进控制器等，实现上、下道工序操作的控制。对于各种要求按照事件或输入状态的顺序进行控制的顺序控制系统，使用 PLC 来控制就变得更加简便。

5. 运动控制

运动控制是通过高速计数器和位置控制模块等来控制步进电动机或伺服电动机，从而控制单轴或多轴生产机械，使其运动部件按要求的速度做直线或圆弧运动。运动控制功能主要用于对精密切削机床、成型机械、装配机械、机械手和机器人等设备的控制。

6. 过程控制

过程控制是通过 A/D 和 D/A 转换，用 PLC 的 PID 指令（或 PID 模块）对生产过程中的温度、压力、速度、流量等模拟量进行单回路或多回路的闭环控制，使这些物理量保持在设定值上。过程控制功能广泛应用于化工、轻工、建材、食品、制药等诸多领域的生产过程的控制以及加热炉等的温度控制中。

7. 通信与网络控制

通过各种通信模块能够将 PLC 与 PLC、PLC 与上位计算机之间连接成一个网络，实现远程 I/O 访问或数据传输等控制功能，构成"集中管理、分散控制"的分布式控制系统。PLC 还可以与许多通信协议公开的其他设备、控制器进行通信，支持集成的 Web 网页服务和 E-mail 服务等。PLC 的这一强大功能是实现工厂全局自动化的基础。

8. 监控功能

监控功能是指 PLC 能够监控系统各部分的运行状态和进程，对系统运行中出现的异常情况进行报警或自动终止运行；通过人机界面可以适时显示系统状态，从而方便地在线修改控制程序或对 I/O 和内部某些存储器数据进行强制。

1.2.3 PLC 与其他自动控制系统的比较

1. PLC 与继电器控制系统的比较

PLC 与继电器控制系统在实现逻辑控制、顺序控制、时间控制等开关量的控制方面功能是相同的。但是继电器控制系统是采用机械触点的硬接线实现的逻辑关系，连线多而复杂，一旦系统构成后，想再改变或增加功能是极困难的。而且继电器触点的数目很有限（一般只有 4~8 对触点），不仅灵活性和扩展性差，还会增加系统设计的难度。而 PLC 采用存储逻辑，一个二进制存储单元就是一个"软继电器"，其"触点"有无穷多个（因为可以无穷次读取某位）。控制逻辑由程序决定，改变控制功能是轻而易举的事。

PLC 能完成比继电器控制系统更复杂的控制，而且与继电器控制系统在工作方式上完全不同。在继电器控制电路中，各控制支路的继电器同时处于受约状态，即该吸合的都应吸合，不该吸合的都因某种条件限制不能吸合。而在 PLC 的控制逻辑中，各个软继电器都处于周期性循环扫描接通（即置位）之中。

PLC 与继电器控制系统在响应速度上差异也很大。由于机械触点的通断动作一般在几十微秒数量级，故工作频率低。而 PLC 触点的通断实质上是在读取存储单元中的二进制数并参与运算，速度极快，一条用户指令的执行时间一般为几微秒。

另外，在可靠性和可维护性、体积和功耗、使用寿命和监控以及设计与施工周期等方面，PLC 都有无可比拟的优势。继电器控制系统唯一的优势是价格比较便宜。

2. PLC 与单片机控制系统的比较

PLC 与单片机的本质都是计算机，因为 PLC 的核心实际上就是单片机或类似的微处理器。

单片机体积小、价格低廉，具有较强的通用性和适应性，一般用于数据采集、数据处理和工业控制。但是使用单片机开发具体的应用时，对设计者的计算机水平要求很高，设计时必须考虑稳定性、可靠性和抗干扰能力等诸多问题，所要采用的措施也相当复杂（例如，在 I/O 接口电路设计上做大量复杂的工作）。因此，初期投入成本高、时间长。但是对于有固定控制要求、需要大批量生产的产品（如仪器仪表），选用单片机作为控制器时，将初期开发成本分摊到单个产品上相对还是很便宜的。

PLC 在数据采集、数据处理等方面不如单片机，但 PLC 控制系统所具有的稳定性、可靠性以及抗干扰能力等方面的优势是其他控制系统无可比拟的。使用 PLC 开发具体应用时，设计者不需要掌握高深的计算机软硬件知识，只需要选配系统硬件，并编制满足控制要求的控制程序（通常 PLC 的编程方法极易掌握）。相对于单片机，PLC 使用简单、方便，后期维护也很容易，但价格贵、体积大，特别适合于控制逻辑或者工艺流程需要经常变动的、小批量生产的系统，能使系统达到最佳性价比。

3. PLC 与微型计算机控制系统的比较

PLC 与微型计算机控制系统在应用领域、使用环境、I/O 方式、程序设计方法、运算速度、存储容量、价格等方面均有较大差异。

在应用领域方面，微型计算机除了用在控制领域，还大量用于科学计算、数据处理、计算机通信等方面；而 PLC 主要用于工业控制。在使用环境方面，微型计算机对环境要求较高，一般要在干扰小、温度和湿度满足要求的机房内使用；而 PLC 能在工业现场恶劣的环境下运行。在 I/O 方面，微型计算机系统的 I/O 设备与主机之间采用微电联系，一般不需要电气隔离；而 PLC 一般控制强电设备，I/O 均采用光电耦合进行电气隔离，输出能直接驱动负载。在程序设计语言方面，微型计算机具有丰富的程序设计语言（从汇编语言到各种高级语言），但要求使用者必须具有较高的计算机知识；而 PLC 提供给用户的编程语言简单、易学。在运算速度和存储容量方面，微型计算机都比 PLC 有较大的优势。

总之，从微型计算机的应用角度来说，PLC 只是一种用于工业自动化控制的专用微型计算机控制系统，而微型计算机系统因其强大的系统软件和种类繁多的应用软件，使其具有更强的通用型，可以应用于任何场合。在一个联网运行的分布式控制系统（Distributed Control System，DCS）中，PLC 将集中于完成控制功能上，微型计算机则集中于信息处理上，它们相辅相成，各用所长。

1.3 可编程序控制器的发展与应用

自 1969 年美国研制成世界第一台可编程序控制器到现在，PLC 的基础结构基本没有变化，但各类零部件的技术性能大幅提升，市场和应用领域发生了巨大变化，PLC 一直被公认为现代工业自动化的三大支柱之一，其产销量均居各种工业控制装置榜首。

1.3.1 可编程序控制器的发展简介

早期的 PLC 是以准计算机的形式出现的，在硬件上简化了计算机的内部电路，装置中的器件主要采用分离元件和中、小规模集成电路，存储器采用磁心存储器，接口电路适合工业控制的要求，编程软件和编程方法都比计算机简单，出现了面向问题的接近"自然语言"的编程方式。这个时期的 PLC 能够实现基本逻辑控制、顺序控制、条件步进和时间步进控制等功能。

在 20 世纪 70 年代后期，开始采用微处理器作为 PLC 的 CPU，从此使 PLC 获得了巨大的发展，其应用日趋普及。例如，1987 年通用电气公司就在其工业区内安装使用了 2 万台 PLC。20 世纪 80~90 年代中期，是 PLC 发展最快的时期，年增长率一直保持为 30%~40%。在这个时期，PLC 处理模拟量能力、数字运算能力、人机接口能力和网络能力得到大幅度提高，PLC 逐渐进入过程控制领域，在某些应用上取代了在过程控制领域处于统治地位的 DCS（Distributed Control System，集散控制系统，或称分布式控制系统）。这一时期，在石油化工、冶金、机械制造、食品加工、制药等行业，PLC 作为其控制设备得到了迅速普及。

到了 20 世纪末期，可编程序控制器的发展更加适应了现代工业的需要，开发出了大型机和超小型机，使 PLC 能实现更大规模的工业控制，也为小型应用提供了更廉价的产品。从控制功能来说，开发了对压力、温度、转速以及位移等物理量进行控制的各类特殊功能模块。而各种人机界面和通信模块的开发，使应用 PLC 的工业控制设备的配套更加容易。

自 PLC 问世以来，经过 40 多年的发展，在欧美、日本等工业发达国家和地区 PLC 已经成为工业控制的标准设备，应用范围几乎覆盖了所有工业企业，PLC 的生产也成了重要的产业。据不完全统计，世界 PLC 的销售额，1987 年为 25 亿美元，1988 年为 31 亿美元，1989 年为 36 亿美元，1990 年以后，平均为 55 亿美元以上，到了 2000 年，已达 76 亿美元。总之，PLC 的销售额在逐年快速增长。目前，世界上有 200 多家生产厂家，PLC 产品占控制设备市场份额的 30%以上。

我国 PLC 的发展大约经历了 3 个阶段。20 世纪 70 年代是初级认识阶段，80 年代为引进使用阶段，90 年代则是迅速普及和发展阶段。在这个时期，世界各大品牌的 PLC 纷纷登陆我国抢占市场，不仅在新建工厂企业中大量使用了国外品牌的 PLC，还建立了很多独资或合资企业生产 PLC。以德国西门子公司为例，在我国就建立了许多家合资企业，加之其产品拥有较高的性价比并不断地更新换代，因此，在我国占有了较大的市场份额。而我国也在研制具有自主知识产权的中、小型 PLC，随着技术的不断成熟，将会逐渐占领我们自己的市场。

1.3.2 可编程序控制器的发展趋势

随着微电子技术和计算机技术的迅速发展，超大规模集成电路和高性能微处理器在 PLC 中的应用，PLC 已大多采用 16 位和 32 位微处理器构成的微机化 PC，逐步实现了多处理器的多通道处理。PLC 的功能不断增强，应用领域不断扩大和延伸，而 PLC 的制造成本也不断下降，使性价比越来越高。目前，PLC 产品平均 3~5 年就更新换代一次。PLC 发展的明显趋势是集成度越来越高、工作速度越来越快、功能越来越强大、工作越来越可靠、产品系列越来越丰富、用户选型和使用越来越方便。总之，PLC 技术发展迅速，目前的发展趋势主要体现在以下 5 个方面。

（1）高速化与大容量

为了提高 PLC 的处理能力，要求 PLC 具有更高的运行速度和更大的存储容量。也就是说，对 CPU 和存储器提出了更高的要求。

（2）超小型化与超大型化

一方面，大力发展速度更快、性价比更高的小型和超小型 PLC，以适应单机及小型自动控制的需要。另一方面，向高速度、大容量、技术完善的大型 PLC 方向发展。随着复杂系统控制的要求越来越高和微处理器与计算机技术的不断发展，人们对 PLC 的信息处理能力和速度要求也越来越高，要求用户存储器容量也越来越大。

（3）网联化与标准化

由于数据通信技术的快速发展，用户对控制系统的开放性提出了更高的要求，因此，PLC 网络控制是当前控制系统和 PLC 技术发展的潮流。PLC 与 PLC 之间的联网通信、PLC 与上位计算机的联网通信已得到广泛应用。目前，PLC 制造商都在发展自己专用的通信模块和通信软件以加强 PLC 的联网能力。各 PLC 制造商之间也在协商指定通用的通信标准，以构成更大的工业网络系统。大量 PLC 的联网以及不同厂家生产的 PLC 兼容性的增强，使得分散（远程）控制与集中管理都能轻易实现，为整个工厂综合自动化控制和管理奠定了基础，使得 PLC 成为不可缺少的组成部分。

PLC 厂家在使硬件及编程工具频繁换代、丰富多样、功能提高的同时，日益向制造自动化协议（MAP）靠拢，使 PLC 的基本部件、通信协议、编程语言和编程工具等方面的技术趋向于规范化和标准化。

（4）模块化与智能化

开发适应各种特殊控制要求的智能模块也是 PLC 发展的明显特征，这也更加有助于扩大 PLC 的应用范围。例如，高速计数模块、专用智能 PID 控制器（比例积分微分控制器）、智能模拟量 I/O 模块、智能位置控制模块、语言处理模块、专用数控模块、智能通信模块等，这些智能模块本身具有 CPU，能独立工作，它们与 PLC 主机并行运行，无论在速度、精度、适应性还是可靠性等方面都对 PLC 进行了很好的补充。它们与 PLC 紧密结合，有助于克服 PLC 扫描工作方式的局限，使 PLC 的实时控制功能大为增强，弥补了 PLC 本身功能的不足。而智能模块的编程、接线都与 PLC 一致，使用非常方便，使专用控制领域的系统设计和编程得到了进一步的简化。

（5）编程语言和编程工具的多样化与标准化

PLC 的不断发展也体现在编程软件的多样化和高级化上。从早期的梯形图语言、面向顺序控制的步进顺序语言和面向过程控制系统的流程图语言等，发展到使用与计算机兼容的高级语言，如 BASIC 语言、C 语言、汇编语言、专用的高级语言。多种编程语言的并存、互补与发展是 PLC 软件进步的一种趋势。PLC 也将具有数据库，并可实现整个网络的数据库共享。

1.3.3　可编程序控制器在我国的应用概貌

我国最早研究和应用 PLC 始于 20 世纪 70 年代末期。90 年代，我国从国外引进 PLC 成套设备，处于学习、消化 PLC 技术阶段，行业需求量小。由于价格昂贵，主要用于当时国民经济发展的重点核心产业，如冶金、电力、自动化生产线等大型设备和系统中。

自 21 世纪起，我国经济进入了稳步增长阶段，制造业飞速发展，工业总产值连年增长。2008 年后汽车产量连续多年蝉联全球第一，加之石油化工、绿色能源建设、纺织、高铁建设、工程机械、飞机制造业等行业快速发展，离不开计算机集成制造系统（CIMS）以及柔性制造系统（FMS），这些都是以 PLC 技术作为支撑的。由此也促进了国内 PLC 技术水平逐年提高，行业标准体系逐步完善，随着我国企业的不断发展，在产品质量等方面已经在不断接近国际一线品牌水平，加之价格的优势，我国 PLC 产品逐步增强竞争力。经过 30 多年的发展和应用，在目前智能化发展的大背景下，工业控制产品市场需求旺盛，PLC 在我国已经成为具有最大市场容量的工控产品。但总体而言，由于行业进步的壁垒较高，我国企业技术实力相对较弱，产品结构主要以小型 PLC 为主，产品规模占比已超过 50%，高端 PLC 市场仍被欧美企业占据。

根据相关行业的研究报告[⊖]，2014 年我国 PLC 的需求量约为 748.5 万台，到 2017 年达到了 1209.9 万台，2018 年提升至 2011.1 万台，到 2019 年增长到了 2461.8 万台，2014—2019 年复合增长率达到了 26.89%，我国市场需求总体呈稳定快速的增长态势。另一方面，我国 PLC 行业的产量也在快速增长，产量从 2014 年的 1100.8 万台增长到了 2017 年的 2351.2 万台，2018 年大幅增长至 4035.6 万台，2019 年增速有所放缓，但也达到了 4337.5 万台，2014—2019 年的复合增长率达到了 31.55%。这其中包括了出口的 PLC 产品数量。总之，进口 PLC（主要是高端大型 PLC）与出口 PLC 都在不断增长。

近年来，从整个工控行业发展来看，随着信息技术的发展，云计算、大数据、物联网等关键性技术发展与突破，叠加 5G 带来的网络扩容，整个工控行业正处于自动化向智能化、单一化向系统化变革的关键时期。受此影响，PLC 等用于系统连接、控制的关键产品也将迎来新一轮的高速发展期。而受国家宏观政策扶植的新兴行业（风电、垃圾处理、环保等）已取得快速发展，出现了大量 PLC 的新应用和新机会。工业控制设备是制造业转型升级的重要支撑，众多工业行业出于降低能耗、提高工艺水平的内在需求，也将不断加大设备配套、节能改造和工艺技术改造的投入，进而带动 PLC 等智能装备市场需求的增长。

在我国，PLC 的应用行业十分广泛，应用最多的主要包括冶金行业、汽车制造业、化工

⊖　信息来源：《2020—2026 年中国 PLC 行业市场发展潜力及投资前景分析报告》，智研咨询集团。

行业、轨道交通以及电力行业等。我国具有世界上最大规模的冶金行业，在采矿、选矿、烧结、转炉、铸造、轧钢等各个环节都是通过 PLC 来控制的。由于需要控制的点数多、要求精度高，一般采用大、中型 PLC；在汽车生产线上，冲压、焊装、总装和喷漆每一道工序都会大量使用 PLC 进行控制。因此，汽车制造业是使用 PLC 最多的行业。

化工行业也是需求 PLC 的一个持续而稳定的市场，由于生产环境较差，PLC 产品的使用寿命较其他行业短，更换率要高于其他行业。因此，将大量使用 PLC 及相关零部件。未来化工行业在合成材料和有机化工领域投资也会增大。这些领域项目对于自动化产品的需求量比较大。同时由于对化工行业环保要求的提高，化工厂需要对周边的水处理和循环系统等进行改造，会对自动化产品产生一些新增需求量。化工行业的 PLC 市场在未来几年将保持12% 左右的速度稳步增长，大型 PLC 在该行业的增长则达到 15% 以上。每一年化工行业的 PLC 市场有几亿元人民币。

我国近十几年正大力发展轨道交通，高铁的发展引领世界。由于轨道交通的安全性至关重要，因此，控制器主要采用 PLC。轨道交通行业中有车站和车辆两大环节需要大量使用PLC。在车站环节，PLC 主要用于轨道交通的环控、设备监控、电力监控和智能低压监控等控制系统，其中，环控系统对 PLC 的需求量最大，主要使用大型 PLC。在车辆环节，各种控制系统广泛使用中、小型 PLC。

目前，我国正在开展智能电网建设工作，智能电网所具备的通信功能以及实时自动控制功能，离不开 PLC 技术，PLC 将作为各地信息采集设备中的标准配备。而相关的智能电表、集中器等一系列的远程低压 PLC 系统也将随着智能电网的普及而逐渐普及起来，这个市场对于 PLC 的需求比较稳定。因此，可以说，智能电网的建设为 PLC 开辟了广阔的前景和巨大的市场，这也会大大促进国产 PLC 的发展。

近年来，作为互联网应用的拓展——物联网正在快速发展起来，由于 PLC 技术作为目前阶段下信息采集与控制的主要手段，能够在物联网建设中发挥关键性的优势与作用。因此，随着国家关于物联网发展建设的相关指导意见的出台，将会极大地拓展 PLC 的应用领域，使 PLC 获得更大的市场份额。

1.4 国内外品牌可编程序控制器简介

目前，世界上有 200 多家 PLC 生产厂家，各种型号的 PLC 产品几千种，按地域可分成美国、欧洲和日本 3 个流派产品，各流派 PLC 产品都各具特色。其中，美国是 PLC 生产大国，有 100 多家 PLC 厂家，著名的有 A-B 公司、GE（通用电气）公司、MODICON（莫迪康）公司。欧洲 PLC 产品主要制造商有德国的 SIEMENS（西门子）公司、AEG 公司，法国的 Schneider（施耐德）公司和 TE 电器公司。日本有许多 PLC 制造商，如 Mitsubishi（三菱电机）公司、Omron（欧姆龙）公司、Fuji Electric（富士电机）公司等。这些生产厂家的产品占有 80% 左右的 PLC 市场份额，形成了瓜分全球 PLC 市场的寡头垄断局面。

1.4.1 我国主要品牌的可编程序控制器

我国 PLC 行业经过几十年潜心发展，掌握了 PLC 产品的全套核心技术，自 20 世纪 90年代特别是进入 21 世纪后，我国也有了具有自主知识产权的国产 PLC 产品。目前国内 PLC

生产厂家约有30家，开发了大中小各系列、多型号的PLC产品，已经形成诸如傲拓科技、和利时、合信、台达、信捷电气等一批颇具实力的PLC品牌，它们在需求、产品定制、成本优势以及服务等方面具有优势。

1. 傲拓科技股份有限公司的PLC⊖

傲拓科技股份有限公司（简称傲拓科技公司）成立于2008年，作为工业自动化领域的高新技术企业，致力于自主研发生产性能可靠、品质精良、技术先进的前沿工控产品。从硬件系统到所有软件都具有完全自主知识产权的产品覆盖PLC、人机界面、组态软件等，为各行各业用户提供自动化产品的整体解决方案。傲拓科技公司是拥有大、中、小型全系列PLC产品的厂家，打破了世界著名企业对我国PLC中、高端市场的垄断。其自主研发生产的NA通用型全系列PLC产品已经通过了CE认证、FC认证⊖以及电力工业电力系统自动化设备质量检验测试中心的严格测试和检验，各项性能指标均达到或超过相关标准要求，领先于同类产品，达到了国际先进水平，填补了国产PLC知识产权上的空白。除了具有NA系列通用型PLC，还研发了NJ系列自主可控型PLC。该品牌被行业内组织评价为"最具成长性品牌"。图1-3所示是傲拓科技公司的PLC系列产品图例。

图1-3 傲拓科技公司的PLC系列产品图例

NA通用型PLC包括5个系列：NA200小型PLC、NA300中型PLC、NA600大型PLC、NA2000智能型PLC和NA200H宽温型PLC。除了NA200小型PLC采用一体式结构，其他系列PLC均采用模块式结构。

在NA200小型PLC中又包括I/O点为14点、20点、24点和40点等多种型号的CPU，具有强大的扩展能力，最大可以扩展11个模块，模块的功能丰富。每条指令的处理时间为$0.2\mu s$，用户程序存储器容量达128KB。软件界面友好清晰，易学易用，可以设置多级密码保护。具有离线仿真、在线调试和强大的通信功能。

NA200H系列PLC是傲拓科技公司最新推出的宽温型高性能小型一体化PLC产品，NA200H CPU模块自带以太网接口，大大方便了用户的使用，可以实现远程调试和数据监

⊖ 傲拓科技股份有限公司的PLC产品信息来源于http://www.nandaauto.com。

⊖ CE（欧共体）认证是欧盟的一种安全认证，被视为制造商打开并进入欧洲市场的护照；FC认证是管理进口和使用无线电频率的装置（通信产品和数字产品）进入美国市场的护照。

视。NA200H 宽温型 PLC 可在极其恶劣环境中使用（−40~70℃），目前产品已经在我国新疆维吾尔自治区、东北地区、山东省、福建省，广州市等地使用，而且大多数为室外裸露环境，体现出了极强的环境适应能力。

NA300 中型 PLC 的最大数字量 I/O 点达 2048 点，模拟量 I/O 点达 512 点。硬件系统包含控制器模块、事件顺序记录模块、普通 I/O 模块、通信处理模块、背板和系统电源，所有的模块都安装在背板上。系统最多可以配置 24 个模块。

NA2000 智能型 PLC 基于集成化、智能化、网络化的开发思路，是为面向物联网终端控制单元以及自动化终端机械设备控制单元的核心应用开发的，具有显著的特点：①采用微型嵌入式实时多任务操作系统，支持多任务分配，合理地使用 CPU 资源；②支持总线型以太网级联方式；③支持组态 TFT 屏显示（可选）；④支持 SD 存储器卡数据存储；⑤具备强大的运动控制功能，支持任意两轴直线、圆弧插补，适用于自动化设备的运动控制。

傲拓科技公司 PLC 的编程软件 NAPro 软件是用于 NA200、NA300 和 NA400 的通用编程软件，遵循 IEC 61131-3 国际标准，支持全部 5 种 IEC 61131-3 编程语言，提供统一、有效的系统配置环境，工程师可以做到"一次学习，到处使用"。NAPro 的功能包括：编辑器、编译器、调试器、仿真器和图形用户界面工具，主要完成硬件配置、测点组态、软件编程、仿真、调试及下载工作。实现了编程、调试、仿真和运行的统一，优于多种国外品牌的 PLC。

傲拓科技公司的 NA/NJ 系列 PLC 产品主要应用于铁路交通、矿业冶金、石油化工、水利水电、电力、环保、市政工程、食品工业、饲料工业、印刷包装工业、纺织工业、汽车工业、暖通空调、物流自动化、造纸工业等领域。

2. 和利时科技集团有限公司的 PLC○

北京和利时科技集团有限公司（简称和利时公司）始创于 1993 年，是一家从事自主设计、制造与应用自动化控制系统平台和行业解决方案的高科技企业集团。该公司的基础为原来信息产业部电子六所（又名华北计算机系统工程研究所）一个 40 余人的事业部，经过近30 年的努力，已发展成为有员工 3800 余人的集团公司。该公司具有系统集成国家一级资质，是国家级的企业技术中心。其产品方向主要包括过程自动化（DCS）系统、工厂自动化（PLC 及驱动）系统、核电站数字化仪控系统、高速铁路及城市轨道交通自动化系统等。在工厂自动化和机器自动化领域，和利时公司从 2003 年开始，先后推出自主开发的 LM 小型 PLC、LK 大型 PLC 以及 MC 系列运动控制器，产品通过了 CE 认证和 UL 认证○。HOLLiAS PLC 作为和利时公司的核心产品被中国自动化网评为最具影响力的 PLC 品牌之一。

LE 系列是和利时公司推出的新一代高性能中小型 PLC 产品，适合中小型工业装备控制和分布式远程监控应用。LE-PLC 集小型 PLC 产品紧凑的结构和中型 PLC 产品丰富的功能优势于一体，最大可支持 20 个本地 I/O 或远程 I/O 单元；CPU 模块本体支持专用数据存储器卡和批量加密下载，具备强大的运动控制和模拟控制能力，并支持用户自定义功能扩展；提供多种通信模块，支持现场总线、无线网络和工业以太网接口。采用 32 位高性能嵌入式处

○ 和利时科技集团有限公司的 PLC 产品信息来源于 https://www.hollysys.com/。

○ UL 认证是美国保险商试验所（Underwriter Laboratories Inc.）提供的产品安全认证，该机构是世界上从事安全试验和鉴定的较大的民间机构。

理器，具备逻辑控制、时序控制、运动控制、模拟控制等功能，支持加密的用户自定义功能块。采用和利时公司研制的具有自主知识产权的 Autothink 组态编程软件，符合 IEC 61131-3 标准，具备网络化 PLC 工程管理、图形化组态、编译安装、在线仿真和调试等功能，为用户和集成商提供易操作、易维护和更具兼容性的编程开发环境。

HOLLiAS LK 系列 PLC 是适用于中、高性能控制领域应用的大型 PLC 产品，是国内唯一具有自主知识产权的大型 PLC。相对于传统 PLC 而言，LK 系列大型 PLC 产品充分融合了 PLC 和 DCS 的优点，既体现了 PLC 标准化、集成化、开放化、离散控制速度快、成本相对较低的特点，又综合了 DCS 模拟量控制功能强大、冗余、热插拔、强调高可靠不停机使用的要求。可提供采用国产多核 CPU 和关键芯片的主控模块与 I/O 模块，拥有完整的组态编程软件和在线控制软件知识产权，支持国产操作系统，满足严格的自主化要求。系统支持跨地域的网络远程部署模式，本地 I/O 单元、扩展 I/O 单元和远程 I/O 单元数量可达 120 组，每组 I/O 单元最大 I/O 通道数量可达 128 个，全系统 I/O 总通道数量可达 15360。所有 I/O 模块是智能型模块，具有故障检测和报警功能。所有模块支持带电插拔，且所有接线固定在背板上，更换模块轻而易举。PowerPro 是 LK 系列 PLC 的专用编程软件，该编程软件基于 Windows 环境，符合 IEC 61131-3 标准。

LK 系列 PLC 支持 MODBUS、MODBUS/TCP、CAN、IEC 60870-101/103/104、PROFIBUS、RTEX、EtherCAT、Powerlink 等 20 余种常见现场总线和工业以太网协议，支持工业互联网直接通信模式。LK 系列 PLC 系统如图 1-4 所示，从左到右分别是通信模块、CPU 模块 LK207 以及 8 个 I/O 模块。

和利时公司的 PLC 和运动控制产品已经广泛应用于地铁、矿井、油田、水处理、机器装备控制行业。

图 1-4 LK 系列 PLC（HOLLiAS LK207）图例

3. 合信公司的 PLC⊖

深圳合信自动化技术有限公司（简称合信公司）成立于 2003 年，致力于研发自主品牌高性能的 PLC 产品，经过十几年的发展，塑造了"COTRUST"（科创思）PLC 品牌，该品

⊖　合信公司的 PLC 产品信息来源于 http://www.co-trust.com/。

牌已成为国产 PLC 最重要的品牌之一。合信公司的 PLC 产品针对不同的细分市场客户的需求，研制了多个系列的 PLC 产品：CTSC-100 系列小型 PLC、CTH200 系列小型以太网 PLC、CTSC-200 系列小型 PLC、CTH300 系列中大型 PLC 以及 CTMC 系列运动控制 PLC 等，都通过了 CE 认证。

CTSC-100 系列小型 PLC 是新一代高性能、高性价比的可编程逻辑控制器，支持 IEC 61131 编程语言（包括梯形图、语句表和顺序功能图）；指令丰富，有 144 条基本指令和 99 条应用指令；CPU 的位指令运算速度为 0.5μs/条，浮点运算速度为 16μs/条；具备 CPU 之间数据交换向导和人机交互界面向导；最大有 12KB 的用户程序存储器（其中 4KB 是用户的保密程序）；支持 128 点开关量和 32 路模拟量输入；具有多种通信方式，并支持与第三方设备，包括数据采集模块、控制器、打印机或条形码阅读器、变频器、调制解调器和上位 PC 等进行通信。CTSC-100 系列 PLC 适用于各行各业，能满足中、小系统对复杂控制功能的要求。

CTSC-200 系列小型 PLC 采用紧凑型设计，智能化程度高、高速、大容量。用户程序存储器容量达 16~72KB；系统扩展能力强，数字量 I/O 最大可达 128DI/128DQ，模拟量 I/O 最大可达 32AI/32AQ，扩展 I/O 模块数最大可达 7 个；系统支持 IEC 61131 编程语言，指令丰富，有 144 条基本指令和 102 条应用指令；逻辑运算速度为 0.15μs/条，浮点运算速度达 8μs/条；具有 PID 指令向导、运动控制向导、高速输入向导、网络读写向导和人机交互界面向导；具备强大的通信能力，有以太网通信方式、PPI 通信方式、MPI 通信方式、Profibus-DP 或以太网通信方式、CANopen 通信方式和自由通信口方式等。CTSC-200 系列小型 PLC 如图 1-5a 所示。

CTH200 系列小型以太网 PLC 是合信公司通过技术响应工业 4.0 的市场需求而打造的稳定、可靠、易用的小型以太网 PLC。其 CPU 模块标配以太网接口，集成了强大的以太网通信功能。通过一根普通的网线即可将程序下载到 PLC 中，省去了专用编程电缆，不仅方便，而且有效地降低了用户的成本。通过以太网接口还可与其他 CPU 模块、触摸屏、计算机进行通信，轻松组网。扩展能力强，不仅能扩展 7 个模块，还新设置了一种直接安装在主机上的扩展板，数字量 I/O 最大可达 640DI/640DQ，模拟量 I/O 最大可达 194AI/194AQ；基本指令执行时间可达 0.15μs；两种编程平台（MagicWorks PLC V2.08 以上版本和 MicroWin 编程）可相互切换，简单、易用。设备可通过 CTH200 系列 PLC 便捷地接入合信公司的 MICO 远程平台，MICO 平台提供 Android 及 IOS、PC 客户端，并提供开放的接口与 ERP 等第三方软件实现连接，真正让每一台设备都在物联网中，随时随地互联互通，实现远程监控与维护。

CTH300 系列 PLC 作为合信公司新一代中大型 PLC 产品，以先进的设计理念、全隔离的系统架构、完善的保护机制、强大的抗干扰能力以及极高的性价比为高端 OEM 设备及中大型工程项目用户提供了最佳的控制选择。用户程序存储器容量达 256KB~32MB，用户数据存储器达 1MB，还有 32~64KB 数据掉电保护存储区；逻辑指令运算时间为 0.086~0.15μs；编程语言符合 IEC 61131-3 标准，包含 5 种编程语言，还支持 C 语言编程；通信端口丰富，CPU 自带 6 个通信端口，避免主站占用高速总线资源，提升系统的整体性能。支持单轴运控功能（如定位、速度和回原点等），支持直线/圆弧插补功能，支持连续插补功能，支持电子凸轮和电子齿轮等功能。CTH300 系列 PLC 如图 1-5b 所示。

合信公司的 PLC 具有较高的性价比，广泛应用于塑料机械、电子设备、纺织机械、新能源、制冷制热、医疗设备、包装设备、数控设备等众多行业。

a)   b)

图 1-5　合信公司的 PLC 图例

4. 台达公司的 PLC[⊖]

台达公司自 1999 年推出第一款小型 PLC 开始，一直致力于 PLC 市场，它的 PLC 具有自主知识产权，以高速、稳健、高可靠度及高性价比等特色而著称，被广泛应用于食品、制药、电子加工、包装机械、橡塑机械、机床、工业机器人和纺织机械等工业自动化领域。

经过 20 年的发展，台达公司的 PLC 产品线涵盖小型 DVP 系列、高性能模块化泛用型 AS 系列和模块化中型 AH500 系列以及 OMC 系列模块式中型机。DVP 系列又包含以下各种类型和系列：

1）标准型 CPU：DVP-EH3 系列、DVP-ES3 系列、DVP-ES2 系列、EX2/ES2-C 系列和 EC3 系列。如图 1-6a 所示是 DVP32ES2 CPU 的外观。CPU 采用高速 32 位处理器，主机 I/O 点数为 32~80，最大 I/O 点数为 256，可扩展 8 个模拟量模块，程序容量为 64K 步，内置 4 个通信端口，内置 SD 存储器卡插槽。适用于机械加工、射出成型机、包装机、精密纺织机、大型仓储管理和物流系统等。

2）薄型 CPU：DVP-SE 系列、DVP-SV2 系列、DVP-SS2 系列、DVP-SA2 系列和 DVP-SX2 系列。图 1-6b 所示是 DVP28SV CPU 的外观。其中，SX/SX2 系列为数模混合型，具有 2 个/4 个模拟量输入和 2 个模拟量输出。逻辑指令运算速度为 0.64μs/条。支持 DVP-S 系列左侧及右侧模块，提供给用户多样化模块的选择性。

3）运动控制型 CPU：DVP-10PM 系列、DVP-20PM 系列、DVP-15MC 系列和 DVP-50MC 系列。采用 1GHz 高速浮点数运算处理器，用户程序容量为 20MB，主机内置 16 点高速输入和 8 点高速输出，可在主机的左侧和右侧连接扩展模块。配置 5 个通信端口和一个 SD 存储器卡插槽，用户不需要增加模块就可以实现各种通信功能，可同步控制 24 轴。

台达公司 AS 系列 PLC 是专为自动化设备设计的高性能泛用型控制器。采用台达公司自行开发的 32 位 SoC CPU，1GHz 高速运算处理器，运算速度达到 40K 步/ms，最大 I/O 点数

⊖　台达公司的 PLC 产品信息来源于 http：//www.delta-china.com.cn/。

a)   b)

图 1-6　台达公司的小型 PLC 图例

达 1024，最多可扩展 32 个模块；用户程序容量为 20MB，配置 5~6 个通信端口；具有强大的定位控制功能，含虚轴较多，适用于电子制造、机械加工、食品包装、印刷、制药、纺织设备和 CNC 车床等设备。

台达公司的 AH 系列模块化 PLC 为高端应用领域提供了自动化系统解决方案。AH 系列采用全面模块化设计，在台达公司的研发技术的基础上，开发输出进阶的功能，并采用高度整合的软件和接口，为自动化系统做了进一步演绎。除了具备丰富的功能块（FB）和多元扩展功能等特色，同时提供了优异的系统延伸扩展性，AH 系列具备专用的运动控制 CPU，透过 EtherCAT 等的运动控制网络连接伺服驱动器，可进行高速、高精度的机器控制，为高端应用领域的产业与终端客户节省建构成本，提供更具竞争力的解决方案。

高度整合的程序编辑软件 ISPSoft，将程序编辑、硬件规划、网络规划和运动控制规划等功能整合在同一个软件架构之下，并提供了图像式编辑接口以及丰富、便利的辅助精灵，大大提升了软件易用性。针对程序编辑功能，ISPSoft 提供了 5 种编辑语言，用户可选择自己最熟悉的编辑语言，提升程序编辑效率。开发环境导入 IEC 61131-3 的编程架构且支持 PLCopen® 的运动控制功能块，帮助用户缩短了程序开发所需的时间。

5. 信捷电气公司的 PLC⊖

无锡信捷电气股份有限公司（XINJE）（简称信捷电气公司）成立于 2008 年，是一家专注于工业自动化产品研发与应用的国内知名企业，公司拥有 PLC、人机界面（HMI）、伺服控制系统、变频驱动器等核心产品。目前主要的 PLC 产品包括 XD/XC 系列小型 PLC、XL 系列薄型卡片式 PLC、XS3 和 XG 系列中型 PLC。

XC 系列小型 PLC 包含 XC1、XC2、XC3 和 XC5 4 种 CPU，I/O 点数为 10~60，指令运算速度为 0.5μs/条，配置 2~3 个通信端口，用户程序容量达 32~128KB。外观如图 1-7a 所示，适用于各种小型控制任务。

XD 系列小型 PLC 包含 XD1、XD2、XD3、XD5、XDM、XDEM 和 XDC 等 11 种 CPU，速度和容量较 XC 系列大幅度提升。I/O 点数为 10~60，指令运算速度为 0.01~0.05μs/条，配置 3~4 个通信端口，用户程序容量达 256KB~2MB。外观如图 1-7a 所示，适用于小点数的简单应用场合，能够满足用户的一般使用需求。

⊖　信捷电气公司的 PLC 产品信息来源于 http://www.xinje.com。

XL 系列薄型卡片式 PLC 包含 XL1、XL3、XL5、XLH 和 XLME 5 种 CPU，外观如图 1-7b 所示。I/O 点数为 16~64，指令运算速度为 0.01~0.05μs/条，配置 1~5 个通信端口，用户程序容量达 256KB~2MB。

XS3 中型 PLC 内置 I/O 点数为 26，最大 I/O 点数达 1050，可扩展 16 个模块，配置 4 个通信端口（2 个以太网端口），有 5 种编程语言，存储空间大（用户程序容量为 16MB，数据存储器容量为 8MB）；采用晶体管输出电路；支持 EtherCAT 总线功能，可控制 32 轴伺服电动机同步运动。XS3 型 PLC 的外观如图 1-7c 所示。

XG2 中型 PLC，内置 I/O 点数为 26，可扩展 16 个模块，用户程序容量达 16MB，指令运算速度为 0.005~0.01μs/条，配置 5 个通信端口（2 个以太网端口），支持插补、随动等运动控制指令，支持 EtherCAT 总线功能，可控制 32 轴伺服电动机同步运动。

图 1-7　信捷电气公司的 PLC 图例

1.4.2　国外主要品牌的可编程序控制器

目前，少数跨国公司的 PLC 产品已经形成瓜分全球市场的寡头垄断局面，在我国市场上影响力较大、知名度较高的国外 PLC 品牌企业有德国的西门子、法国的施耐德、瑞士的 ABB、日本的三菱和欧姆龙、美国的艾默生和罗克韦尔等。

1. 西门子公司的可编程序控制器

德国西门子公司是世界上生产 PLC 的主要厂商之一。产品涵盖了微型、小型、中型和大型等各种类型的 PLC，在全世界许多国家都设立了制造工厂、研发中心和销售办事处。西门子公司 SIMATIC 系列 PLC 始于 1975 年，经历了从 S3 系列、S5 系列到 S7 系列的演变。S7 系列 PLC 是 1995 年推出的产品，如今发展成为了西门子公司自动化系统的控制核心，它的编程软件采用了 Windows 用户界面，自此全面取代了 S5 系列 PLC。目前主要流行 S7-200 SMART、S7-1200、S7-300/300C 和 S7-400 等几个子系列产品。

（1）S7-200 与 S7-200 SMART 系列 PLC

S7-200 系列 PLC 属于小型可编程序控制器，适合于单机控制或小型系统的控制，1998 年 S7-200 PLC 升级为第二代产品，2004 年又升级为第三代产品。

S7-200 系列 PLC 采用整体式结构，系统由 CPU 模块（主机）和各种功能丰富的扩展模块组成。CPU 模块如图 1-8a 所示。S7-200 系列 PLC 的主要特点有：①可靠性高、操作便捷、易于掌握。②STEP 7-Micro/WIN32 编程软件简单易用。编程软件为 Windows 风格的全中文界面，中文在线帮助信息和编程向导能使用户快速掌握编程技巧，为用户提供了开发、编辑和监控的良好环境。③具有丰富的内置集成功能。例如，内置集成高速计数器、高速脉冲输出和 PID 运算功能。④提供多种通信模块，具有近 10 种通信方式以满足不同的应用需求。⑤具有多种扩展模块，可实现对温度、速度和位置等模拟量的控制。

图 1-8　S7-200 与 S7-200 SMART 系列 PLC

a）S7-200 系列 PLC　b）S7-200 SMART 系列 PLC

2012 年 7 月，西门子公司最新发布了一款全新的针对经济型自动化市场的 SIMATIC S7-200 SMART⊖系列 PLC，外观如图 1-8b 所示。S7-200 SMART PLC 的 CPU 模块分为标准型和经济型（紧凑型）两种。经济型 CPU 模块的集成 I/O 点数最高可达 60，单机运行即可满足许多小型控制需求；可扩展的标准型模块可处理更多 I/O 需求的复杂任务，最大可扩展到 188 点；配备西门子公司专用高速处理芯片，基本布尔指令执行时间可达 0. 15μs，在同级别小型 PLC 中处于领先水平。与 S7-200 系列 PLC 比较，S7-200 SMART 系列 PLC 具有如下 4 个主要特点：

1）在 CPU 模块上预留安装 4 种信号板的位置，在不增加主机体积的情况下，可扩展通信端口、数字量 I/O 扩展板和模拟量输出扩展板等。因此，在提升产品利用率的同时降低了用户的扩展成本。

2）CPU 模块集成了 Micro SD 存储器卡插槽，使用市面上通用的 Micro SD 存储器卡即可实现程序的更新和 PLC 固件的升级，极大地方便了客户工程师对最终用户的远程服务支持，也省去了因 PLC 固件升级返厂服务所带来的不便。

3）CPU 模块标配以太网接口，集成了强大的以太网通信功能。一根普通的网线即可将程序下载到 PLC 中，方便快捷，省去了专用编程电缆。通过以太网接口还可与其他 CPU 模块、触摸屏、计算机进行通信，易于组成控制网络。

4）编程软件 STEP 7-Micro/WIN SMART 在 STEP7-Micro/WIN32 编程软件的基础上，扩展了指令系统，优化了编程界面，增加了各种编程向导，但各种指令基本保持了原来 S7-200 指令的图符和助记符。

S7-200 SMART 系列 PLC 适用于各行各业、各种场合中的检测、监测及自动控制。例如，各种冲压机床、磨床、印刷机械、橡胶化工机械、中央空调、电梯控制、运动系统、环境保护设备等。

（2）S7-1200 系列 PLC

2009 年 6 月，西门子公司发布了 S7-200 的升级版本 S7-1200 系列 PLC，外观如图 1-9a 所示，这是面向全球市场设计的中低端小型 PLC 产品，采用整体式硬件结构，系统 I/O 点数和内存容量均比 S7-200 系列 PLC 多出 30%。该系列 PLC 提供 5 种型号的 CPU 模块，每一

⊖　SMART 是西门子公司提出的一个产品战略，SMART 的意思为"简单（Simple）""易维护（Maintenance-friendly）"
　　"高性价比（Affordable）""坚固耐用（Robust）"和"上市时间短（Timely to market）"。

种型号的 CPU 又包括 3 种不同供电方式和输出方式的 CPU；配置了 13 种用于数字量和模拟量扩展的信号模块 SM，还有 2 种可直接嵌入在 CPU 主机上的信号板 SB，SB 可在不增加 CPU 占用空间大小的前提下扩展 S7-1200 CPU 的 I/O 点数；通信端口需要另外配置 2 种通信模块 CM 1241 RS232 或 CM 1241 RS485。

S7-1200 PLC 硬件系统与 S7-200 PLC 硬件系统的区别大致如图 1-9b 所示，具体来说，主要有如下 5 点：

1）内置模拟量 I/O 端口。S7-1200 PLC 每种型号的 CPU 均集成了 2 路模拟量输入，CPU 1215C 和 CPU 1217C 还集成有 2 路模拟量输出。

2）用户程序存储器容量大、运算速度较高。存储器容量为 50～150KB，输入与输出映像寄存器各有 1KB；一条布尔指令的运算时间只有 $0.08\mu s$，一条实数运算指令的运算时间只有 $2.3\mu s$。

3）S7-200 CPU 通过编程软件 STEP 7-Micro/WIN32 组态 CPU 参数和通信模块，扩展模块在接线并通电后会被 CPU 自动识别并根据模块位置为其分配固定的 I/O 地址；S7-1200 CPU 通过编程软件 STEP 7 Basic 使用一个可视化组态供用户在其中创建实际硬件系统的组件图像，默认 I/O 分配可通过设备组态的属性进行修改。

4）S7-200 CPU 有 1～2 个集成 RS485 串行通信端口，而 S7-1200 CPU 只有 1 个集成 PROFINET 端口，必须使用 CM 1241 RS232 或 CM 1241 RS485 模块才能实现 CPU 通信。通信模块 CM 从 CPU 的左侧连接，且最多可扩展 3 个 CM 模块。

5）S7-1200 CPU 具有通用 Micro SD 存储器卡卡槽和可选信号板。

图 1-9　S7-1200 PLC 及与 S7-200 系统的区别
a）S7-1200 CPU 1211C　b）S7-1200 与 S7-200 硬件系统的区别

（3）S7-300 系列 PLC 与 S7-400 系列 PLC

SIMATIC S7-300 系列 PLC 是中型可编程序控制器，采用无槽位限制的模块化无排风扇结构，该系列 PLC 包括紧凑型 CPU、标准型 CPU、户外型 CPU、技术功能型 CPU 和故障安全型 CPU 等，各种类型中又包含了多种规格的 CPU，合计有 20 种。S7-300 系列 PLC 系统由负载电源模块 PS、CPU 模块、信号模块 SM、通信处理器 CP、功能模块 FM 以及接口模块 IM 等组成。

不同型号的 CPU 有不同的性能和配置。例如，有的 CPU 上集成了数字量和模拟量的 I/O 点，所有 CPU 都集成了 MPI 多点接口，有的 CPU 上还另外集成了 Profibus-DP 等通信接口。在 CPU 前面板上的标准配置有状态指示灯、模式开关、24V 电源端子及电池盒，有的 CPU 还有存储器模块盒。信号模块 SM 是数字量 I/O 模块和模拟量 I/O 模块的统称。如图 1-10a 所示，是 S7-300 CPU 312C 连接一块信号模块 SM 的 PLC 系统。

功能模块 FM 包括计数器模块、位置控制模块、电子凸轮控制模块、步进电机定位模块、伺服电机位控模块、闭环控制模块、称重模块、位置输入模块和超声波位置解码器模块等。这些功能模块主要用于对实时性和存储容量要求高的控制系统。通信处理器 CP 有多种类型，用于在 PLC 之间、PLC 与计算机以及其他智能设备之间的通信。接口模块 IM 用于连接 CPU 与扩展单元。

SIMATIC S7-300 它能满足中等性能要求的应用，其应用领域包括：汽车工业、环境技术、采矿、专用机床、纺织机械、包装机械、通用机械、楼宇自动化、食品加工等。

S7-400 系列 PLC 是西门子公司用于中、高档性能范围的大型 PLC，它采用模块化无风扇的设计，坚固耐用；由于采用了冗余技术，可靠性极高。

S7-400 PLC 系统包括：电源模块 PS、CPU 模块、各种信号模块 SM、通信模块 CP、功能模块 FM（专门用于计数、定位、凸轮控制等任务）、接口模块 IM 等。如图 1-10b 所示，是一个具有 CPU 模块、电源模块和多种信号模块及通信模块的 S7-400 PLC 系统。

S7-400 PLC 易于扩展和具有强大的通信能力，容易实现分布式控制系统。它的应用领域包括：通用机械工程、汽车工业、立体仓库、机床与工具、过程控制、控制技术与仪表、纺织机械、包装机械、控制设备制造、专用机械。

a)   b)

图 1-10　S7-300/400 系列 PLC

a）S7-300 CPU 312C 与 I/O 模块　b）S7-400 系列 PLC

2. A-B 公司的可编程序控制器

在国际自动控制领域中享有盛名的 A-B（Allen-Bradley）公司是世界上最大的 PLC 生产商之一。20 世纪 90 年代初期，A-B 公司生产的 PLC 在美国国内 PLC 市场就占有相当大的份额。而 A-B 公司取得了"PLC"的注册商标许可证和相应专利，使得只有该公司的 PLC 产品可以标注 PLC 字样。1985 年，A-B 公司归属到罗克韦尔国际（Rockwell Internation）集团，A-B 公司成为罗克韦尔自动化有限公司旗下重要的品牌。

A-B 公司的 PLC 主要包括：MicroLogix 系列 PLC、SLC-500 系列 PLC、PLC-5 系列 PLC、Logix 系列 PLC 等。丰富的指令集和强大的软件功能以及灵活、方便的扩展功能是 A-B 公司 PLC 的显著特点。

MicroLogix 系列 PLC 是 A-B 公司的小型 PLC，采用整体式结构，如图 1-11a、b 所示。该系列 PLC 的 CPU 分为 MicroLogix1000/1200/1500 3 个档次、5 种型号。其中，MicroLogix1000 CPU 配备有专用手持编程器，虽然没有扩展能力，但内置了 32 个数字量 I/O 点和 5 个模拟量 I/O 点。有两种型号的 CPU 集成了可视化的 LCD 屏幕，可在线编程。还有一种型号的 CPU 是可以拆卸的，文本显示器可以直接嵌入主机。该系列 CPU 内置 I/O 点数为 16~32，可以扩展 7 个 I/O 模块，最多能扩展的 I/O 点数因 CPU 型号的不同而不同，为 80~540 点，用户程序存储器为 1~14KB，CPU 上有 3 个通信端口（包含 1 个以太网通信端口），基本指令的运算时间为 1~3μs。该系列 PLC 采用 RSLogix500（版本 8.1 及更高版本）以及新的 RSLogix Micro 编程软件编程。

MicroLogix 系列 PLC 常用于包装、物料输送、制药、印刷、食品/饮料、水处理、电力、楼宇自动化等行业中的各种控制。

a)   b)   c)

图 1-11　A-B 公司 MicroLogix 系列 PLC 图例

SLC-500 系列 PLC 是 A-B 公司的小型模块化 PLC 产品，是在 MicroLogix1000 架构基础上的升级产品，专门为中、小型应用项目设计的。为用户提供了体积更小、指令更丰富、运行速度更快、价格更低廉的小型 PLC 产品。如图 1-11c 所示，是一个 CPU 模块连接 7 个扩展模块的图例。该系列 CPU 包括多种规格，与 Micro Logix 系列 PLC 具有通用指令集，均采用 RSLogix500 和 RSLogix Micro 编程软件编程，两大系列 PLC 完全兼容，程序可以方便地转换；擅长于顺序控制、过程控制和运动控制，在游乐设施、小型酿酒厂、制药及食品加工生产线、包装、带轮输送和水处理等应用场合有出色的表现。

PLC-5 系列 PLC 是 A-B 公司主推的中大型 PLC 产品，该系列 PLC 采用模块式结构，几乎可以用于各种工业控制。按照集成通信接口的不同分类有 PLC-5XXB、PLC-5XXC、PLC-5XXE 和 PLC-5XXL 4 个子系列，每个子系列中又包括若干型号的 CPU 模块。型号 PLC-5XXB 中的 XX 包括 11、20、30、40、60 和 80 这 6 种；型号 PLC-5XXC 和 PLC-5XXE 中的 XX 包括 20、40 和 80 这 3 种；型号 PLC-5XXL 中的 XX 包括 40 和 60 这 2 种。XX 数字相同的 CPU 模块有相同的存储器容量和数字量 I/O 点数，后缀字母 C 的是控制网型处理器，后缀字母 E 的是以太网型处理器，后缀字母 L 的是扩展本地 I/O 型处理器。

PLC-5 CPU 的本地 I/O 点数为 512~3072，用户存储器容量在 8~100KB 范围，扫描速度为 1KB 程序 0.5ms，配套的 I/O 模块有 90 多种。该系列 PLC 采用 RSLogix5 编程软件，支持梯形图、语句表和顺序功能图，可以编制最多 16 个主控程序，每个主控程序对应一个实际的设备控制或功能块。

3. 三菱公司的 PLC

日本三菱公司是世界上生产 PLC 产品的主要厂商之一。在日本的 PLC 销售市场上，该公司生产的 PLC 占市场份额的 30%左右，其 PLC 产品在微型化及降低成本方面颇具特色。

MELSEC-F 系列小型 PLC 已经有 F、F1/F2 和 FX 三代产品。F 系列 PLC 是三菱公司在 20 世纪 80 年代初期推出的小型低档 PLC 产品，F1/F2 系列 PLC 是 F 系列的功能增强型小型低档系列 PLC 产品。在 F 系列的基础上增加了许多应用指令、通信功能以及特殊功能模块，如位置控制模块、模拟量控制模块和高速计数器模块等。FX 系列 PLC 是替代原有的 F、F1/F2 系列 PLC 而在 20 世纪 80 年代末期开始陆续推出的产品，采用了整体式和模块式相结合的叠装式结构。主要产品有第一代 FX_{1S} 和 FX_{1N}/FX_{1NC}，第二代 FX_{2N}/FX_{2NC}，第三代 FX_{3S}/FX_{3SA}（简易机型）、$FX_{3G}/FX_{3GA}/FX_{3GE}/FX_{3GC}$（基本机型）和 FX_{3U}/FX_{3UC}（高端机型）等，其中，下角带 C 的是同型号的增强版本，不仅性能有所提高，而且 I/O 端子采用连接器型，与普通端子排型相比，更节省空间，使 PLC 具有更小的体积。该系列 PLC 的外观如图 1-12 所示。

a)   b)   c)

图 1-12   三菱 FX 系列 PLC 外观

FX 系列 PLC 的最大 I/O 点数为 30~256（包括 CPU 内置 I/O 点、扩展 I/O 点和远程I/O点）；存储器容量为 2~64KB；基本指令执行时间为 0.21μs；最多内置独立 4 轴、最高 200kHz 脉冲输出；具有输入中断功能、定时中断功能、高速计数器、脉冲捕捉功能、模拟量控制功能以及通信功能等，并且可以嵌入微型显示器扩展板和模拟量输入或输出扩展板。采用 GX Developer 编程软件，将它安装于微型计算机上，即构成了通用编程器。另外，也常采用 FX-20P-E 便携式编程器，它具有菜单式功能选择，能在线或离线编程。编程指令包括梯形图和语句表两种。

MELSEC iQ-F 系列 PLC 是新一代高端机型，型号 $FX_{5UJ}/FX_{5U}/FX_{5UC}$ 与 FX_{3U} 比较，CPU 的运算速度提高了近 2 倍；搭载了 RUN/STOP/RESET 开关，操作更方便；增设了 USB 接口和以太网通信端口；具有 SD 存储器卡槽，可实现数据记录、备份和恢复功能。用户程序容量达 48~128K 步，基本指令运算时间为 0.034μs；内置模拟量 I/O 点，方便对模拟量进行控制。该系列 PLC 适合于单元化生产方式和独立装置的自动控制。

MELSEC Q 系列 PLC 是三菱公司开发的大型 PLC 产品，采用模块式结构，有基本型、过程型、冗余型、C 语言控制型和运动型等 CPU 模块。在一个 Q 系列的 PLC 控制系统中，可以最多组合 4 个 CPU、扩展 64 个模块。程序容量为 8~252KB，本地 I/O 点数为 256~4096，扩展远程 I/O 时，可达 8196 点。布尔指令执行时间为 0.2~0.034μs。该系列 PLC 是以中、大规模系统为被控对象，适合从单机应用到网络应用，从顺序控制到过程控制以及数据处理的各种高速度、高精度、大容量的数据处理和机器控制。

练 习 题

1-1　什么是可编程序控制器（PLC)？用途是什么？

1-2　可编程序控制器的主要特点与具体功能是什么？高可靠性和高抗干扰能力是用什么措施保证的？

1-3　衡量可编程序控制器的主要性能指标有哪些？试列举几种小型 PLC 的主要性能指标，并分析说明其性能的优劣。

1-4　可编程序控制器的分类方式有哪些？若按结构形式的不同分类有哪几类？

1-5　相比一般的单片机控制系统，PLC 控制系统的优势是什么？

1-6　举例说明 PLC 的应用领域；调研一个小型生产线，说明 PLC 在生产控制过程中所起的具体作用。

第 2 章　可编程序控制器的基本原理

可编程序控制器的品牌、种类和型号繁多，但 PLC 系统的构成都属于积木式结构，各厂家的 PLC 产品结构大同小异，而工作原理却是完全相同的。

本章介绍 PLC 的基本组成、工作原理和编程语言的种类。

2.1　可编程序控制器的基本结构

可编程序控制器按照结构的不同，可分为整体式 PLC 和模块式 PLC。一般微型和小型 PLC 采用整体式结构，中、大型 PLC 采用模块式结构。

2.1.1　整体式 PLC

整体式 PLC 又称为一体式 PLC，其基本结构如图 2-1 所示。整体式 PLC 是将中央处理单元（CPU）、存储器、输入接口、输出接口、I/O 扩展接口、通信端口和电源等组装在一个机箱内构成主机。用户通过按钮等开关设备或各种传感器就能够将开关量或模拟量由输入接口输入并存入主机存储器的输入映像寄存区；而后经过运算或处理得到的开关量或模拟量的控制信号经由输出接口输出到用户的被控设备。主机与编程器配合就组成了最小的 PLC 控制系统。当输入或输出的点数较多时，就需要通过 I/O 扩展接口连接 I/O 扩展模块以扩展输入或输出的点数。编程器、上位计算机或其他 PLC 等外部设备需要由通信接口与它连接。

例如，西门子公司的 S7-200 系列 PLC 就是采用的整体式结构，如图 2-1 所示。

图 2-1　整体式 PLC 的结构示意图

2.1.2 模块式 PLC

模块式 PLC 的基本结构如图 2-2 所示。模块式 PLC 是将整体式 PLC 主机内的各个部分制成单独的模块，如 CPU 模块、输入模块、输出模块、通信模块、各种智能模块以及电源模块等，这些模块通过总线连接，安装在机架或导轨上。

图 2-2　模块式 PLC 的结构示意图

由此可见，模块式 PLC 比整体式 PLC 配置更加灵活，输入和输出的点数能够自由选择。整体式 PLC 虽然也能通过扩展接口连接其他模块，但能够扩展的模块的数量毕竟是很有限的。

例如，A-B 公司的 SLC-500 系列和 PLC-5 系列 PLC 就是采用的模块式结构，如图 1-11c 所示。

总之，无论是哪种结构形式的 PLC，其基本组成部分以及工作原理是相同的，下面就分别简单介绍 PLC 的各个组成部分。

2.2　可编程序控制器的各组成部分

2.2.1　中央处理单元

与一般的计算机相同，中央处理单元（CPU）是 PLC 的核心部分，是整个 PLC 系统的中枢，其功能如下：读入现场状态、控制信息存储、解读和执行用户程序、输出运算结果、执行系统自诊断程序以及与计算机等外部设备通信。

中央处理单元（CPU）由大规模或超大规模集成电路微处理器构成。一般在低档 PLC 中普遍采用如 Z80 这样的通用微处理器作 CPU。目前 PLC 更广泛使用的是单片机作 CPU（如 MCS-48 系列单片机）。单片机不仅具有集成度高、体积小、廉价、可靠性高和可扩充性好的优点，而且在一片芯片上集成了 CPU、ROM、RAM、I/O 接口、时钟电路、A/D 和 D/A 转换电路等，因此，用单片机作 CPU 的 PLC 具有如下特点：体积小，便于实现机电一体化；逻辑处理能力更加突出；使用集成了通信功能的单片机（如 MCS-51 系列单片机）非常有利于 PLC 通信程序的处理。在高档的 PLC 中，也有采用位片式微处理器作 CPU 的。位片式微处理器具有高集成度、高速度和灵活性强等优点，其指令系统对用户是开放的，因此，用位片式微处理器作 CPU 的 PLC 具有如下特点：高速度、高精度的运算控制能力；可以根据用户的要求自行定义指令，从而大大简化了控制程序的设计。

对于小型 PLC，其 CPU 单元与存储器、输入/输出接口电路以及通信端口是集成在一起的，构成 PLC 的主机，一般称为 CPU 模块。

2.2.2　存储器

1. 存储器的类型

存储器有只读存储器（ROM）、随机存取存储器（RAM）、可编程只读存储器（PROM）、可擦除可编程只读存储器（EPROM）、电可擦除只读存储器（EAROM）、电可擦除可编程只读存储器（E^2PROM）。各种存储器的特点，读者可查阅相关计算机书籍。

2. 存储器的划分

PLC 中的存储器根据用途不同分为系统程序存储器、用户程序存储器和工作数据存储器 3 种。

系统程序存储器是存放系统程序的存储器区域，为只读存储器，用户不能更改其中的内容。系统程序是由 PLC 制造厂家根据产品的功能编写的，主要完成指令解释、系统自诊断、子程序调用管理、运算、通信和各种参数设定等功能。中、小型 PLC 一般采用 PROM 或 EPROM 存放系统程序，大型 PLC 多采用 ROM 存放系统程序。

用户程序存储器是存放用户程序的存储器区域。用户程序是用户根据自己的控制要求而编写的应用程序。根据生产过程或工艺的要求，用户程序需要经常改动，所以用户程序存储器必须是可读写的。一般用户程序存放在带有后备电池掉电保护的 RAM 中或 E^2PROM 中。目前较先进的 PLC 采用可随时读写的快闪存储器（Flash Memory）作为用户程序存储器，快闪存储器不需要后备电池，掉电时，数据也不会丢失。不同机型的 PLC，用户程序存储器的容量相差较大。

工作数据存储器是用来存储工作数据的存储器区域。工作数据是随着程序的运行和控制过程的进行而随机变化的，因此，这种存储器也是采用 RAM 和 EPROM 存储器。在工作数据区中，预先开辟了各种“元件”的映像寄存器区域和变量数据区。这里所说的元件是软元件，即相当于继电器的存储单元。元件映像寄存器有输入映像寄存器、输出映像寄存器、辅助继电器、定时器和计数器的当前值寄存器等。根据需要，还可以设置在 PLC 断电时能够保持数据的数据保持区。

2.2.3　输入/输出接口电路

PLC 通过 I/O 接口电路与外部设备相互联系。PLC 系统的输入/输出示意图如图 2-3 所示。通过 I/O 模块可以接收现场设备（传感器）向 PLC 提供的被控对象的各种参数 [模拟量输入（AI）]，或由按钮、操作开关、限位开关、继电器触点和接近开关等提供的开关量信号 [数字量输入（DI）]。这些信号经过输入接口电路的滤波、光电隔离和电平转换等处理，变成 CPU 能够接收和处理的信号。同时，通过 I/O 模块可以将经过 CPU 处理的信号通过光电隔离和功率放大等处理，转换成外部设备所需要的驱动信号 [数字量输出（DO）或模拟量输出（AO）]，以驱动如接触器、电磁阀、电磁铁、调节阀、调速装置等各种执行机构。

信号模块是数字量输入/输出模块和模拟量输入/输出模块的统称，也常称为 I/O 模块。通常有 6 种类型：数字量输入模块、数字量输出模块、数字量输入/输出混合模块、模拟量输入模块、模拟量输出模块、模拟量输入/输出混合模块。

图 2-3　PLC 的输入/输出示意图

综上所述，PLC 的 I/O 模块的主要类型有数字量输入模块、数字量输出模块、数字量输入/输出混合模块、模拟量输入模块、模拟量输出模块和模拟量输入/输出混合模块。通常在 I/O 模块上具有状态显示的指示灯和端口接线的端子排，不仅使运行状态直观，而且安装和维护都很方便。下面介绍 3 种常用的 I/O 接口电路的工作原理。

1. 数字量输入接口电路

按照输入端电源类型的不同，数字量输入接口电路可分为直流输入接口电路和交流输入接口电路。

直流输入接口电路如图 2-4 所示，外接的直流电源极性可以为任意极性。左侧点画线框内为外部用户接线，右侧点画线框内是 PLC 内部的输入电路。图 2-4 中只画出了对应于一个输入点的输入电路，各个输入点所对应的输入电路均相同。图中 VLC 为光电耦合器件，它内部的发光二极管与光敏晶体管封装在一个管壳中。当 S 闭合时，无论是何种极性的输入，总有一只发光二极管导通而发光，使光敏晶体管饱和导通，从而在电阻 R_3 上产生高电平，该高电平信号经滤波电路送到内部电路中。同时输入指示灯 VL1 或 VL2 点亮，表示输入开关 S 处于接通状态。当 CPU 访问该路输入时，就将该输入点对应的输入映像寄存器位置 1。当 S 断开时，发光二极管截止而不发光，光敏晶体管也截止，于是电阻 R_3 上为低电平，该低电平信号经滤波电路送到内部电路中。同时输入指示灯不亮，表示输入开关 S 处于断开状态。当 CPU 访问该路输入时，就将该输入点对应的输入映像寄存器位置 0。图中 R_1 为限流电阻，R_2 和 C 构成滤波电路，可滤除输入信号中的高频干扰。

图 2-4　直流输入接口电路

西门子公司的 S7-200 SMART PLC 内部提供了 24V 的直流电源，直流输入无需外接电源，用户只需将开关接在输入端子和公共端子（COM）之间即可，称此为无源式直流输入。无源式直流输入接口简化了输入端的接线，方便了用户。

交流输入接口电路如图 2-5 所示。点画线框内是 PLC 内部的输入电路。图 2-5 中只画出了对应于一个输入点的输入电路，各个输入点所对应的输入电路均相同。其工作原理与上述直流输入接口电路基本相同。图 2-5 中，电容 C 为隔直电容，对交流信号相当于短路。R_1 和 R_2 构成分压电路。

图 2-5　交流输入接口电路

2. 数字量输出接口电路

按输出电路所用开关器件的不同，PLC 的数字量输出接口电路可分为晶体管输出接口电路、晶闸管输出接口电路和继电器输出接口电路。

晶体管输出接口电路如图 2-6 所示。点画线框内是 PLC 内部的输出电路，框外右侧为外部用户接线。图 2-6 中点画线框内只画出了对应于一个输出点的输出电路，如果有 N 个输出点，各个输出点所对应的输出电路均相同。图 2-6 中，VLC 是光电耦合器件，VT 为输出晶体管，VL 指示输出点的状态，VD1 为 VT 的保护二极管，VD2 为续流二极管（对于电感性负载，必须用续流二极管为负载断电时提供能量释放的通路），FU 是熔断器，代表该接口电路具有短路保护功能。FU 不是真实的熔断器，后续各电路中的 FU 意义与此相同，不再赘述。

图 2-6　晶体管输出接口电路

当该输出位的内部输出映像寄存器的状态为 **1** 时，VLC 导通，从而使 VT 饱和导通，因此负载通电。同时输出指示灯 VL 点亮，表示该输出点的状态为 **1**。当该输出位的内部输出映像寄存器的状态为 **0** 时，VLC 截止，从而使 VT 也截止，因此负载断电。同时 VL 不亮，表示该输出点的状态为 **0**。

由于晶体管为无触点直流开关，故该电路具有响应速度快、工作频率高、使用寿命长的特点。晶体管输出接口电路用于驱动直流负载。

双向晶闸管输出接口电路如图 2-7 所示。点画线框内是 PLC 内部的输出电路，框外右侧为外部用户接线。图 2-7 中点画线框内只画出了对应于一个输出点的输出电路，如果有 N 个输出点，各个输出点所对应的输出电路均相同。输出电路的光电耦合器件采用的是光控双向晶闸管 VLC 和双向晶闸管 VT，因此，该输出接口电路可以驱动直流或交流任意类型的负载。图 2-7 中 VL 为输出点状态指示灯，R 和 C 构成阻容吸收保护电路。

图 2-7　双向晶闸管输出接口电路

当该输出位的内部输出映像寄存器的状态为 **1** 时，无论外接何种电源都能使 VLC 导通，进而触发 VT 使之导通，负载通电，同时输出指示灯 VL 点亮，表示该输出点状态为 1。当该输出位的内部输出映像寄存器的状态为 **0** 时，VLC 截止，VT 因无触发信号而关断，负载断电，同时 VL 不亮，表示该输出点状态为 **0**。

继电器输出接口电路如图 2-8 所示。点画线框内是 PLC 内部的输出电路，框外右侧为外部用户接线。图 2-8 中点画线框内只画出了对应于一个输出点的输出电路，如果有 N 个输出点，各输出点所对应的输出电路均相同。由于触点 KA 对电流的流通方向没有限制，故该输出接口电路可以驱动直流或交流任意类型的负载，因此，在电路中，负载电源画了直流和交流两种电源，而且直流电源的极性可以任意连接。图 2-8 中，VL 是输出点状态指示灯，KA 为一个小型直流继电器。

当该输出位的内部输出映像寄存器的状态为 **1** 时，KA 线圈通电，常开触点闭合，无论外接何种电源都能使负载通电，同时输出指示灯 VL 点亮，表示该输出点状态为 1。当该输出位的内部输出映像寄存器的状态为 **0** 时，KA 线圈断电，常开触点断开，负载断电，同时 VL 不亮，表示该输出点状态为 **0**。

继电器输出接口电路的输出功率比晶体管输出接口电路的输出功率大，但因其触点的电气寿命和开关速度都不及半导体开关元件，因此，在需要输出点频繁通断的场合（如高频脉冲输出），应选用晶体管或晶闸管输出型的 PLC。

图 2-8　继电器输出接口电路

　　PLC 的数字量输出可以直接驱动如指示灯、电磁阀等小功率负载，对于大功率或高压负载，还要通过中间继电器、接触器、电磁开关等接通大功率电源或高压电源才能驱动。另外，当驱动直流电感性负载时，需要在负载两端并联续流二极管，以保护内部电路不被电感负载所产生的感应电动势击穿。

3. 模拟量的输入与输出

　　PLC 控制系统所控制的物理量有许多是模拟量，如温度、速度、压力、流量、位移等。通过传感器检测这些物理量所得到的输入信号（电压或电流）是时间的连续函数。按照 IEC 标准，传感器输出的模拟信号电压为 $-10 \sim 10V$、$0 \sim 10V$、$1 \sim 5V$；模拟信号电流为 $-20 \sim 20mA$、$0 \sim 20mA$、$4 \sim 20mA$。模拟量输入接口电路接收到上述模拟信号后，将其转换为 8 位、10 位或 12 位的数字量存入输入映像寄存器中。在西门子公司的 S7-200 SMART PLC 中，一路模拟量转换为 12 位数字量，占用输入映像寄存器一个字长（16 位）。

　　图 2-9 所示是一种模拟量输入接口电路。点画线框内是 PLC 内部的输入电路。由于各路模拟量输入通道所对应的输入电路均相同，故图 2-9 中只画出了对应于一路模拟量输入通道的输入电路。由图 2-9 可见，该模拟量输入接口电路主要由输入滤波电路、放大电路和模拟量与数字量（A/D）转换电路三部分组成。当模拟量为电压信号 U_i 时，由 1 端和 2 端两个输入端子之间输入；当模拟量为电流信号 I_i 时（图 2-9 中没有画出），应该将 1 端和 3 端短接，电流信号再从 1 端和 2 端两个输入端子输入，电阻 R_2 使电流信号转换为电压信号。该电路能够识别信号的极性。一般，通过模块外部能够直接调节放大电路增益和偏置，实现零位调节。高性能的模拟量模块的分辨率可达几微伏。

图 2-9　模拟量输入接口电路

经过 CPU 的运算和处理后，待转换的信号存放在输出映像寄存器中，需再经过模拟量输出接口电路将数字量转换成与输入对应的模拟信号电压或电流，以驱动执行机构作相应的动作。在西门子公司的 S7-200 SMART PLC 中，待输出的模拟量转换前为 12 位数字量存放在输出映像寄存器中，占用输出映像寄存器一个字长（16 位）。

图 2-10 所示是一种模拟量输出接口电路。点画线框内是 PLC 内部的一路模拟量输出电路，该接口电路主要由数字量与模拟量（D/A）转换电路、电压输出缓存电路和电压-电流转换电路 3 个部分组成。VO 是电压输出端子，IO 是电流输出端子。一般，对电压输出要限定负载电阻的最小值，而对电流输出要限定负载电阻的最大值，以保证输出功率不超过额定值。

图 2-10　模拟量输出接口电路

PLC 的 I/O 接口，除了 CPU 主机上集成的 I/O 接口，更多的是由通过 CPU 上的 I/O 扩展口扩展。当扩展数量不能满足要求时，还可以通过配备远程 I/O 从站的方法来解决。目前，还发展了一系列特殊功能的 I/O 模板，这为 PLC 用于各行各业打开了出路，如用于条形码识别的 ASCII/BASIC 模块，用于反馈控制的 PID 模块，用于运行控制、机械加工的高速计数模块，单轴位置控制模块，双轴位置控制模块，凸轮定位器模块，射频识别接口模块等，今后，I/O 模板还会有很大发展。

2.2.4　外部设备

1. 编程装置

编程装置的作用是输入、编辑和调试用户程序，在线监控和设置参数以及进行人机对话等。编程装置可以是专用编程器，或是配有专用编程软件的个人计算机。专用编程器是生产厂家提供的与本公司 PLC 配套的编程工具，又分为简易编程器和智能编程器两种。

简易编程器不能直接输入和编辑梯形图程序，只能输入语句表程序。智能编程器或称为图形编程器可以直接输入和编辑梯形图程序，其本质是一台专用便携式计算机，既可以联机编程又可以脱机编程，但只能对同一公司的几种固定型号的 PLC 进行编程。

装入 PLC 编程软件的个人计算机作为程序开发系统是最理想的。它既可以编辑、修改程序，又可以作为 PLC 系统的监控设备，还可以打印文件、进行数据采集和分析、系统仿真等。

2. 人机界面

人机界面又叫作操作员接口，它能实现系统信息的内部形式与人类可以接受形式之间的转换，是进行信息交互和人机对话的媒介。安装在控制台上的按钮、转换开关、拨码开关、指示灯、LED 显示器和声光报警器等就是最简单的人机界面。通常的人机界面具有如下功能：显示中文文本信息（如报警信息）、查看 CPU 的状态、显示和修改过程参数、设定输入和输出、强制 I/O 点诊断功能、设定日期和实时时钟等。高级的人机界面具有智能终端，它有自己的微处理器和存储器，能够与操作人员快速地交换信息，可以作为本地通信网络的接口。

西门子公司的文本显示器（Text Display，TD）是一种可连接至 S7-200 CPU 的显示设备，有 TD100、TD200、TD200C 和 TD400C 4 个型号，其组态软件已包含在编程软件中。而 S7-200 SMART PLC 则支持 Comfort HMI、SMART HMI、Basic HMI 和 Micro HMI 等人机界面。在编程软件 STEP 7-Micro/WIN SMART 中，通过"工具"菜单下的"文本显示"命令，可以组态文本显示器。通过文本显示器可以查看、监视和更改与控制有关的过程变量。

TD400C 有一个能显示 2 行或 4 行的文本显示窗口（分辨率为 192×64 像素的背光液晶显示器），按键是位置固定的触摸键。显示窗口具体显示的行数取决于用户选择的字体和字符。如果显示 4 行，每行可显示 12 个小的中文字符，总共可显示 48 个字符；或者每行可显示 24 个小的 ASCII 字符，总共可显示 96 个字符。如果显示 2 行，则每行可显示 8 个大的中文字符，总共可显示 16 个字符；或者每行可显示 16 个大的 ASCII 字符，总共可显示 32 个字符。可以创建最多包含 15 个按键的自定义键盘，这些按键可以放到任何背景图片上，并且可以具有不同的颜色、功能或字体。TD400C 的外观如图 2-11a 所示。

SMART LINE IE V3 是新一代精彩系列触摸板，外观如图 2-11b 所示。该面板提供了人机界面的标准功能，包括 SMART 700 IE V3 和 SMART 1000 IE V3 两个系列，经济适用。在 SMART LINE IE V3 上集成了以太网和隔离串口（RS422/RS485 自适应切换），可以连接西门子、三菱、施耐德以及台达等公司的 PLC。一台面板可以通过以太网或串口接口连接 4 台 S7-200 或 S7-200 SMART，但串口和以太网不能同时使用。

SMART LINE IE V3 需要使用专用软件 WinCC flexible SMART V3 对其组态。

a)   b)

图 2-11　西门子公司的人机界面

a) TD400C　b) SMART LINE IE V3

3. 外存储器

PLC 内部的半导体存储器称内存储器。也可以用外部的磁带、磁盘和半导体存储器来存储 PLC 的用户程序，这些存储器通称为外存储器。外存储器一般是通过编程器或其他智能模块提供的接口实现与内存储器之间相互传输用户程序。外存储器的功能首先是备份用户程序、数据和组态信息，如果存放在 PLC 内存储器中的程序丢失，可以由外存储器重新装入；另外，通过外存储器能够在不同的 PLC 之间复制程序。在离线开发用户程序的编程装置中，外存储器特别有用。

4. 通用打印机模块

通用打印机模块是用来完成 PLC 与通用打印机交换信息的一种外设接口。通过这一模块，PLC 就能够与打印机相互通信，控制和检查打印机的工作情况，实现各种不同的打印功能。

此外，PLC 的外部设备还有大屏幕彩色图形监控设备、条形码扫描仪、其他 PLC 或上位计算机等。

2.2.5 智能模块

智能模块是一个独立的计算机系统，它有自己的 CPU、系统程序、存储器以及与 PLC 系统总线相连的接口，根据模块的功能还有一些特殊组成部分。智能模块作为 PLC 系统的一个模块，通过总线与 PLC 进行数据交换，并在 CPU 模块的协调管理下独立地进行工作。这里所说的独立是指智能模块的工作不参加 CPU 的周期性扫描过程，而是按照它自己的规律参与系统工作，即多数情况下的运算功能都是由它本身的 CPU 完成的。

智能模块的种类有很多，常用的有高速计数器模块、通信模块、温度测量模块、闭环控制模块、运动控制模块、BASIC 模块等。

1. 高速计数器模块

高速计数器模块用于累计 CPU 扫描速率不能控制的高速事件，使用高速计数器能够实现精确控制，而不受 CPU 扫描周期的限制。高速计数器模块通过总线接口与 PLC 的系统总线相连，由此进行信息交换。

高速计数器一般用作驱动鼓形计时器设备，该设备有一个安装了增量轴式编码器的轴以恒定的速度转动。增量轴式编码器每转一圈产生确定的脉冲数和一个复位脉冲，高速计数器则接收这两种脉冲，当累计的当前值等于预设值并有复位脉冲时向 CPU 发出中断信号。

西门子公司的 S7-200 SMART CPU 具有集成的高速计数器功能，可以记录 4 路 200kHz 的事件。在 S7-300 PLC 和 S7-300 PLC 中就配有专用的高速计数器模块，计数频率可达 2MHz。

2. 通信模块

通信处理器（CP）有多种类型，用于在 PLC 之间、PLC 与计算机以及其他智能设备之间通信。串行通信处理器用来连接点到点的通信系统，实现点对点通信。或将 PLC 接入 Profibus-DP、AS-I 和工业以太网。使用通信处理器能减轻 CPU 处理通信的负担，亦能减少用户对通信的编程工作量。

现代 PLC 都具有通信功能，因此各种通信模块是必不可少的。PLC 的通信模块大都自带微处理器，用来实现与其他 PLC、智能控制设备或上位计算机之间的通信。远程 I/O 系统也必须配备相应的通信模块。

西门子公司的 S7-200 SMART PLC 提供专用通信模块和信号板（见表 3-3），配合主机上集成的两种通信端口，可以适应不同的通信方式。通信的原理以及通信模块的组网方式参见第 7 章。

3. 温度测量模块

温度测量模块是模拟量模块的特殊形式，其功能是将热系统的温度值转换为与之成正比的电压信号（数字信号）。温度测量模块通常有热电偶温度测量模块和热电阻温度测量模块两种。例如，西门子公司 S7-200 SMART 配备有 EM AT04 热电偶温度测量模块和 EM AR02/AR04 热电阻 RTD 温度测量模块，参见 3.1.2 节。

4. 闭环控制模块

随着 PLC 技术的迅速发展，PLC 不仅对模拟量处理功能逐渐加强，而且闭环控制功能也在不断完善。闭环控制常采用的方法有两种：其一是利用模拟量 I/O 接口硬件的支持，通过一定的控制软件来实现闭环控制；其二是软、硬件一起开发，形成独立的智能模块来实现控制。

5. 运动控制模块

运动控制模块用来控制物体的位置、速度和加速度。模块中的存储器存储了给定的运动曲线，被控对象可以是单轴或多轴。运动控制一般采用闭环控制，用伺服电动机或步进电动机作驱动装置，如果用步进电动机作驱动装置，也可以采用开环控制。运动控制模块使运动控制与 PLC 的顺序控制功能有机地结合在一起，被广泛地应用在机床、装配机械等场合。例如，西门子公司的定位控制模块 EM253 就是一种较简单的运动控制模块，主要针对较为简单的、不需要专用控制器的运动控制，该模块在 S7-200 PLC 系统中使用。

6. BASIC 模块

BASIC 模块又称为数据处理模块，是一个不占用 CPU 扫描周期而独立完成任务的智能 I/O 接口。BASIC 模块实际上是一台封入工业 I/O 模块内的微型计算机，它处理用户的 BASIC 程序，是对 PLC 系统功能的补充。

2.2.6　电源模块

PLC 的工作电源为开关式直流稳压电源，开关电源体积小、重量轻、效率高、抗干扰能力强，对电网电压的稳定性要求不高。开关电源主要为 PLC 内部电路供电，有的 PLC 也能向外部提供直流电源。

电源模块用于将 AC 220V 电源转换为 DC 24V 和 DC 5V 电源，为 PLC 的各个模块供电。由于不同的 PLC 系统配置的模块数量和种类不同，所需的工作电流亦不相同，因此，电源模块的容量有多种档次。一般电源模块上有 LED 指示灯，当发生过载时，LED 指示灯将闪烁报警。

例如，S7-200 SMART CPU 内部的开关电源提供 5V 和 24V 两种直流电压，CPU 的 DC 5V 电源为 CPU 自身和扩展模块提供工作电源，CPU 的 DC 24V 电源可为本机内置的 I/O 点和扩展模块上的 I/O 点供电，也为一些特殊或智能模块供电。

不同型号的 PLC 开关电源的容量是不同的。对每一个 PLC 系统必须校验开关电源的容量是否足够。每一个扩展模块都需要 5V 直流电源，如果总需求超过 CPU 模块的供电能力，则必须减少或改变模块的配置；对于需要 DC 24V 电源供电的 I/O 点、某些扩展模块和 TD 设备等也要进行容量计算，如果总需求超过 CPU 模块的供电能力，则需要增加外部 DC 24V 电源来为部分模块供电。

2.3 可编程序控制器的工作原理

PLC 中的 CPU 与存储器配合，监视现场的输入信号、根据用户程序进行运算、输出信号去控制现场设备运行，从而完成控制功能。它与 DCS 处理温度、压力、流量等参数的方式不同，CPU 采用快速的循环扫描工作方式，周而复始地执行一系列任务，执行一次任务循环称为一个扫描周期。

2.3.1 PLC 的扫描工作方式

PLC 在本质上虽然是一台微型计算机，其工作原理与普通计算机类似，但是 PLC 的工作方式却与计算机有很大的不同。计算机一般采用等待输入→响应（运算和处理）→输出的工作方式，如果没有输入，就一直处于等待状态。而 PLC 采用的是周期性循环扫描的工作方式，每一个周期要按部就班做完全一系列相同的工作，与是否有输入或输入是否变化无关。

以西门子公司的 S7-200 SMART PLC 为例，PLC 在一个扫描周期中要执行的任务包括：输入信号采样、执行用户程序、处理通信请求、执行 CPU 自诊断和输出刷新，如图 2-12 所示。这 5 个任务并不是在每一个扫描周期都要执行一次。一个扫描周期中要执行的任务取决于 CPU 的操作模式，S7-200 SMART CPU 有 STOP 和 RUN 两个操作模式。STOP 模式和 RUN 模式的主要区别如下：在 STOP 模式时不运行用户程序，用户可以下载程序块；在 RUN 模式时运行用户程序，而用户仍然可以下载程序块。

图 2-12　PLC 的扫描周期

PLC 的扫描周期可以按固定顺序进行，也可以按用户程序规定的可变顺序进行。这不仅仅因为有的程序或指令不需要每扫描一次执行一次，也因为在一个大的控制系统中，需要处理的 I/O 点数较多，通过不同的组织模块的安排，采用分时分批扫描执行的方法，不仅可以缩短扫描周期，还可以提高控制的实时性。

2.3.2 PLC 的扫描工作过程

1. 输入采样阶段

输入采样又称为读输入。在每次扫描周期开始时，CPU 集中采样所有数字量输入点的当前输入值，并将其存入内存储器中各对应的输入映像寄存器。此时，输入映像寄存器被刷新，那些没有使用的输入映像寄存器位被清零。此后，输入映像寄存器与外界隔离，无论输入信号如何变化，都不会再影响输入映像寄存器，其内容将一直保持到下一个扫描周期的输入采样阶段，才会被重新刷新。对于模拟量输入，CPU 在扫描周期的输入采样阶段不会自动更新来自扩展模块的模拟量输入寄存器（AI），只有当访问模拟量输入时，CPU 直接从物理模块读取模拟值。

2. 程序执行阶段

在扫描周期的执行程序阶段里，CPU 执行用户程序是从第一条指令开始顺序执行，直到最后一条指令结束，除非遇到程序跳转指令，则根据是否满足跳转条件来决定程序的跳转地址。对于梯形图程序，是按先左后右、先上后下的语句顺序逐句扫描运算的。

如果在程序中使用了中断，中断程序并不作为正常扫描周期的一部分来执行，而是当中断事件发生时才执行。因此，中断程序可能会在扫描周期的任意时刻被执行。当多个中断事件发生时，CPU 根据中断的优先级来处理中断，并以异步扫描方式为中断程序服务。如果在程序中使用子程序，则子程序只能在主程序、另一个子程序或中断程序调用时，才会被执行。从主程序开始时，子程序嵌套深度为 8，从中断程序开始时，子程序嵌套深度为 4。

当指令中涉及输入指令时，CPU 就从输入映像寄存器中读取数据，然后进行相应的运算，运算结果再存入元件映像寄存器中。当执行输出指令时，CPU 只是将输出值存放在元件映像寄存器中，并不会真正输出。例外的是，不论在主程序、子程序还是在中断程序执行过程中，立即输入指令和立即输出指令允许对物理输入点和输出点直接操作。对于立即输入指令就是立即读取当前物理输入点的最新值，而不从输入映像寄存器中取值；对于立即输出指令，则程序运算的结果不必等待到"输出刷新阶段"而直接刷新输出点输出。

注意，立即输入指令不刷新输入映像寄存器，而立即输出指令要刷新输出映像寄存器。

3. 处理通信请求

在扫描周期的处理通信请求阶段，CPU 处理从通信端口接收到的任何信息。处理通信请求阶段在扫描周期中所占用的时间比是可以调节的。例如在 S7-200 CPU 中，默认的处理通信请求的时间为扫描周期的 10%，可以按 5% 的最小增量增加比值，最大可达 50%。显然，增加了用于处理通信请求时间的百分比后，也就增加了扫描周期的时间，使得控制的实时性变差。

4. 执行 CPU 自诊断测试

在扫描周期的 CPU 自诊断测试阶段，CPU 检查固件、程序存储器和所有扩展模块的状态，确保其正确工作。自诊断测试的结果是给出错误代码信息，若错误代码为 16#0000，则表示没有错误，否则，或者固件或者程序运行等有错误。这些错误分为两大类，分别是致命错误与非致命错误。例如，内部 E^2PROM 的配置参数错误、默认输出表值检查错误、存储器卡失灵或不能被识别以及内部软件错误等属于致命错误；程序运行所产生的输入中断分配冲突、子程序嵌套层数超过规定、间接寻址错误、操作数范围和堆栈溢出等错误属于非致命错误。

致命错误会导致 CPU 无法执行某一功能或全部功能，非致命错误只会导致 CPU 运行的某些方面效率降低，但不会影响 CPU 执行用户程序或更新输入与输出。对于非致命错误，只报警不停机，等待处理。例如，在向 CPU 下装程序时，CPU 将对程序进行编译，在该过程中若发现非法指令或语法错误等违反编译规则的错误，则 CPU 停止下装程序，同时生成一个编译规则错误的代码，供编程者检查、修正。对于致命错误，则 CPU 转为 STOP 方式，停止运行用户程序，CPU 切断一切输出联系。

S7-200 SMART CPU 的错误类型及错误代码详见厂家提供的技术手册，通过编程软件中的主菜单命令"PLC\信息\PLC"能够调出错误状态表，查看错误代码。注意，有些错误会导致 CPU 无法进行通信，此时，将看不到来自 CPU 的错误代码，这代表 CPU 模块出了问题。

5. 输出刷新阶段

扫描周期的最后一个步骤为输出刷新阶段，此时，CPU 将存放在输出映像寄存器中所有开关变量的状态（0 或 1）输出到输出锁存器中，并送给物理输出点以断开或接通外部负载。但是，在正常扫描周期中不会刷新模拟量输出值，只有当程序访问模拟量输出值时，将立即刷新输出映像寄存器（AQ）中的模拟量值。因此，模拟量的输入/输出与扫描周期无关。

综上所述，对用户程序的循环扫描过程，一般分 3 个阶段进行，即输入采样阶段、执行程序阶段和输出刷新阶段，如图 2-13 所示。图 2-13 中标注的序号①、②、③等表示了图 2-13 所示梯形图程序的执行顺序。在执行程序期间，通过过程映像寄存器比直接访问物理输入点和输出点更有优势：第一，会使系统运行更稳定；第二，程序访问过程映像寄存器的速度比访问物理输入点和输出点的速度快很多，从而提高程序运行速度；第三，物理输入点和输出点只能按照位或字节的形式访问，而过程映像寄存器可以按照位、字节、字和双字 4 种形式访问，更加灵活方便。

图 2-13　PLC 程序的执行过程

由此可见，PLC 的扫描工作方式明显区别于继电器控制系统。继电器控制系统采用硬接线逻辑的并行工作方式。当某个继电器的线圈通电时，所有的常开触点和常闭触点无论处在控制电路的哪条支路、哪个位置都会立即动作，从而控制其他线圈的通电或断电。而 PLC

的扫描工作方式在执行程序阶段就已经计算出哪些"线圈"应该通电,哪些"线圈"应该断电,但并不马上执行,要等到本次扫描周期最后的输出刷新阶段才按"批处理"的方式同时刷新所有的输出位。

顺序扫描的工作方式简单直观,简化了程序设计,并为 PLC 的可靠运行提供了非常有利的保证。因为程序的顺序执行将触发"看门狗"定时器,以监视每一次扫描是否超过了规定的时间,从而避免了由于 CPU 内部故障使程序执行进入死循环所造成的影响。

2.3.3 PLC 的输入/输出滞后现象

PLC 有很多优点,但也有不足之处,最显著的弱点是输入/输出有响应滞后现象,滞后时间可达几十毫秒。对一般的工业控制设备来说,这个滞后时间是完全允许的,对于有快速响应要求的设备,则可以选用快速响应模块、高速计数模块、立即输入/输出指令以及中断处理等措施来尽量减少滞后时间的影响。

影响输入/输出响应滞后的主要因素如下:

1）输入延迟时间。主要是输入滤波器时间常数的影响。

2）扫描周期。按循环扫描的工作方式会从原理上产生输出滞后于输入的现象,而且扫描周期越长,输出滞后就越严重。

3）输出延迟时间。主要是输出继电器等执行机构有机械滞后。

4）程序语句的安排,影响程序执行时间。

对于程序的语句安排不合理所带来的额外响应滞后,可以通过图 2-14 所示的例子说明。图 2-14a 所示为一段梯形图程序,I0.0 是输入常开触点,M0.0 是位存储器,起中间继电器的作用,Q0.0 和 Q0.1 是输出线圈。该程序所要执行的操作是当输入触点 I0.0 闭合时,使输出线圈 Q0.0 和 Q0.1 接通通电。该程序的执行过程如图 2-14b 的时序图所示。

图 2-14 输出滞后的产生原理分析

a) 梯形图 b) 时序图

在第一个扫描周期的输入刷新阶段，I0.0是断开（OFF）的，使输入映像寄存器I0.0的状态为**0**，故该周期内输出映像寄存器Q0.0和Q0.1以及位存储器M0.0均为**0**态。

在第二个扫描周期的输入刷新阶段，I0.0是闭合（ON）的，使输入映像寄存器I0.0的状态为**1**。执行程序段1的指令时，因为M0.0为**0**态，使Q0.0继续保持**0**态；执行程序段2的指令时，读取I0.0的状态，因为I0.0为**1**态，使M0.0线圈接通（即M0.0=1），从而触点M0.0闭合；执行程序段3的指令时，因为M0.0闭合，使输出映像寄存器Q0.1置**1**。因此，到了输出刷新阶段，输出线圈Q0.0为断开状态，而Q0.1被接通。

在第三个扫描周期的输入刷新阶段，I0.0是闭合（ON）的，使输入映像寄存器I0.0的状态为**1**。执行程序段1的指令时，因为触点M0.0已经闭合，因而使输出映像寄存器Q0.0置**1**；执行程序段2的指令时，读取I0.0的状态，因为I0.0为**1**态，使线圈M0.0保持接通；执行程序段3的指令时，因为触点M0.0保持闭合，使输出映像寄存器Q0.1置**1**。因此，到了输出刷新阶段，输出线圈Q0.0和Q0.1均被接通。

由此可见，从输入I0.0接通到输出线圈Q0.1被接通延迟了一个多扫描周期，这是由扫描工作方式决定了的正常延迟，而输出线圈Q0.0被接通却延迟了两个多扫描周期，即Q0.0又比Q0.1延迟了一个扫描周期才接通，这个延迟是非正常的，属于程序的指令（语句）先后顺序设计不合理造成的。如果将第一行程序段1与第二行程序段2交换位置，则输出线圈Q0.0将与输出线圈Q0.1同时在第二个扫描周期的输出刷新阶段被接通。

注意：各个元件映像寄存器（对应梯形图中的线圈）是在程序执行阶段按照程序段运算的先后顺序被依次刷新（置**0**或置**1**）的。故在图2-14中，将Q0.1输出映像寄存器的状态变化画在了第二个扫描周期执行程序阶段的中间，而不是执行程序阶段的开始时刻。但本教材在其他时序图中，将不再考虑各个元件映像寄存器状态变化的时间差异。

2.3.4　PLC的脉冲捕捉功能

集中采样输入信号虽然能减少外界干扰的影响，但是极容易丢失短暂的脉冲输入信号。为此，PLC提供了脉冲捕捉功能。脉冲捕捉功能使CPU能捕捉到作用时间非常短暂的高电平或低电平脉冲信号。西门子公司的S7-200 SMART CPU允许为每一个本机内置的数字量输入点和信号板上的数字量输入点设置脉冲捕捉功能。当某个输入点设置为脉冲捕捉时，输入端的状态变化将被锁存并一直保持到下一个扫描周期的输入刷新阶段，确保了不丢失输入脉冲信号。带有和不带有脉冲捕捉功能的CPU的基本操作如图2-15a所示。

如图2-15b所示，给出了3种不同输入信号的脉冲捕捉响应情况。如果在一个给定的扫描周期内有不止一个输入脉冲，则只有第一个输入脉冲可以读到，第二个以及第二个以后的输入脉冲将被丢失。为此，可以采用I/O中断方式来处理多个输入脉冲。同理，输入短暂的负脉冲同样可以被捕捉到。

S7-200 SMART CPU从编程软件的主菜单中选择菜单命令"视图"→"组件"→"系统块"，调出如图2-16所示的系统块设置窗口，再选择"数字量输入"选项卡中的一组输入点，就可以为主机内置的数字量输入点分别设置脉冲捕捉功能。在默认情况下，每一个输入点是没有脉冲捕捉功能的。在图2-16中，CPU型号是CPU ST40，该CPU包含24点输入，其中，只有I0.0~I0.7和I1.0~I1.5共14点可以设置成具有脉冲捕捉功能，如图2-16a和b所示。本例已选择I0.0~I0.4具有脉冲捕捉功能。而图2-16c中列出的8个输入点I2.0~

I2.7，就不能设置具有脉冲捕捉功能。

图 2-15　脉冲捕捉功能

2.3.5　PLC 的输入滤波功能

一般 PLC 均设置有输入滤波功能。对输入信号进行滤波的目的是为了抑制干扰对控制系统的影响。输入滤波分为数字量滤波和模拟量滤波。

1. 数字量输入滤波

S7-200 SMART CPU 允许为本机内置的数字量输入点、信号板上的数字量输入点以及 I/O 扩展模块上的数字量输入点设置输入滤波功能。从编程软件的主菜单中选择菜单命令"视图"→"组件"→"系统块"，调出系统块设置窗口，再选择"数字量输入"选项卡中的任意一组输入点，如图 2-16a 所示（当前主机为 CPU ST40），在默认情况下，各位数字量输入点的滤波时间均为 6.4ms。这个输入延迟时间有助于滤除输入接线上可能对输入状态造成不良改动的噪声脉冲（杂波），并强制输入在数据被接收之前保持稳定。每次输入状态改变

a)

b)   c)

图 2-16　输入点脉冲捕捉功能及输入滤波功能设置

时，输入必须在滤波时间内保持新值，才能被认为是有效的输入信号。

　　根据实际输入信号的不同，数字量输入点也可以分别设置不同的滤波时间。不同型号 CPU 的输入点数不同，滤波时间常数（延迟时间）的设置范围也略有不同。如图 2-17 所示，CPU ST40 的前 14 个输入点 I0.0~I0.7 和 I1.0~I1.7 支持滤波时间范围为 0.2~12.8μs，或者在 0.2~12.8ms 之间选择。而后一组输入点 I2.0~I2.7 的输入滤波时间只有 6.4ms 和 12.8ms 两种时间值可选。信号板上的数字量输入点的可选滤波时间与 I0.0~I0.7 的可选滤波时间相同，而 I/O 扩展模块上的输入点的可选滤波时间只能在 0.2~12.8ms 之间选择。

　　需要注意的是，为了确保新的滤波时间立刻生效，而不会影响到系统扫描周期的正常运行，必须关闭 CPU 电源后再重新启动。

2. 模拟量输入滤波

　　如果在系统块中添加了模拟量模块，如图 2-18 所示，就会出现模拟量设置窗口。对于每一个模拟量都可以选择输入信号的类型为电压或电流，进一步可以选择电压值或电流值的

图 2-17 数字量输入滤波时间的设置

范围。如果输入信号选择为电压信号，则电压的范围可在±10V、±5V 和±2.5V 3 种中选择。如果输入信号选择为电流信号，则电流的范围为 0~20mA。

图 2-18 设置模拟量输入

模拟信号来自于各种传感器。由于受传感器响应时间的影响，或受信号线长度的影响，模拟量会发生波动。当波动值较大时，可能会导致程序逻辑无法有效响应。S7-200 SMART CPU 采取以下两种方法对模拟量输入进行滤波。

1）抑制：如图 2-18 所示，点选"抑制"的下选按钮，有 10Hz、50Hz、60Hz 和 400Hz 4 个选项。例如，选中 50Hz，就意味着可以消除或最小化该频率点的噪声。

2）滤波：设定取几个周期模拟量采样值的平均值，将该平均值即滤波值存储在模拟量输入寄存器（AI）中。点选"滤波"的下选按钮，有无（1 个周期）、弱（4 个周期）、中（16 个周期）和强（32 个周期）4 个选项。对于不使用滤波器的模拟量通道，程序在访问该路模拟量时，读取的是当前物理输入值。

2.4 可编程序控制器的编程语言

2.4.1 PLC 软件的基本概念

PLC 系统的软件由系统软件和用户程序两大部分组成。

系统软件是生产厂家编制好并已固化在机内的，用于系统管理（运行管理、存储空间管理、系统自检程序）、用户指令解释以及提供标准程序模块和系统调用程序等。

用户程序是为了实现广泛的控制任务由用户使用生产厂家提供的编程软件编制的应用程序。同一台 PLC，为其编制不同的应用程序就可以实现不同的控制功能，就如同继电器控制系统改变了硬接线一样，这就是所谓的"可编程序"。用户的应用程序存放在用户存储器内，可以随时修改。

由于 PLC 是专用的工业控制装置，其主要使用者是广大的工程技术人员。为了适应他们的传统习惯和掌握能力，通常 PLC 不采用计算机编程语言，而常常采用面向控制过程、面向问题的"自然语言"编程。国际电工委员会（IEC）1994 年 5 月公布的可编程序控制器语言标准 IEC 61131-3 详细地说明了句法和语义，并给出了顺序功能表图、梯形图、功能块图、语句表和结构化文本 5 种通用的编程语言。这是一个有关 PLC 编程方面的轮廓性标准，这个标准鼓励不同的 PLC 厂商向用户提供与 IEC 指令集的表示和操作一致的指令。

为了替代继电器实现控制策略，以完成类似继电器线路的控制系统梯形图而编制的一套控制算法功能块（或子程序）称为指令系统。指令系统被固化在 ROM 中，用户在编制应用程序时可以调用。指令系统大致可以分为两类，即基本指令和扩展指令。进一步细分，一般 PLC 的指令系统有基本指令、定时器/计数器指令、移位指令、传送指令、比较指令、转换指令、BCD 运算指令、二进制运算指令、增量/减量指令、逻辑运算指令、特殊运算指令等，这些指令大多类似汇编语言。另外，PLC 还提供了充足的计时器、计数器、内部继电器、寄存器及存储器等内部资源，为编程带来了极大方便。

事实上，PLC 的编程软件所用的编程语言（指令系统）因生产厂商的不同而不同，同一厂商的产品往往也因机型的不同而各不相同。这也是各个厂商的产品不能兼容的主要原因。但各生产厂商的 PLC 一般都能兼容 IEC 的一种或几种编程语言。

西门子公司的 S7-200 SMART PLC 的编程软件 STEP 7-Micro/WIN SMART[⊖]是要安装在基于 Windows 操作系统的计算机中使用的。它提供了使用 3 种编程语言创建程序的编辑器：梯形图（LAD）编辑器、语句表（STL）编辑器和功能块图（FBD）编辑器。尽管 3 种编辑器的指令不是完全一一对应，但是用任何一种程序编辑器编写的程序都可以用其他编辑器进行浏览和编辑。给学习和编程带来了极大的方便。

与其他计算机程序一样，PLC 的用户程序也是由主程序、子程序和中断程序组成的。其

⊖ 编程软件 STEP 7-Micro/WIN SMART 能够打开早期用编程软件 STEP 7-Micro/WIN V4.0 及以上版本创建的程序。

中，主程序是程序的主体部分，由许多控制应用的指令组成，主程序中的指令按顺序在CPU 的每个扫描周期执行一次。子程序是程序的可选部分，只有当主程序调用它们时才被执行。中断程序也是程序的可选部分，只有当中断事件发生时才能够执行。

目前，编制用户程序最常用的编程语言是梯形图编程语言、语句表编程语言和功能块图编程语言。

2.4.2 梯形图

梯形图（LAD）是一种图形化的编程语言，是由传统的继电器、接触器控制系统电气原理图演变而来的，是目前使用得最普遍的一种 PLC 编程语言。这种图形化的编程语言易于理解，全世界通用，适合初学者使用。而且所有的梯形图程序都可以翻译成语句表程序。这里所说的翻译是由编程软件自动进行的。

各个厂家 PLC 的梯形图的图形符号略有差别，总体来说是大同小异的。图 2-19 所示为一个实现电动机既能点动又能连续运行控制的例子。其中，图 2-19a 所示是实现电动机控制的继电器-接触器控制电路；图 2-19b 所示是用 S7-200 SMART 实现相同功能的梯形图程序；图 2-19c 所示是用三菱 FX$_{2N}$ PLC 实现相同功能的梯形图程序；图 2-19d 所示是用 A-B 公司 SLC500 PLC 实现相同功能的梯形图程序。

图 2-19　继电器-接触器控制电路与 3 种不同机种的梯形图

a）点动与连续运行控制电路　b）梯形图（一）　c）梯形图（二）　d）梯形图（三）

由图 2-19 可见，梯形图与继电器-接触器控制电路形式上很相似。继电器-接触器控制电路是由许多支路并联组成的，每一条支路由许多触点串并联后与一个线圈相连，每一条支路也就是一个梯级。而梯形图也是由许多梯级组成的，一个梯级就是一个程序段，使用数字序号标注先后顺序。一个程序段是许多触点、线圈和功能框（指令盒）的有序排列，实现某种逻辑运算或数学运算。

梯形图中的触点不是常规意义上的触点，而是 PLC 内部的软继电器触点。所谓软继电器实质上是内部存储器存储一位二进制数码的存储单元，因此，其触点也就是输入逻辑变量。当某存储器位的状态为 **1** 时，表示所对应的软继电器的线圈"通电"，对应的常开触点闭合、常闭触点断开，软继电器的这种状态被称为 **1** 态或 ON 状态；当某存储器位的状态为 **0** 时，所对应的软继电器的线圈"断电"，对应的常开触点断开、常闭触点闭合，软继电器的这种状态被称为 **0** 态或 OFF 状态。这些软继电器（二进制存储单元）常常被称为编程元件。

梯形图中的线圈表示输出逻辑变量，其实质也是 PLC 内部存储器的一个二进制位。而且，梯形图中的线圈不一定是真正的输出，有许多是中间逻辑变量。除了触点和线圈，梯形图中还有实现各种功能的指令盒，这将在第 4 章　S7-200 SMART PLC 的指令系统中介绍。

梯形图两侧的垂直公共线称为母线（Busbar）。梯形图的每一个梯级都起始于"左母线"，终止于输出线圈或"右母线"（右母线可以不画）。执行程序时，是按从左到右、从上到下的顺序进行的。一般而言，梯形图程序让 CPU 仿真来自电源的电流（称为能流或概念电流），从左到右通过一系列的输入逻辑触点（触点闭合时能流通过），根据逻辑运算的结果决定输出的逻辑状态。能流只能从左向右流动，这一方向与执行用户程序时的逻辑运算的顺序是一致的。上一梯级的逻辑运算结果，马上可以被下面梯级的逻辑运算所利用。

总之，梯形图与继电器-接触器控制电路只是形式上的相似，其工作方式和组成的器件完全不同，而软继电器的触点数量也是无限的，因为每使用一次触点就相当于读取一次存储器中存储单元的状态。

2.4.3　语句表

语句表（Statement List，STL）是一种文本型的、类似于汇编语言的指令助记符编程语言。语句表在语句表编辑器中创建和编辑。

语句是语句表编程语言的基本单元，每条语句是规定 CPU 如何动作的指令，它是由操作码和操作数组成的。每个控制功能是由一个或多个语句组成的用户程序来完成的。操作码表明了指令要执行的功能，用助记符表示。操作数表明了为执行某一操作所需数据的地址（实际上就是各个内部存储器的地址），操作数也可以是常数。

对于图 2-19b、c 所示的梯形图，有如下对应的语句表：

S7-200 SMART 的语句表：　　　　　　　　FX₂N PLC 的语句表：

S7-200 SMART		FX₂N PLC	
LD	I0.1	LD	X1
O	M0.0	OR	M100
AN	I0.0	ANI	X0
A	I0.3	AND	X3
=	M0.0	OUT	M100
LD	I0.2	LD	X2
O	M0.0	OR	M100
A	I0.3	AND	X3
=	Q0.0	OUT	Y0

CPU 按照从上到下的顺序执行每一条指令（语句），程序结束后再返回到起始位置重复执行，而不需要设置"结束"语句。语句表使用一个逻辑堆栈来分析控制逻辑，S7-200 SMART CPU 的逻辑堆栈结构如图 2-20a 所示，该堆栈共有 32 层，能保存 32 个一位二进制数码。除了特殊的堆栈指令，堆栈中的数据一般采取先进后出的规则。新存的数据总是在栈顶，每次存入一个数据，栈底的数据就自然丢失；每一次逻辑运算是在栈顶进行，运算结果也存放在栈顶，因此，输出指令就是直接将栈顶的值复制到输出单元；每执行一次 ALD、OLD 等堆栈指令，堆栈内原有的数据就少一个（称为堆栈的深度减 1），栈底的值为任意值。

关于堆栈指令详见 4.7 节，这里仅以如图 2-20 所示的简单例子说明逻辑运算在堆栈中的执行过程。图 2-20a、b 为逻辑堆栈的结构和语句表程序。LD 指令是执行把一个新值装入（Load）堆栈的操作，如图 2-20c 所示，连续执行 3 次 LD 指令后，操作数 I0.0、I0.1、I0.2 先后进入堆栈，堆栈的上面 3 层数据分别为 I0.2、I0.1、I0.0，栈底 3 个数据 iv31、iv30、iv29 先后丢失；执行语句"A M0.0"后，M0.0 的值与栈顶的值逻辑与，结果 S0 存放在栈顶；执行语句"OLD"后，堆栈上面两层数据做逻辑或运算，结果 S1 存放在栈顶，堆栈深度减 1；执行语句"ALD"后，堆栈上面两层数据做逻辑与运算，结果 S2 存放在栈顶，堆栈深度减 1。

显然，语句表编程语言采用了 CPU 能够直接执行的语言，它比较适合于熟悉 PLC 运算规则和有编程经验的程序员。对于初学者来说，重点是分析控制对象的工作过程和众多逻辑变量的逻辑关系，并没有必要十分清楚 CPU 的运算方法。而使用梯形图编写控制程序，就能清楚、形象地表示出逻辑变量之间的逻辑关系。因此，初学 PLC 的读者应重点掌握使用梯形图编辑器编写 PLC 程序。

因为语句表编辑器中的指令并不是与梯形图等图形指令一一对应，而有自己独立、专用的指令。因此，使用语句表编程语言能够编写出梯形图和功能块图等编程语言无法实现的程序，也正因为如此，语句表程序不一定能转换成梯形图和功能块图，但梯形图或功能块图程序都能够转换成语句表程序。在转换时，编辑器会自动插入必要的指令来处理堆栈操作。

图 2-20　逻辑堆栈的结构及运算方法

a）逻辑堆栈的结构　b）语句表程序　c）逻辑堆栈的运算方法

2.4.4　功能块图

功能块图（FBD）编程语言是用类似于数字电路中的逻辑门等图形符号组成的逻辑盒指令来表示命令的图形语言。功能块图编辑器中没有梯形图编辑器中的触点和线圈，但是有与之等价的指令，这些指令是作为盒指令出现的。程序逻辑由这些盒指令之间的连接决定。

在功能块图中，不使用左/右母线的概念，而用能流这个概念，能流表示流过功能块图逻辑模块的控制流。

如图 2-21 所示的功能块图是与图 2-19b 所示梯形图程序对应的程序。由图 2-21 可见，一个指令盒的输出，可以直接与下一个指令盒的输入连接，由此便建立了所需的控制逻辑。这样的图形逻辑门的连接方法有利于程序流的跟踪。另外，功能块图编辑器也能够使用 IEC 61131-3 指令集，而且所有的功能块图程序都可以翻译成语句表程序。

在 SIMATIC 指令集中，有些梯形图指令和功能块图指令的图形是一样的。

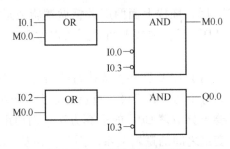

图 2-21　功能块图程序实例

2.4.5　基于 Windows 操作系统的编程语言标准 IEC 61131-3

PLC 技术发展之初，各个 PLC 生产厂家都有自己专用的编程软件和编程语言，这给使用者带来了极大的不便。针对各 PLC 厂家产品在指令系统上的差异以及编程方法的区别，1993 年 IEC 颁布了 PLC 编程语言的国际标准 IEC 61131，后又制订了基于 Windows 操作系统的编程语言标准 IEC 61131-3。它规定了 PLC 有语句表、梯形图、顺序功能图、功能块图、结构化文本 5 种编程语言。这包括了文本化编程和图形化编程两个方面，而 SFC 则是一种面向图形的编程语言，它适合于用户描述按照时间序列转换不同控制功能的程序，在文本化语言或在图形化语言中，均可以使用顺序功能图的概念和语法。

IEC 61131-3 国际标准是工业控制编程语言唯一全球标准，在工业控制领域中产生了重要的影响，被全球越来越多的制造商和用户所接受，该标准为 PLC 软件技术的发展，乃至整个工业控制软件技术的发展，起到了举足轻重的推动作用。但是，该标准只是 PLC 的编程语言的指导性文件，不是强制性的。我国根据这个国际标准，在 1995 年年底发布了 PLC 的国家标准 GB/T 15969 系列，并在 2007 年陆续替代为新版本；目前，PLC 的国家标准已更新至 GB/T 15969—2021（对应 IEC 61131-3）。

2.4.6　变量的数据类型

PLC 的用户程序中要用到许多变量，这些变量在编程时必须指明变量的数据类型。每个

SIMATIC 和 IEC 61131-3 指令或带参数的子程序都通过标识符进行精确定义，即指令所允许的数据类型通过标识符得到。基本的数据类型有布尔型、无符号型、有符号型和实数型 4 种。其中，布尔型变量（BOOL）的取值为 **0** 或 **1**，其余的数据类型及其数据范围参见表 2-1。

表 2-1　数据类型及其数据范围

数据类型	字节（B）	字（W）	双字（D）
无符号型	0~255（十进制） 0~FF（十六进制）	0~65535（十进制） 0~FFFF（十六进制）	$0 \sim 2^{32}-1$（十进制） 0~FFFFFFFF（十六进制）
有符号型	$-128 \sim 127$（十进制） 80~7F（十六进制）	$-32768 \sim 32767$（十进制） 8000~7FFF（十六进制）	$-2^{31} \sim 2^{31}-1$（十进制） 80000000~7FFFFFFF（十六进制）
实数型 （浮点数）	不适用	不适用	十进制： $+1.175\ 495E-38 \sim +3.402\ 823E+38$（正数） $-1.175\ 495E-38 \sim -3.402\ 823E+38$（负数）

无符号型和有符号型数据的长度均有字节（8 位）、字（16 位）和双字（32 位）3 种。其中，8 位的无符号型和有符号型数据用 BYTE 表示；16 位无符号型数据称为无符号整数，用 WORD 表示，16 位有符号型数据称为有符号整数，用 INT 表示；32 位无符号型数据称为无符号双整数，用 DWORD 表示，32 位有符号型数据称为有符号双整数，用 DINT 表示。

实数（也称为浮点数）是 32 位单精度数，用 REAL 表示。实数按照双字长度来存取，存放格式如图 2-22 所示。对于 S7-200 CPU 来说，实数精确到小数点后第 6 位。

图 2-22　实数的格式

编译程序时，要进行数据类型检查。数据类型检查分为完全数据类型检查、简单数据类型检查和无数据类型检查。

在完全数据类型检查的方式下，参数的数据类型必须同符号或变量的数据类型相匹配。除多重指令，每个有效参数只有一个数据类型。例如，字左移指令 SLW 的输入 IN 参数的数据类型是 WORD 类型。只有给它分配 WORD 型的变量，才能编译成功，分配其他任何类型的变量均是无效的。STEP 7-Micro/WIN 32 只对 IEC 61131-3 模式进行完全数据类型检查。完全数据类型检查与等价的数据类型见表 2-2。

表 2-2　数据类型检查与等价数据类型

完全数据类型检查		简单数据类型检查		无数据类型检查	
用户选定的 数据类型	等价的数据 类型	用户选定的 数据类型	等价的数据 类型	用户选定的 地址	分配的等价数据类型
BOOL	BOOL	BOOL	BOOL	V0.0	BOOL

（续）

完全数据类型检查		简单数据类型检查		无数据类型检查	
用户选定的数据类型	等价的数据类型	用户选定的数据类型	等价的数据类型	用户选定的地址	分配的等价数据类型
BYTE	BYTE	BYTE	BYTE	VB0	BYTE
WORD	WORD	WORD	WORD、INT	VW0	WORD、INT
INT	INT	INT	INT、WORD	VD0	DWORD、DINT、REAL
DWORD	DWORD	DWORD	DWORD、DINT		
DINT	DINT	DINT	DINT、DWORD		
REAL	REAL	REAL	REAL		

在简单数据类型检查的方式下，当给一个符号或变量一个数据类型时，也自动分配了与选定数据类型相匹配的所有等价数据类型，见表 2-2。简单数据类型检查只在 SIMATIC 指令集中使用局部变量时执行。例如，选择 DINT 作为变量的数据类型，局部变量也自动给该变量分配了 DWORD 数据类型，因为两者都是 32 位的数据类型。虽然 REAL 也是 32 位的数据类型，但是 REAL 不是自动分配的，它没有等价的数据类型，总是单独定义。

无数据类型检查的方式只在 SIMATIC 的全局变量没有可选的数据类型时使用。见表 2-2，若一个符号或变量分配在一个地址 VB0 处，STEP 7-Micro/WIN 32 自动为该符号或变量分配的数据类型为 BYTE。

使用数据类型检查有助于避免常见的编程错误。

练 习 题

2-1　PLC 硬件系统由哪几部分组成？各部分的主要作用是什么？

2-2　PLC 中常用的 CPU 有哪些种类？各自的特点是什么？

2-3　PLC 的主要外部设备有哪些？各自起什么作用？举例说明 PLC 的常用智能模块及其功能。

2-4　PLC 的编程装置有哪几种？各自的特点是什么？

2-5　简述 PLC 的工作方式及其特点。

2-6　什么叫扫描工作方式？什么是扫描周期？一个扫描周期由哪几个阶段组成？各个阶段完成什么任务？扫描周期的时间长短取决于哪些因素？其中的主要影响因素是什么？

2-7　PLC 在什么时刻接收输入信号？当输入信号到来的时刻滞后于 PLC 接收信号的时间段，该信号是否就一定会丢失？

2-8　造成 PLC 输出（响应）滞后现象的原因是什么？能否消除输出的滞后时间？怎样才能缩短输出的滞后时间？

2-9　简述 PLC 的常用编程语言及其特点。

2-10　S7-200 SMART 指令参数（操作数）所用的基本数据类型有哪些？

第 3 章　S7-200 SMART PLC 的硬件系统

　　详细了解可编程序控制器（PLC）硬件系统的组成、特性和技术规范是使用 PLC 的重要基础。PLC 作为专用的工业控制计算机，其硬件系统与通用微型计算机有许多相似之处；而为了经受工业现场的诸多严酷考验以及满足功能灵活、扩展方便等要求，PLC 的硬件系统又存在许多与通用微型计算机完全不同之处。

　　本章以西门子公司的 S7-200 SMART PLC 系统为例，介绍 PLC 的硬件系统。

3.1　S7-200 SMART PLC 硬件系统的组成

　　一个最小的西门子公司的 S7-200 SMART PLC 系统由一个 S7-200 SMART CPU 模块（主机）、一台安装有 STEP 7-Micro/WIN SMART 编程软件的微型计算机和一条通信电缆等部分组成，如图 3-1 所示。其中，微型计算机作为通用编程器使用，当用户程序调试成功并下载到 CPU 主机中以后，S7-200 SMART PLC 系统的工作不再需要计算机支持，可以单独运行。此时，断开通信电缆后，通信端口可以连接人机界面等其他设备。当然，若不断开 CPU 与编程计算机的通信，则计算机可以用于监控程序的运行状态。

图 3-1　最小 S7-200 SMART PLC 系统组成示意图

3.1.1　S7-200 SMART CPU 模块

　　S7-200 SMART CPU 模块如图 3-2 所示（上下盖子已开启）。该模块中集成了一个 CPU、数字量 I/O 点以及直流电源 3 个部分。图 3-2 中，详细标注了 S7-200 SMART CPU 的结构。与原来的 S7-200 CPU 模块的最大区别主要如下：上下输入与输出的接线端子位置互换了，上排是 DO 下排是 DI；用 Micro SD 卡替换了原来的专用存储卡；扩展模块用插针插接的方法代替了扁平电缆连接法；增加了以太网通信接口和以太网通信状态指示灯 LED；增加了可选的信号板或通信板。

1. CPU 模块的型号及主要技术指标

　　CPU 模块负责执行程序和存储数据，以便对工业自动控制任务或过程进行控制。S7-200 SMART 系列 PLC 提供了 12 种型号的 CPU 模块，参见表 3-1。表 3-1 中，前两列 CPU CR40s

和 CPU CR60s 属于紧凑型 CPU（或称为经济型 CPU），此类 CPU 还包括 CPU CR20s/CR30s 两种型号的 CPU，表 3-1 中未列出。4 种紧凑型 CPU 不可扩展模块和信号板，没有实时时钟和以太网通信端口。后 8 列 CPU SR20、CPU ST20、CPU SR30、CPU ST30、CPU SR40、CPU ST40、CPU SR60 和 CPU ST60 属于标准型 CPU，可以扩展 6 个模块和 1 个信号板。型号中的数字代表了数字量 I/O 点的总数。型号中的第 1 个字母，C 代表"紧凑的（Compact）"，S 代表"标准的（Standard）"。型号中的第 2 个字母 R 和 T 分别代表了数字量输出电路的类型是继电器（Relay）输出，还是晶体管（Transistor）输出。也就是说，CPU CR40s/60s 以及 CPU SR20/30/40/60 6 种是 AC/DC/Relay（交流电源供电/直流数字量输入/继电器数字量输出）类型，而 CPU ST20/30/40/60 4 种是 DC/DC/DC（24V 直流电源供电/直流数字量输入/晶体管直流数字量输出）类型。

图 3-2　西门子 S7-200 SMART CPU 模块

表 3-1　S7-200 SMART 的 CPU 模块类型

型号 特征	CR40s	CR60s	SR20	ST20	SR30	ST30	SR40	ST40	SR60	ST60
紧凑型、不可扩展	√	√								
标准型、可扩展			√	√	√	√	√	√	√	√
继电器输出	√	√	√		√		√		√	
晶体管输出				√		√		√		√
内置 I/O 点数	40	60	20	20	30	30	40	40	60	60

　　显然，每一种型号的 CPU 模块都采用直流数字量输入点，逻辑 **1** 状态的额定输入为 24V、4mA。采用晶体管输出的是直流数字量输出点，只能驱动直流负载，逻辑 **1** 状态的额定输出为 24V、0.75A；采用继电器输出的数字量输出点，既可驱动直流负载，也可驱动交流负载，逻辑 **1** 状态的额定输出电压为 AC 250V 或 DC 24V，额定输出电流为 2A。由此可见，继电器数字量输出点的负载能力比晶体管直流数字量输出点的负载能力强。但是，由于继电器触点的开关速度远低于晶体管的开关速度，因此，在需要产生高速脉冲输出的应用场合，应该选择 DC/DC/DC 型的 PLC。

表 3-2 列出了这些 CPU 模块的通用规范。

表 3-2 列出了 S7-200 SMART CPU 模块的主要技术指标。表 3-2 中，内置数字量 I/O 点数是指 CPU 模块上自带的数字量输入与数字量输出点数。在完成实际控制任务时，内置的 I/O 点数往往不够，需要扩展数字量 I/O 模块以增加 I/O 点数。因此，CPU 模块中必须为扩展的 I/O 点预留存储空间。表 3-2 中的数字量 I/O 映像寄存区就是指 CPU 模块中存放数字量输入与输出的存储空间的大小，其中输入映像寄存器和输出映像寄存器各有 256 点（32B）。

S7-200 SMART CPU 模块上没有集成模拟量的输入与输出接口。如果需要采集并控制模拟量，需要另外加模拟量扩展模块。表 3-2 中的模拟量 I/O 映像寄存区是指 CPU 模块中预留的用于存放模拟量的最大存储空间，即可存放 56 个输入模拟量和 56 个输出模拟量。因为一个模拟量占用 2B 即 1 个字。

表 3-2 中所给出的扩展模块个数是对应 CPU 所能配置的最大扩展模块数量。S7-200 SMART 提供了功能各异的多种扩展模块（参见 3.1.2 节），每种扩展模块所需的工作电流有较大的差异。由于扩展模块需要 CPU 为其供电，故必须根据 S7-200 SMART CPU 所能提供的额定电流，核算能为额外配置的扩展模块提供多少电流。如果扩展模块需要较大的工作电流，则 CPU 可能无法连接最大数目的扩展模块。这是在实际工程应用中需要重视的问题。

表 3-2　S7-200 SMART CPU 模块的主要技术指标

特性 ＼ 型号		CPU CR40s	CPU CR60s	CPU SR20 CPU ST20	CPU SR30 CPU ST30	CPU SR40 CPU ST40	CPU SR60 CPU ST60
用户存储器/KB	用户程序	12	12	12	18	24	30
	用户数据	8	8	8	12	16	20
	数据保持	最大 2		最大 10			
内置数字量 I/O 点数		24DI/16DQ①	36DI/24DQ	12DI/8DQ	18DI/12DQ	24DI/16DQ	36DI/24DQ
数字量 I/O 映像寄存区		256DI/256DQ	256DI/256DQ	256DI/256DQ	256DI/256DQ	256DI/256DQ	256DI/256DQ
模拟量 I/O 映像寄存区		无		56 字 AI 56 字 AQ	56 字 AI 56 字 AQ	56 字 AI 56 字 AQ	56 字 AI 56 字 AQ
扩展模块数量/个		无		6	6	6	6
信号板数量/个		无		1	1	1	1
高速计数器	单相	4 个 100kHz	4 个 100kHz	4 个 200kHz	4 个 200kHz	4 个 200kHz	4 个 200kHz
	A/B 相	2 个 50kHz	2 个 50kHz	2 个 100kHz	2 个 100kHz	2 个 100kHz	2 个 100kHz
脉冲输出②		无		2 个 100kHz	3 个 100kHz	3 个 100kHz	3 个 100kHz
存储卡（可选）		无		Micro SDHC 卡	Micro SDHC 卡	Micro SDHC 卡	Micro SDHC 卡
实时时钟		无		有（备用时间 7 天）			
通信口个数		串行口 1 个		以太网 1 个、串行口 1 个、附加串行口 1 个			
功耗/W		18	20	14/20	14/12	23/18	25/20

① 为了与数字 0 有明显的区别，西门子公司 PLC 的输出字符没有使用字母 O，而是使用了字母 Q。
② 脉冲输出仅限于晶体管输出型 CPU。

表 3-2 中标准型 CPU 对应功耗一行有两个数据，分子和分母的数据分别表示继电器输出和晶体管输出两种主机的功耗。表 3-2 中的其他技术指标需要在编程和使用过程中逐渐

理解。

除了表 3-2 所给出的主要技术指标，CPU 模块的主要技术指标还包括数字量 I/O 点的额定电压和电流、指令的执行时间、PID 回路数、中断个数、通信端口数量以及定时器和计数器的数量等。S7-200 SMART 所有型号的 CPU，上述指标基本相同。其中，数字量输入点的额定电压为 DC 24V，额定电流为 4mA；数字量输出点的额定电压范围为 DC 5~30V 或 AC 5~250V。执行指令的速度都相同，执行一条布尔指令的时间是 0.15μs，执行一条字移动指令的时间是 1.2μs，执行一条实数数学运算指令的时间是 3.6μs。

2. 通信端口和扩展 I/O 端口

不同型号 CPU 的通信端口数量略有不同，紧凑型 CPU 只有一个 RS485 串行通信端口，标准型 CPU 有一个以太网通信端口和一个 RS485 串行通信端口，还可以使用通信信号板通过编程软件将其组态为 RS232 端口或 RS485 端口（称它为附加串行通信端口）。RS485 串行通信端口位于模块的左下侧，如图 3-2 所示。这是 HMI 以及其他外部设备与 CPU 连接的接口。具体使用方法参见第 6 章。

以太网通信端口位于模块的左上角，如图 3-3a 所示。通过这个以太网通信端口可以连接 CPU 与编程设备，可以连接 HMI 设备，还可以与其他 S7-200 SMART CPU 对等通信。

在 CPU 模块的右侧有一个连接扩展模块的插口，在各种扩展模块的左侧中间有插针（插头），上下还有插销，如图 3-3b 所示。采用插针将 CPU 与各种扩展模块连接起来，模块后续还可以继续连接扩展模块。插针式连接使各个模块之间的连接更紧密、牢固。

a)   b)

图 3-3　S7-200 SMART CPU 通信端口和 I/O 端口

3. 状态指示灯及 CPU 工作模式设置

如图 3-3b 所示，在 CPU 模块和各种扩展模块的面板上下分别有输出状态和输入状态指示灯（LED 灯），它们能够指示输入和输出的逻辑状态。当输入或输出为高电平（逻辑 1）时，LED 亮，否则不亮。输入和输出是 CPU 的接口。输入接口接收从现场设备（如开关或传感器）中采集到的开关信号，输出接口输出控制信号，控制电动机、泵以及工业过程中的其他设备。

在 CPU 模块的左上侧有 3 个状态指示灯（LED 灯），分别指示运行状态（RUN）、停止状态（STOP）和事故状态（ERROR）。ERROR 指示灯由每个 CPU 扫描周期中的第 4 步"执行 CPU 自诊断"测试后，判断是否点亮。系统错误包括非致命错误和致命错误。非致命错误会导致 PLC 性能部分下降，但不会导致程序无法执行或无法更新 I/O。此类错误不会点亮 ERROR 指示灯，错误信息会保存在特殊存储器 SB 的某些专用的位或字节中。可以通过编程设置出现某种非致命错误时，强迫 CPU 停止运行。发生致命错误时，会导致 PLC 停止执行程序，并同时点亮 ERROR 和 STOP 指示灯，覆盖输出表并切断输出。

另外，这些指示灯还有一些组合点亮或组合闪烁的状态。例如，STOP 指示灯以 2Hz 频率闪烁、RUN 和 ERROR 指示灯熄灭，说明是将 Micro SDHC 卡插入了通电的 CPU，或在重启过程中已完成了对 Micro SDHC 卡的评估及操作。又如，STOP 和 ERROR 指示灯以 2Hz 频率同相闪烁、RUN 指示灯熄灭，说明存储卡错误，已终止使用。

S7-200 SMART CPU 的工作模式有停止模式和运行模式两种。要改变工作模式有以下 3 种方法：

1) 使用编程软件中的命令。通过编程软件 STEP 7 Micro/WIN SMART 来控制 CPU 的运行和停止。方法之一是使用菜单命令：PLC→STOP 或 PLC→RUN；方法之二是使用工具条中的相关按钮来改变操作模式。

2) 当 CPU 与编程器断开后，无法采用上述方法改变 CPU 的工作模式。需要先在系统块中设置启动的方式，指定 CPU 上电后直接进入 RUN 或 STOP 或 LAST 3 种模式之一。

3) 在程序中插入 STOP 指令，使它在满足条件（如发生非致命错误）时将 CPU 设置为停止模式。

4. 存储器卡

在 CPU 的右下侧有一个存储器卡插槽，如图 3-4 所示。S7-200 SMART CPU 支持使用通用的 Micro SDHC 卡（4~16GB）进行以下操作：

1) 存储用户程序。相当于为 PLC 系统提供一个方便移动的 E^2PROM 存储单元，如同计算机的移动硬盘。

2) 将 CPU 重置为出厂默认状态。

3) 支持 CPU 与连接的扩展模块的固件更新。

使用 Micro SDHC 卡应该注意如下情况：

1) 在运行模式下插入存储器卡时，CPU 将自动跳转到 STOP 模式。因此，插卡前必须确保 CPU 处于离线模式，且处于安全状态。

2) 插有存储器卡时，CPU 不能进入到 RUN 模式。

3) 只能在 CPU 上电或执行暖启动后，使用存储器卡进行程序传送或固件更新。

图 3-4 存储器卡及其插槽

3.1.2 扩展模块与信号板

为了完成比较复杂的控制功能，PLC 控制系统还需配置各种功能的扩展模块和信号板。不同型号的 CPU 能够连接的扩展模块的数量是不同的，见表 3-2。其中，紧凑型 CPU 不能扩展，标准型 CPU 均能扩展 6 个模块和一个信号板。扩展模块通过与 CPU 连接的总线连接插口取得 5V 直流工作电源。

S7-200 SMART 的扩展模块和信号板参见表 3-3。

1. 数字量输入和输出扩展模块

S7-200 SMART CPU 的数字量输入和输出扩展模块有 3 种类型，即数字量输入扩展模块、数字量输出扩展模块和数字量输入/输出扩展模块。每一种类型的扩展模块中又有几种不同点数、不同输出电路形式的扩展模块可供选用，详见表 3-3。数字量 I/O 扩展模块的外观如图 3-5 所示，图 3-5a 是正面面板图，中间有两排 I/O 点的状态指示灯，左侧可见连接插头；图 3-5b 是右侧面图，有扩展用的插口，并标注了详细的产品信息。

表 3-3　S7-200 SMART 常用扩展模块和信号板一览表

模块名称	型号	类型及参数描述	
数字量输入扩展模块	EM DE 08	8 点直流输入，额定值 DC 24V/4mA；功耗：1.5W	
	EM DE 16	16 点直流输入，额定值 DC 24V/4mA；功耗：2.3W	
数字量输出扩展模块	EM DT 08	8 点晶体管输出，额定值 DC 24V/0.75A；功耗：1.5W	
	EM DR 08	8 点继电器输出，额定值 DC 24V 或 AC 250V/2A；功耗：4.5W	
	EM QT 16	16 点晶体管输出，额定值 DC 24V/0.75A；功耗：1.7W	
	EM QR 16	16 点继电器输出，额定值 DC 24V 或 AC 250V/2A；功耗：4.5W	
数字量输入/输出扩展模块	EM DT 16	8 点 DC 24V 输入 /8 点 DC 24V 晶体管输出；功耗：2.5W	
	EM DR 16	8 点 DC 24V 输入 /8 点继电器输出；功耗：5.5W	
	EM DT 32	16 点 DC 24V 输入/16 点 DC 24V 晶体管输出；功耗：4.5W	
	EM DR 32	16 点 DC 24V 输入/16 点继电器输出；功耗：10W	
模拟量输入扩展模块	EM AE 04	4 个输入	电压输入：±10V、±5V、±2.5V，分辨率 12 位+1 位符号位； 或电流输入：0~20mA，分辨率 12 位； 满量程范围：−27648~27648 或 0~27648（数据字）； 功耗：1.5~2W
	EM AE 08	8 个输入	
模拟量输出扩展模块	EM AQ 02	2 个输出	电压输出：±10V，分辨率 11 位+1 位符号位； 或电流输出：0~20mA，分辨率 11 位； 满量程范围：−27648~27648 或 0~27648（数据字）； 功耗：1.5~2.1W
	EM AQ 04	4 个输出	
模拟量输入/输出扩展模块	EM AM 03	2 个输入/1 个输出	电压输入：±10V、±5V、±2.5V，分辨率 12 位+1 位符号位； 或电流输入：0~20mA，分辨率 12 位； 电压输出：±10V，分辨率 11 位+1 位符号位； 或电流输出：0~20mA，分辨率 11 位； 满量程范围：−27648~27648 或 0~27648（数据字）； 功耗：1.1~2W
	EM AM 06	4 个输入/2 个输出	

（续）

模块名称	型号	类型及参数描述	
热电偶扩展模块	EM AT 04	4 个输入	测量温度范围：取决于所选热电偶或热电阻的参数； 分辨率：0.1℃/0.1°F，15 位+1 位符号位； 功耗：1.5W
热电阻 RTD 扩展模块	EM AR 02/AR 04	2 个输入	
	EM AR 02/AR 04	4 个输入	
数字量信号板	SB DT 04	2 点输入/2 点输出； 额定值：输入 DC 24V/4mA，输出 DC 24V/0.5A； 功耗：1W	
模拟量信号板	SB AE 01	1 个输入； 电压输入：±10V、±5V、±2.5V，分辨率 11 位+1 位符号位； 满量程范围：−27648~27648； 或电流输入：0~20mA，分辨率 11 位； 满量程范围：0~27648； 功耗：0.4W	
	SB AQ 01	1 个输出； 电压输出±10V，分辨率 11 位+1 位符号位（−27648~27648）； 或电流输出 0~20mA，分辨率 11 位（0~27648）； 功耗：1.5W	
RS485/ RS232 信号板	SB CM 01	提供额外的 RS232 或 RS485 串行通信接口（通过软件设置）； 功耗：0.5W	
电池信号板	SB BA 01	适用于对实时时钟的长期备份，数据保持时间约为 1 年； 支持普通的 CR1025 纽扣电池（电池另购）； 功耗：0.6W	
通信模块	EM DP 01	Profibus-DP：从站模块，支持 MPI 从站通信； 功耗：1.5W	

　　对于数字量输入模块 EM DE 08 和 EM DE 16，分别有 8 个点和 16 个点的直流输入，每个点的额定值为直流电压 24V，电流 4mA，模块功耗为 1.5W 和 2.3W。对于数字量输出模块，有晶体管和继电器两种输出类型。晶体管输出型的输出电路采用的是 MOSFET，每个点的额定值为直流电压 24V，电流 0.75A；模块功耗为 1.5~1.7W。继电器输出型的输出电路采用继电器的干触点输出，既可以驱动直流负载，也可以驱动交流负载。直流负载时的输出电压范围为 5~30V，交流负载时的输出电压范围为 5~250V（具体电压值取决于电源电压），额定电流均为 2A；模块功耗为 4.5~5.5W。

　　2. 模拟量输入和输出扩展模块

　　S7-200 SMART CPU 的模拟量输入和输出扩展模块也有 3 种类型：模拟量输入扩展模块、模拟量输出扩展模块和模拟量输入/输出扩展模块。无论是单一类型的模拟量输入扩展模块或模拟量输出扩展模块，还是既有输入又有输出的扩展模块，它们的输入量和输出量的额定值均相同，不同模块只是点数不同而已。对于模拟量输入，既可以采用电压信号，也可以采用电流信号。输入信号为电压信号时，输入电压的额定值包括±10V、±5V 和±2.5V 3 种，将它转换为 12 位+1 位符号位（分辨率）的数字量存放在模拟量输入映像寄存器中，

a)   b)

图 3-5   数字量 I/O 扩展模块图例

满量程的数字量范围为-27648~27648。输入为电流信号时，电流范围为 0~20mA，将其转换为 12 位（分辨率）的数字量存放在模拟量输入映像寄存器中，满量程的数字量范围为0~27648。

模拟量输入模块可用于处理来自压力测量、流量测量、液位测量、距离测量以及运行速度测量等传感器或执行器的信号，从而实现对相应物理量的控制。

温度是一种模拟量，温度测量扩展模块是一种特殊的模拟量输入扩展模块，有两种类型，即热电偶模块 EM AT 04 和热电阻 RTD 模块 EM AR 02/AR 04。热电偶模块 EM AT 04 有 4 个输入通道，分辨率为 0.1℃/0.1°F[⊖]，温度值转换为 15 位+1 位符号位的数字量存放在模拟量输入映像寄存器中。该模块功耗为 1.5W。热电阻 RTD 模块 EM AR 02/AR 04 有 2 个和 4 个两种输入通道，其他技术指标与 EM AT 04 相同。热电偶测量模块最适合在熔炉、烤箱和加热器等高温测量与监控领域使用，而热电阻测量模块常用在炉温控制、暖通空调行业的制冷控制、电动机运行温度监控以及环境温度控制等温度监控领域使用。

3. 信号板

信号板（Signal Board，SB）是安装在标准型 CPU 的正面插槽里的扩展板，信号板有 5 种类型，包括数字量信号板、模拟量输入信号板、模拟量输出信号板、RS485/RS232 通信板和电池信号板。数字量信号板 SB DT 04 包括 2 点输入和 2 点输出，额定输入为 DC 24V/4mA，额定输出为 DC 24V/0.5A，模块的功耗为 1W。模拟量输入信号板 SB AE 01 有 1 个模拟量输入，模拟量输出信号板 SB AQ 01 有 1 个模拟量输出，它们的主要技术指标与模拟量扩展模块基本相同。

这些信号板给用户提供了一种简单的扩展方式，既可以用来扩展少量 I/O 点，也可以用于提供附加串行通信端口 RS485/RS232。电池信号板适用于对实时时钟的长期备份，数据保持时间约为 1 年，与该信号板配套的纽扣电池需要单独购买。

信号板的种类虽有不同，但外观和尺寸都相同，如图 3-6 所示。

综上所述，西门子公司的 S7-200 SMART 系列 PLC 家族包括 12 种型号的 CPU、19 种扩展模块、5 种信号板，此外，还有专用的电源模块和多种人机界面。电源模块包括 PM207 3A、PM207 5A 和 PM207 10A 3 种规格，它们均提供 DC 24V 电源，输出额定电流分别为 3A、5A 和 10A。

图 3-7 给出了 S7-200 SMART PLC 家族的部分产品图例。

⊖ $°F = \dfrac{9}{5}(℃+32)$。

图 3-6　信号板图例

图 3-7　S7-200 SMART PLC 家族图例

3.1.3　工作电源及电源需求核算

1. 内部直流电源

S7-200 SMART CPU 内部有一个直流电源，提供 DC 5V 和 DC 24V 两种直流电压，为 CPU、扩展模块和信号板供电，并可满足其他 DC 24V 用户的用电需求（如 TD 文本显示器等设备）。其中，DC 5V 电源（亦称为逻辑电源或背板电源）为 CPU 模块、扩展模块和信号板提供工作电源，扩展模块是通过连接到 CPU 的总线直接获得 DC 5V 电源供电的。这个 DC 5V 是不能通过外接电源进行供电的。

CPU 的 DC 24V 称为传感器电源，该电源从电源输出端（L+ 和 M 端）引出，它可以为 CPU 的内置 I/O 点和扩展模块的 I/O 点供电，但必须使用额外的导线手动连接 DC 24V 电源到这些 I/O 点上。S7-200 SMART 的各种型号 CPU 的 DC 24V 电源均能提供 300mA 的可用电流，标准型 CPU 的 DC 5V 电源均能提供 1400mA 的可用电流，而紧凑型 CPU 的 DC 5V 电源不能对外供电。注意，可用电流是指能够输出的电流，已经不包括 CPU 本身的 DC 5V 工作电流消耗以及内部继电器线圈的 DC 24V 工作电流消耗。

如果扩展模块和信号板的逻辑电源总需求超出了 CPU 模块中 DC 5V 的供电能力，则必须减少扩展模块的个数，直到总需求在电源的额定电流值之内才行。如果 CPU 模块和扩展模块的 DC 24V 电源总需求超出了 CPU 模块 DC 24V 的额定电流，则必须额外再增加一个外部 DC 24V 电源来为扩展模块的 I/O 点等供电。此时，要严格注意外加的电源模块与内部电源之间的连接关系。

2. 电源需求核算

下面以一个具体配置的 S7-200 SMART PLC 系统为例，说明系统电源需求的计算方法。

假设一个 PLC 系统包括以下模块：① CPU 模块为 CPU SR40 AC/DC/Relay；② 3 个 EM 8 点继电器型数字量输出的 EM DR 08；③ 1 个 EM 8 点数字量输入的 EM DE 08。显然该系统配置共有 32 点数字量输入点和 40 点数字量输出点。该系统的电源需求核算见表 3-4。表 3-4 中，CPU 模块上内置的 24 个输入点需要 DC 24V 电源提供 96mA 电流（无需考虑 16 个点的继电器线圈的电流消耗）；每个 EM DR 08 需要 CPU 的 DC 5V 电源提供 120mA 工作电流，需要 CPU 的 DC 24V 电源提供 88mA 电流（每个输出点需要 11mA）；1 个 EM DR 08 需要 CPU 的 DC 5V 电源提供 105mA 电流，需要 CPU 的 DC 24V 电源提供 32mA 电流（每个输入点需要 4mA）。因此，扩展模块对 CPU 的 DC 5V 电源总需求是 465mA，而所有 I/O 点对 CPU 的 DC 24V 电源总需求是 392mA 电流。

而 CPU SR 40 的 DC 5V 电源供电能力为 1400mA（不包括为 CPU 内部电路提供的工作电流），DC 24V 电源的供电能力为 300mA。因此，CPU 模块的 DC 5V 电源能够提供的电流（1400mA）大于扩展模块的需求电流（465mA），核算合格。但是 CPU 模块的 DC 24V 电源能够提供的电流（300mA）小于所有 I/O 点的需求电流（392mA），核算不合格。显然，该 PLC 系统必须额外增加一个至少能提供 92mA 电流的 DC 24V 电源。

表 3-4　电源需求核算实例　　　　　　　　　　　　　（单位：mA）

模块	DC 5V	DC 24V
CPU SR40	1400	300
CPU SR40 的 24 点输入	—	$-4 \times 24 = -96$
插槽 0：EM DR 08	−120	$-11 \times 8 = -88$
插槽 1：EM DR 08	−120	$-11 \times 8 = -88$
插槽 2：EM DR 08	−120	$-11 \times 8 = -88$
插槽 3：EM DE 08	−105	$-4 \times 8 = -32$
合计	935	−92

S7-200 SMART 配有专用的电源模块 PM207，包括 3A、5A 和 10A 3 种规格。如图 3-8 所示为 S7-200 SMART 扩展电源模块的连接实物图，电源模块一般安装在主机的左侧。

图 3-8　S7-200 SMART 扩展电源模块的连接实物图

注意，应该使 CPU 的 DC 24V 传感器电源与外部 DC 24V 电源分别给不同的 I/O 点供电，而不能将这两种电源并联使用，只可以把它们的公共端连接起来。否则两个电源会因为输出电流不能合理分配而缩短使用寿命，或产生故障，使 PLC 系统进行不可预知的操作，造成严重后果。

3.2 S7-200 SMART CPU 数据存储器及其寻址方式

PLC 为用户提供了较大的数据存储空间，并将它划分成众多不同功能的区域，用以存放不同类别的数据。不同功能的存储区域又包含很多存储器单元，每个单元都有唯一的地址（如同房间的门牌号码）。只要在用户程序中采用直接寻址或间接寻址两种方式之一指出要访问的存储器地址，该存储器地址单元中的数据就可以被读取来参与数学运算或逻辑运算，或使用新运算的结果去改写（刷新）这个存储器地址单元。

3.2.1 数据存储器的分配和地址

S7-200 SMART CPU 的数据存储器被划分为以下一些类型的存储区：
1）输入映像寄存器 I；
2）输出映像寄存器 Q；
3）模拟量输入寄存器 AI（紧凑型 CPU 不能处理模拟量，无此存储区）；
4）模拟量输出寄存器 AQ（紧凑型 CPU 不能处理模拟量，无此存储区）；
5）变量存储器 V；
6）位存储器 M；
7）特殊存储器 SM；
8）定时器 T；
9）计数器 C；
10）高速计数器 HC；
11）累加器 AC；
12）顺序控制继电器 S；
13）局部存储器 L。

此外，还为跳转/标号、调用/子程序、中断程序、PID 回路和通信端口分配了存储地址空间。每一个存储器区域用一个或两个英文字母作为标识符，例如 I 表示是输入映像寄存器，AQ 表示是模拟量输出存储区。

数据存储器的存储单元有二进制存储单元、字节存储单元、字存储单元和双字存储单元 4 种类型，它们分别对应存储 4 种长度的数据（或称操作数），这些存储单元都有唯一的地址。为了存取某个操作数，必须按某种方式指明操作数的地址。如果在程序中是直接使用操作数的地址，即直接寻址方式，如果是使用指针来间接指明操作数的地址，则为间接寻址方式。

在 S7-200 SMART CPU 中，绝大多数存储器中都可以存放 4 种长度的操作数，即可以按位、字节、字或双字对其寻址。不同长度的操作数所对应的存储器地址的表示方法如下：
1）位寻址：［存储器标识符］.［字节地址］.［位号］。
2）字节寻址：［存储器标识符］B［字节地址］。
3）字寻址：［存储器标识符］W［起始字节地址］。

4）双字寻址：［存储器标识符］D［起始字节地址］。

如果要存取存储器区域中的某一位（二进制存储单元），就要进行位寻址。位寻址需要指明存储器的标识符、字节地址和位号。图 3-9 所示是一个位地址的例子。其中，图 3-9a 指明的地址是输入映像寄存器 I 中的第 2 个字节的第 3 位，使用了小数点将字节地址与位号分隔开。图 3-9b 显示了该位在输入映像寄存器中的确切位置（阴影位置）。

图 3-9　位地址实例

a）位地址格式　b）位地址对应的存储单元

如果要存取存储器区域中的某个字节（字节存储单元），就要进行字节寻址。字节寻址需要指明存储器的标识符、数据长度（1B）和字节地址。如果要存取存储器区域中的某个字或双字，就要进行字或双字寻址。字或双字寻址需要指明存储器的标识符、数据长度（W 或 D）和起始字节地址。

图 3-10 分别是对变量存储器区域中的字节、字和双字寻址的例子。其中，图 3-10a 指明的地址 VB0 是变量存储器 V 中的 0 号字节（即第 1 个字节）；图 3-10b 指明的地址 VW2 是变量存储器 V 中的一个字，起始字节地址为 2（即第 3 个字节）；图 3-10c 指明的地址是变量存储器 V 中的一个双字 VD5，起始字节地址为 5（即第 6 个字节）；图 3-10d 则是上述 3 个存储单元对应的地址在变量存储器中的确切位置。

数据的具体存放规则如图 3-10e 所示。对于一个 8 位的二进制数据，正好存放在 1B 中，如图 3-10e 中的 VB0。其中，V0.7 是最高有效位 MSB，V0.0 是最低有效位 LSB。当一个数据占用 2B 或 4B 时，数据的高位要存放在低地址单元中，而低位应存放在高地址单元中。例如，如果要在 VW2 中存放数值 16#ABCD（注：16#表示 ABCD 为十六进制数），则高位数值 16#AB 应存放在 VW2 的低地址单元 VB2 中，低位数值 16#CD 应存放在 VW2 的高地址单元 VB3 中。再如，要存放在 VD5 中的数值 16#1A2B3C4D，则最高两位数值 16#1A 应该存放在 VD2 的低地址单元 VB5 中，最低两位数值 16#4D 应该存放在 VD2 的高地址单元 VB8 中。其中，存放低位数值的字节称为最低有效字节 LSB，存放高位数值的字节称为最高有效字节 MSB。

值得注意的是，不同指令的操作数地址是可以互相重叠的。例如，在程序中既可以使用 VB100，又可以使用 VW100，同时还可以使用 VD100。显然，VW100 中包含了 VB100，VD100 中包含了 VW100。

S7-200 SMART CPU 寻址时可以使用不同的数据长度，这是因为不同的指令需要不同的数据长度。不同的数据长度能表示的数值范围不同，两者的关系参见表 2-1。

图 3-10　字节、字和双字地址实例

a）字节地址格式　b）字地址格式　c）双字地址格式　d）存储单元对应的位置　e）数据存放规则

3.2.2　数据存储器的功能及其直接寻址

1. 输入映像寄存器 I

输入映像寄存器又称为过程映像输入寄存器，是用于存放输入数字量的存储器，标识符为 I。PLC 的输入端子（物理输入点）是接收外部信号的窗口，在每一个扫描周期开始时对其进行采样，采样结果以 1 或 0 的方式写入输入映像寄存器，作为逻辑运算的依据。输入映像寄存器中的一位（即一位二进制数），对应一个物理输入点，而一个物理输入点又对应一个外部的"常开"或"常闭"触点。程序运行时，可以按位、字节、字和双字来存取输入映像寄存器中的数据。

输入映像寄存器的寻址格式如下：

1）位寻址：I［字节地址］.［位号］。

2）字节、字、双字寻址：I［数据长度］［起始字节地址］。

2. 输出映像寄存器 Q

输出映像寄存器又称为过程映像输出寄存器，是用于存放将要输出的数字量的存储器，标识符为 Q。PLC 的输出端子（物理输出点）是向外部负载发出控制命令的窗口，在每一个扫描周期的最后，CPU 才按批处理方式将输出映像寄存器中的数据复制到物理输出点。程序运行时，可以按位、字节、字和双字来存取输出映像寄存器中的数据。

输出映像寄存器的寻址格式如下：

1）位寻址：Q［字节地址］.［位号］。

2）字节、字、双字寻址：Q［数据长度］［起始字节地址］。

输入映像寄存器和输出映像寄存器统称为过程映像寄存器。用户程序通过过程映像寄存器访问从实际的物理输入点和物理输出点中存放的值，这样可以大大提高程序的执行效率，但会带来响应的延迟。为了满足某些任务的实时性要求（快速响应），S7-200 SMART CPU 具有立即输入和立即输出指令，允许用户程序直接访问物理输入和输出点，或使用硬件执行高速脉冲等任务。

3. 模拟量输入寄存器 AI

模拟量扩展模块或 CPU 224XP 将模拟量（如电压、电流或温度）转换成 12 位二进制数据，实际上为占用 16 位（1 个字长）的只读数据，存放在模拟量输入寄存器 AI 中。

模拟量输入寄存器的寻址格式为 AIW［起始字节地址］。

由于模拟量数据为 1 个字长，即 2B，故其地址均以偶数位字节开始，如 AIW0、AIW2、AIW4 等。模/数转换器（ADC）的 12 位数据是左对齐的，如图 3-11a 和 b 所示。其中，图 3-11a 所示是单极性（如 0~10V）模拟量的转换格式，MSB 位是符号位（零表示数据为正），3 个连续的 0 使得 ADC 计数值每变化 1 个单位，数据字中则以 8 为单位变化。图 3-11b 所示是双极性（如 ±5V）模拟量的转换格式，4 个连续的 0 使得 ADC 计数值每变化 1 个单位，数据字中则以 16 为单位变化。

图 3-11　模拟量输入字与输出字格式

a）单极性输入　b）双极性输入　c）电流输出　d）电压输出

4. 模拟量输出寄存器 AQ

S7-200 CPU 将 1 个字长（16 位）的数字值按比例转换成模拟电压或电流值，转换的实际精度为 12 位。模拟量输出值为只写数据，用户无法读取这个模拟输出值。

模拟量输出寄存器的寻址格式为 AQW［起始字节地址］。

由于模拟量数据为 1 个字长，即 2B，故其地址均以偶数位字节开始，如 AQW0、AQW2、AQW4 等。数字量到模拟量转换器（DAC）的 12 位数据在输出数据格式中是左端对齐的，如图 3-11c、d 所示。其中，图 3-11c 是电流输出时的格式，MSB 是符号位（零表示一个正数据字值）。图 3-11d 是电压输出时的格式（可正可负）。数据在装载到 DAC 寄存器之前，4 个连续的 0 是被截断的，这些位不影响输出信号值。

5. 变量存储器 V

变量存储器用于存储程序执行过程中逻辑变量的中间运算结果，也可以用它来保存与工序或任务相关的其他数据。变量存储器的标识符为 V。程序运行时，可以按位、字节、字和双字来存取变量存储器中的数据。

变量存储器的寻址格式如下：

1) 位寻址：V［字节地址］.［位号］。

2) 字节、字、双字寻址：V［数据长度］［起始字节地址］。

6. 位存储器 M

位存储器又被称为内部标志位，其作用相当于中间继电器，用于存储程序运行的中间操作状态或控制信息，不能直接驱动外部负载。位存储器的标识符为 M。程序运行时，可以按位、字节、字和双字来存取位存储器中的数据。

位存储器的寻址格式如下：

1) 位寻址：M［字节地址］.［位号］。

2) 字节、字、双字寻址：M［数据长度］［起始字节地址］。

7. 特殊存储器 SM

特殊存储器又被称为特殊标志位，是用户程序与系统程序之间的界面，为用户提供系统状态信息以及一些特殊的控制功能，用户对操作的一些特殊要求也通过特殊存储器进行设置，即通过 SM 的一些位来控制 CPU 的一些特殊功能。特殊存储器的标识符为 SM。程序运行时，可以按位、字节、字和双字来存取特殊存储器中的数据。值得注意的是，该存储器区域中分为只读区和可读/可写区两大部分。

特殊存储器的寻址格式如下：

1) 位寻址：SM［字节地址］.［位号］。

2) 字节、字、双字寻址：SM［数据长度］［起始字节地址］。

特殊存储器的每一个字节都有特殊含义。例如，第一个字节 SMB0 为标志位，在每个扫描周期的末尾，由 CPU 更新这些位。SMB0 的 8 个状态位的意义如下：

SM0.0：RUN 监控位。PLC 处于 RUN 状态时，SM0.0 始终为 1 态。对于那些在每个扫描周期都需要执行的指令应该使用 SM0.0 位来激活。

SM0.1：初始脉冲。PLC 由 STOP 转为 RUN 时的第一个扫描周期内为 1 态。它的用途之一是调用初始化子程序。

SM0.2：当 RAM 中保存的数据丢失时，SM 0.2 在一个扫描周期内为 1 态。该位可用作错误存储器位，或用来调用特殊启动顺序功能。

SM0.3：开机后进入 RUN 方式时，该位在一个扫描周期内为 1 态。该位可以用于在启动操作之前给设备提供一个预热时间。

SM0.4：分脉冲时钟信号。该位提供了一个占空比为 50% 的分脉冲（周期为 1min），可以作为延时使用。

SM0.5：秒脉冲时钟信号。该位提供了一个占空比为 50% 的秒脉冲（周期为 1s），可以作为延时使用。

SM0.6：扫描时钟。一个扫描周期为 1 态，下一个周期为 0 态，交替循环。可以作为扫描计数器的输入。

SM0.7：该位指示 CPU 工作方式开关的位置。0 为 TERM 位置，1 为 RUN 位置。当开关在 RUN 位置时，用该位来启动自由口通信方式。当切换到 TERM 位置时，同编程设备的正常通信有效。

又例如，SMB3 为自由端口奇偶校验错误信息；SMB5 为 I/O 错误状态位；SMB8 ~ SMB19 用于标识 0 ~ 5 号扩展模块的类型，输入和输出点数，以及检测到的模块错误；SMW22 ~ SMW26 为扫描时间；SMB480 ~ SMB515 为数据日志状态（只读）。

8. 定时器 T

定时器是用于累计时间的，其标识符为 T。定时器的地址格式为 T［定时器号］。S7-200 CPU 有 256 个定时器，地址为 T0 ~ T255。

每个定时器都由定时器的当前值寄存器和定时器位组成。定时器的当前值寄存器用于存储定时器所累计的时间值，即定时器的当前值，该值为 16 位有符号整数。定时器位表征了定时器的状态，它按照当前值和预设值的比较结果置位或复位，预设值由程序赋值。因此，定时器的寻址有两种含义：一是访问当前值寄存器；二是访问定时器位。两种寻址使用同样的地址格式。那么，究竟是在寻址哪一个数据，取决于所使用的指令。带位操作数的指令是访问定时器位，而带字操作数的指令则是访问定时器当前值。

如图 3-12 所示，左侧的梯形图程序中，程序段 1 操作数为 T2 的位逻辑指令表示读取（访问）定时器 T2 的定时器位（1 位）；程序段 2 的字传送指令表示读取（访问）定时器 T2 的当前值寄存器的值（16 位）。

图 3-12　定时器寻址实例

9. 计数器 C

计数器用于累计输入端的正脉冲个数，其标识符为 C。计数器的地址格式为 C［计数器号］。S7-200 CPU 有 256 个计数器，地址为 C0 ~ C255。

计数器的组成与定时器相同，每个计数器也是由计数器的当前值寄存器和计数器位组成。计数器的当前值寄存器用于存储计数器所累计的正脉冲个数，即计数器的当前值，该值为 16 位有符号整数。计数器位表征了计数器的状态，它按照当前值和预设值的比较结果置位或复位，预设值由程序赋值。因此，计数器的寻址有两种含义：一是访问当前值寄存器；二是访问计数器位。两种寻址使用同样的地址格式。对于同样地址的计数器，究竟是要访问哪一个数据，取决于所使用的指令。

如图 3-13 所示，左侧的梯形图程序中，程序段 1 操作数为 C2 的位逻辑指令表示读取（访问）计数器 C2 的计数器位（1 位）；程序段 2 的字传送指令表示读取（访问）计数器 C2 的当前值寄存器的值（16 位）。

一般计数器的计数频率受扫描周期的影响，不可以太高。对高频信号的计数可使用高速计数器。

图 3-13 计数器寻址实例

10. 高速计数器 HC

高速计数器是用于对高速事件进行计数的，它的运行独立于 CPU 的扫描周期。高速计数器的地址格式为 HC［高速计数器号］，如 HC0。

每个高速计数器有一个 32 位有符号整数的计数值（当前值），该计数值是只读数据。要存取高速计数器中的值，则应给出高速计数器的地址，且仅可以作为双字（32 位）来寻址。

11. 累加器 AC

累加器是可以像存储器一样使用的读写数据存储区。例如，可以通过累加器向子程序传送参数，也可以从子程序返回参数，或用于存储计算的中间结果。S7-200 CPU 提供了 4 个 32 位累加器，即 AC0、AC1、AC2 和 AC3。可以按字节、字和双字来存取累加器中的数据。若按字节或字存取累加器，则访问累加器的低 8 位或低 16 位，若以双字的形式存取累加器，则使用全部 32 位。

对于累加器来说，参与运算的数据长度取决于所使用的指令。因此，任何字节、字或双字指令都可以灵活使用累加器，而不用考虑指令所需的操作数长度。下面的例子清楚地说明了这个问题。

如图 3-14 所示，程序段 1 中的字节传送指令 MOV_B 执行的是将累加器 AC3 中的字节传送到变量存储器 VB100 中，该指令的操作数 AC3 表示访问累加器 AC3 的字节 0；程序段 2 中的字减指令 DEC_W 执行的是将累加器 AC1 中的字值减 1 以后存放到变量存储器 VW200 中，该指令的操作数 AC1 表示访问累加器 AC1 的字节 1 和字节 0；程序段 3 中的双字取反指令 INV_DW 执行的是将累加器 AC2 中的双字按位取反码以后存放到变量存储器 VD210 中，该指令的操作数 AC2 表示访问累加器 AC2 的全部 32 位数据。

12. 顺序控制继电器 S

顺序控制继电器用于组织机器操作，或进入等效程序段的步，它是使用顺序控制继电器指令编程时的重要器件，通常与顺序控制指令 LSCR、SCRT、SCRE 结合使用，实现顺序控制流程编程。可以按位、字节、字和双字来存取顺序控制继电器中的数据。

顺序控制继电器的寻址格式如下：

1）位寻址：S［字节地址］.［位号］。

2）字节、字、双字寻址：S［数据长度］［起始字节地址］。

图 3-14　累加器寻址实例

13. 局部存储器 L

局部存储器与变量存储器的功能相似，但是变量存储器是全局有效的，而局部存储器是局部有效的。所谓全局有效是指同一个存储器可以被任何程序（主程序、子程序和中断程序）存取，局部有效是指存储器只与特定的程序相关联。也就是说，主程序、子程序或中断程序具有各自独立的局部存储器，它们之间不能互相访问。当主程序执行时，分配给子程序或中断程序的局部存储器是不存在的，当出现中断或调用子程序时，需要重新分配局部存储器。

S7-200 SMART CPU 有 64B 的局部存储器，其中 60B 用作暂时存储器，或者给子程序传送参数，最后 4B 为编程软件所占用。

可以按位、字节、字和双字来存取局部存储器中的数据。

局部存储器的寻址格式如下：

1）位寻址：L［字节地址］.［位号］。

2）字节、字、双字寻址：L［数据长度］［起始字节地址］。

局部存储器可以作为间接寻址的指针，但不能作为间接寻址的存储器。

3.2.3　存储器的有效范围

S7-200 SMART CPU 的存储器区域大多数可以按位、字节、字和双字 4 种方式访问，定时器和计数器的存储器区域只能按照位和字两种方式访问，而累加器不能按位访问，模拟量存储器区域只能按字访问，高速计数器存储器区域只能按双字访问。各个存储器区域的地址范围详见表 3-5。表 3-5 中，各型号 CPU 的数字量输入与输出映像寄存器均有 32B、256 点，并不意味着编程时可以任意使用这些地址单元。以 CPU SR20 为例，如果 CPU 没有连接 I/O 扩展模块，则有效的输入与输出只能存放在 I0.0 ~ I0.7、I1.0 ~ I1.3（12 点）与 Q0.0 ~ Q0.7（8 点）这些地址单元中。同理，模拟量输入与输出映像寄存器的地址范围也是在 CPU 连接一定数量的模拟量扩展模块后才有效。

表 3-5 **S7-200 CPU 存储器区域的地址范围**

存储器	CPU SR20 CPU ST20	CPU SR30 CPU ST30	CPU SR40 CPU ST40	CPU CR40 CPU CR60	CPU SR60 CPU ST60
输入映像寄存器	I0.0~I31.7	I0.0~I31.7	I0.0~I31.7	I0.0~I31.7	I0.0~I31.7
输出映像寄存器	Q0.0~Q31.7	Q0.0~Q31.7	Q0.0~Q31.7	Q0.0~Q31.7	Q0.0~Q31.7
模拟量输入寄存器	AIW0~AIW110	AIW0~AIW110	AIW0~AIW110	—	AIW0~AIW110
模拟量输出寄存器	AQW0~AQW110	AQW0~AQW110	AQW0~AQW110	—	AQW0~AQW110
变量存储器	VB0~VB8191	VB0~VB12287	VB0~VB16383	VB0~VB8191	VB0~VB20479
位存储器	M0.0~M31.7	M0.0~M31.7	M0.0~M31.7	M0.0~M31.7	M0.0~M31.7
特殊存储器 （包含 3 个 只读区域）	SM0.0~SM2047.7 只读范围： SM0.0~SM29.7 SM480.0~ SM515.7 SM1000.0~ SM1699.7	SM0.0~SM2047.7 只读范围： SM0.0~SM29.7 SM480.0~ SM515.7 SM1000.0~ SM1699.7	SM0.0~SM2047.7 只读范围： SM0.0~SM29.7 SM480.0~ SM515.7 SM1000.0~ SM1699.7	SM0.0~SM2047.7 只读范围： SM0.0~SM29.7 SM480.0~ SM515.7 SM1000.0~ SM1699.7	SM0.0~SM2047.7 只读范围： SM0.0~SM29.7 SM480.0~ SM515.7 SM1000.0~ SM1699.7
定时器	T0~T255	T0~T255	T0~T255	T0~T255	T0~T255
计数器	C0~C255	C0~C255	C0~C255	C0~C255	C0~C255
高速计数器	HC0~HC3	HC0~HC3	HC0~HC3	HC0~HC3	HC0~HC3
累加器	AC0~AC3	AC0~AC3	AC0~AC3	AC0~AC3	AC0~AC3
顺序控制继电器	S0.0~S31.7	S0.0~S31.7	S0.0~S31.7	S0.0~S31.7	S0.0~S31.7
局部存储器	LB0~LB63	LB0~LB63	LB0~LB63	LB0~LB63	LB0~LB63
跳转/标号	0~255	0~255	0~255	0~255	0~255
调用/子程序	0~127	0~127	0~127	0~127	0~127
中断程序	0~127	0~127	0~127	0~127	0~127
PID 回路	0~7	0~7	0~7	0~7	0~7

可以在许多 S7-200 SMART 的指令中使用常数。常数值可以是字节、字或双字。CPU 以二进制方式存储所有的常数。为了编程时表示方便，常采用十进制、十六进制、ASCII 码，及实数或浮点数来表示常数。下面是用各种形式表示常数的格式举例：

1）二进制常数：2#1010 1001 0111 0010。

2）十进制常数：201587。

3）十六进制常数：16#3A6D9F。

4）ASCII 码常数：'Text goes between single quotes.'。

5）实数或浮点数：+1.175495E-38（正数）、-1.175495E-38（负数）。

说明：本书的二进制数采用粗体字表示，不再前缀 "2#"。例如，**10101100**（1B）。

S7-200 SMART CPU 不支持数据类型检查。例如，加法（ADD）指令可以把 VW100 中的数据作为一个有符号整数来使用，而一条异或（XOR）指令也可以把 VW100 中的数据作为一个无符号二进制数来使用。

具有一系列字符的字符串可以包含 0~254 个字符，每个字符占用 1B 存储空间。在存放字符串时，第一个字节指明字符串的长度，也就是字符的个数，其后字节按顺序存放各个字符。因此，一个字符串占用的最大存储空间为 255B，如图 3-15 所示。一般一个字符串常量的最大长度为 126B。

长度	字符1	字符2	字符3		字符254
字节0	字节1	字节2	字节3		字节254

图 3-15　字符串的存储格式

*3.2.4　数据存储器的间接寻址

间接寻址是使用指针来存取存储器中的数据。S7-200 CPU 只能对 I、Q、V、M、S、AI、AQ、SM、T（仅当前值）和 C（仅当前值）等存储器区域使用间接寻址方式存取数据，不能对这些区域独立的位（bit）值使用间接寻址方式，也不能对高速计数器 HC 和局部存储器 L 进行间接寻址。

1. 建立指针

为了对存储器的某一地址进行间接寻址，需要先为该地址建立指针。地址指针为双字值，存放在另一个存储器内。只能使用 V、L、AC1、AC2、AC3 作为地址指针。为了生成指针，需使用双字传送（MOVD）指令，将存储器某个位置的地址传送到另一个位置或累加器作为指针。传送指令的输入（源）操作数必须使用 "&" 符号来表示某一位置的地址，而不是它的值；把从指针处取出的数值传送到指令的输出（目标）操作数表示的位置。例如，下面 3 条传送指令就建立了 3 个地址指针：

① MOVD　&VW100，AC3　　//将 VW100 的地址传送到 AC3

② MOVD　&MB50，VD204　　//将 MB50 的地址传送到 VD204

③ MOVD　&C4，LD8　　　　//将 C4 的地址传送到 LD8

2. 间接寻址方法

在操作数的前面加 " * " 号表示该操作数是一个指针而不是操作数的直接地址。例如，下面 3 条传送指令就是使用间接寻址所进行的 3 次数据传送：

① MOVW　*AC3，MW20　　//将 AC3 中指明的地址单元内的数据传送到 MB20

② MOVW　*VD204，VB300　//将 VD204 中指明的地址单元内的数据传送到 VB300

③ MOVW　*LD8，VW400　　//将 LD8 中指明的地址单元内的数据传送到 VW400

图 3-16 清楚地显示了上述①和④两条指令的执行过程。通过执行这两条指令，VW100 中的数据就传送到 MW20 中了。

3. 修改指针

可以改变一个指针的值。因为指针是 32 位的值，故需使用双字指令来修改指针值。具体方法是使用简单的数学运算指令（如加法或自增指令）来使指针递增。值得注意的是，要根据存取数据的长度来调整指针的增量。当存取一个字节时，指针值加 1；当存取一个字（如定时器和计数器的当前值）时，指针值加 2；当存取一个双字时，指针值加 4。

图 3-16　间接寻址传输数据的实例

3.2.5　保存和恢复数据

S7-200 SMART CPU 中的存储器有两类：一类是易失性的 RAM；另一类是永久保存的 E^2PROM。当程序（包括用户程序、数据块和 CPU 组态）下载到 CPU 时，是存入 CPU 的 RAM，同时 CPU 会将程序复制到 E^2PROM。为了在停电时保持 RAM 中的程序数据、CPU 组态数据、V 存储器和 M 存储器以及定时器 T 和计数器 C 的当前值等数据不丢失，S7-200 SMART 提供了以下 3 种数据保持的方法，用户可根据实际情况灵活选用或设置。

1. 保持性存储器

可以通过 S7-200 SMART CPU 系统块的设置，将 6 个可选的存储器区域作为 CPU 断电时的数据保持范围。这 6 个存储器区位于变量存储器 V、位存储器 M、定时器 T 和计数器 C 的当前值寄存器中，如图 3-17 所示。图 3-17 中，偏移量表示数据区的起始地址，元素数目（即存储单元数目）表示需要保存的数据单元（字节或字或双字）数目。用户可以设定的数据区域类型有 VB、VW、VD、MB、MW、MD、T 和 C，每个存储器区的所有数据都可以设置为断电自动保存，亦可选择几个独立存储区间，将数据设置为断电自动保存。注意，S7-200 SMART 标准型 CPU 的数据保持范围最大为 10KB，紧凑型 CPU 的数据保持范围最大为 2KB，参见表 3-2。若用户设定的数据保持区域大小合计超出了数据可保持的最大范围 10KB/2KB，或者超出了某个存储器的容量范围（参见表 3-5），在编译时都会遇到错误信息的提示。

在 CPU 断电时，上述选中的 6 个存储器区域的数据将自动写到 E^2PROM 的相应区域中，实现数据的永久保存。默认情况下，CPU 不具备断电自动保持功能，必须通过编程软件设置并与程序一起下载到 CPU 中才有效。

保持性存储器的设置还可以用来检验 CPU 内置的 E^2PROM 是否能正确保存数据。例如，使 CPU 断电后重新通电，若观察到 V 存储器区相应的单元内还保存有正确的数据，说明数据已成功写入 CPU 的 E^2PROM。

2. 采用永久存储器保持数据

E^2PROM 永久存储器用于存储程序块、数据块、系统块、强制值以及组态为保持性的数据存储器的值。

3. 采用存储器卡实现数据保持

使用可拆卸的 Micro SDHC 存储器卡存放程序，以实现程序和项目数据的便携式存储与恢复。

图 3-17　设置 CPU 的存储器保持范围

3.3　扩展 I/O 模块的寻址

S7-200 SMART CPU 上内置的 I/O 点数最多为 60 点。当控制系统需要控制的输入、输出量比较多时，就需要在主机的右侧增设 I/O 扩展模块，或者使用信号板来增加 I/O 点数。CPU 模块上内置的数字量 I/O 点是有固定 I/O 地址的，而增加的 I/O 点的地址取决于模块在扩展 I/O 链条上的物理位置和类型。

CPU 已经为这些扩展模块和信号板上的输入与输出信号预留了存储空间，参见表 3-2 中的"数字量 I/O 映像区"的大小和"模拟量 I/O 寄存区"的大小。

3.3.1　I/O 点地址分配原则

S7-200 SMART CPU 的内置数字量 I/O 点的地址如图 3-18 所示（未列出点数相同的其他型号 CPU 的 I/O 地址）。数字量 I/O 点的地址总是按照一个字节一组进行分配的，如果模块上实际的物理输入点或输出点小于 $8n$ 点（$n = 1, 2, 3, \cdots$），则一个字节中没有使用的存储位就废弃了。图 3-18 中，灰色字体显示的地址即表示不能使用的存储位。而且，对于输入模块，这些字节中保留的未使用的地址位会在每个输入刷新周期中被清零。

例如，CPU SR30/ST30 内置有 18 个物理输入点和 12 个物理输出点。该 CPU 可以接收 18 个开关信号输入，这些输入信号分别存储在 I0.0~I0.7、I1.0~I1.7、I2.0~I2.1 中，占用输入映像寄存器的三个字节 IB0~IB2，而第三个字节只使用了 I2.0 和 I2.1 两位，后 6 位 I2.2~I2.7 就自然废弃了。该 CPU 还可以输出 12 个开关信号，这些输出信号分别存储在 Q0.0~Q0.7、Q1.0~Q1.3 中，占用输出映像寄存器的两个字节 QB0 和 QB1，而 Q1.4~Q1.7 四位就自然废弃了。当 CPU SR30/ST30 后面连接数字量输入扩展模块时，其地址应该从 IB3 开始分配，而不能使用 IB2 中的 I2.2~I2.7 六位；当 CPU SR30/ST30 后面连接数字量输出扩展模块时，其地址亦应该从 QB2 开始分配，而不能使用 QB1 中的后 4 位 Q1.4~Q1.7。

CPU SR20	CPU SR30	CPU SR40	CPU SR60
I0.0　Q0.0	I0.0　Q0.0	I0.0　Q0.0	I0.0　Q0.0
I0.1　Q0.1	I0.1　Q0.1	I0.1　Q0.1	I0.1　Q0.1
I0.2　Q0.2	I0.2　Q0.2	I0.2　Q0.2	I0.2　Q0.2
I0.3　Q0.3	I0.3　Q0.3	I0.3　Q0.3	I0.3　Q0.3
⋮　　⋮	⋮　　⋮	⋮　　⋮	⋮　　⋮
I0.7　Q0.7	I0.7　Q0.7	I0.7　Q0.7	I0.7　Q0.7
I1.0	I1.0　Q1.0	I1.0　Q1.0	I1.0　Q1.0
I1.1	I1.1　Q1.1	I1.1　Q1.1	I1.1　Q1.1
I1.2	I1.2　Q1.2	I1.2　Q1.2	I1.2　Q1.2
I1.3	I1.3　Q1.3	I1.3　Q1.3	I1.3　Q1.3
I0.4			⋮
⋮	I1.7　Q1.7	I1.7　Q1.7	I1.7　Q1.7
I1.7	I2.0	I2.0	I2.0　Q2.0
	I2.1	I2.1	I2.1　Q2.1
	I2.2	I2.2	I2.2　Q2.2
	I2.3	I2.3	I2.3　Q2.3
	⋮	⋮	⋮　　⋮
	I2.7	I2.7	I2.7　Q2.7
			I3.0　Q3.0
			I3.1　Q3.1
			I3.2　Q3.2
			I3.3　Q3.3
			⋮　　⋮
			I3.7　Q3.7
			I4.0
			I4.1
			I4.2
			I4.3
			I4.4
			⋮
			I4.7

图 3-18　CPU 内置数字量 I/O 点的地址

综上，如果 CPU 在为某个数字量模块的物理 I/O 点分配地址时未用完一个字节，则该字节中那些未使用的位地址不能分配给 I/O 链中的后续模块，即后续模块的 I/O 点只能另起一个字节安排地址。

上述数字量扩展模块上的数字量 I/O 点地址分配完全不影响模拟量扩展模块上的模拟量 I/O 点地址。因为这是两种不同类型的扩展模块，数字量与模拟量存放在不同的存储区。同类型扩展模块的 I/O 点地址由扩展模块在 I/O 链中所处的物理位置或者说先后顺序决定。同理，输出扩展模块的输出点地址不会影响输入扩展模块的输入点地址，反之亦然。

如果在 CPU 右边链接模拟量 I/O 扩展模块，这些扩展模块上 I/O 点的地址将位于模拟量 I/O 寄存区中。模拟量扩展模块的输入点、输出点地址总是以 2 个通道（2 个 16 位的字）一组递增的方式来分配存储空间的。如果一个模块没有占用完一组内的输入或输出通道，那么这些未用的通道地址也不能分配给 I/O 链中的后续模拟量模块。例如，当给 CPU 右边链接第一个模拟量 I/O 扩展模块时，这些扩展模块上 I/O 点的地址与是否已经链接了数字量扩展模块无关，自然从 AIW0 或 AQW0 开始分配。

S7-200 SMART CPU 为 I/O 地址分配提供了固定的映射惯例，详见表 3-6。

表 3-6　CPU 的 I/O 映射惯例

I/O 点位置	CPU	信号板	扩展 模块 0	扩展 模块 1	扩展 模块 2	扩展 模块 3	扩展 模块 4	扩展 模块 5
数字量输入起始地址	I0.0	I7.0	I8.0	I12.0	I16.0	I20.0	I24.0	I28.0
数字量输出起始地址	Q0.0	Q7.0	Q8.0	Q12.0	Q16.0	Q20.0	Q24.0	Q28.0
模拟量输入起始地址	—	AIW12	AIW16	AIW32	AIW48	AIW64	AIW80	AIW96
模拟量输出起始地址	—	AQW12	AQW16	AQW32	AQW48	AQW64	AQW80	AQW96

3.3.2　扩展模块地址分配实例

需要扩展模块时，需要在编程软件 STEP 7-Micro/WIN SMART 的系统块中设置。假设某个 PLC 系统扩展了 5 个模块，其中，模块 0 是数字量输入输出扩展模块 EM DT 16，模块 1 是数字量输入扩展模块 EM DE 08，模块 2 是模拟量输入输出混合扩展模块 EM AM 03，模块 3 是数字量输出扩展模块 EM QR 16，模块 4 是模拟量输入扩展模块 EM AR 02（热电阻 RTD 扩展模块）。如图 3-19a 所示，在系统块中，可以查看到这 5 个扩展模块输入点和输出点的起始地址正是按照表 3-6 进行分配的。每个模块所有 I/O 点的地址如图 3-19b 所示。

	模块	版本	输入	输出
CPU	CPU ST20 (DC/DC/DC) ▼	V02.02.00_00....	I0.0	Q0.0
SB				
EM 0	EM DT16 (8DI / 8DQ Tran...		I8.0	Q8.0
EM 1	EM DE08 (8DI)		I12.0	
EM 2	EM AM03 (2AI / 1AQ)		AIW48	AQW48
EM 3	EM QR16 (16DQ Relay)			Q20.0
EM 4	EM AR02 (2AI RTD)		AIW80	

a)

CPU ST20	EM DT16	EM DE08	EM AM03	EM QR16	EM AR02
I0.0　Q0.0 I0.1　Q0.1 I0.2　Q0.2 I0.3　Q0.3 ⋮　　⋮ I0.7　Q0.7 I1.0 I1.1 I1.2 I1.3 I1.4 ⋮ I1.7	I8.0　Q8.0 I8.1　Q8.1 I8.2　Q8.2 I8.3　Q8.3 ⋮　　⋮ I8.7　Q8.7	I12.0 I12.1 I12.2 I12.3 ⋮ I12.7	AIW48　AQW48 AIW50	Q20.0 Q20.1 Q20.2 ⋮ Q20.7 Q21.0 Q21.1 Q21.2 ⋮ Q21.7	AIW80 AIW82
内置I/O点	模块0 扩展I/O点	模块1	模块2	模块3	模块4

b)

图 3-19　扩展模块 I/O 点地址分配的实例

3.3.3　扩展模块的连接方式

如图 3-20 所示，是 S7-200 SMART PLC 系统的一个扩展实例。图 3-20 中，最左侧是 CPU，右侧有 4 个扩展模块。每个扩展模块的左侧有突出的 I/O 连接器（插头），右侧与 CPU 一样有 I/O 总线接口（插座）。拆下这些总线接口的盖子，将扩展模块的 I/O 连接器插入 I/O 总线接口，就实现了各模块之间的物理连接。

图 3-20　S7-200 SMART PLC 扩展实例

如果所有扩展模块不能安装在一条导轨上（或一条水平线上），可以通过总线扩展电缆来灵活布局这些硬件，如图 3-21 所示。可以将扩展电缆安装在 CPU 与第一个扩展模块之间，也可以安装在任意两个扩展模块之间。每个 PLC 系统只允许使用一条扩展电缆，扩展电缆的长度是 1m。

图 3-21　S7-200 SMART 扩展电缆实例

练　习　题

3-1　一个最小的 S7-200 SMART 系统的组成有哪些？

3-2　S7-200 SMART CPU 模块的基本组成部分是什么？

3-3　PLC 的常用扩展模块有哪些？分别适用于什么场合？

3-4　S7-200 SMART 有哪些数据存储器？各数据存储器的功能是什么？容量有多大？

3-5　S7-200 SMART 的寻址方式有哪些？各数据存储器的寻址方式是否相同？

3-6　试总结扩展模块的地址分配规律。

第 4 章　S7-200 SMART PLC 的指令系统

S7-200 SMART 的指令集共有 18 大类、190 多条指令。基于对初学者的实用性考虑，本章将详细介绍基础性指令的定义及使用方法，省略了基础应用阶段很少使用的一些高级指令。深入应用的场合，读者可参考 S7-200 SMART 系统手册。

STEP 7-Micro/WIN SMART 编程软件提供了梯形图、语句表和功能块图 3 种编程语言对应的编辑器。本章主要采用初学者最容易学习和掌握的编程语言梯形图来讲述各种指令。梯形图指令的图形符号有触点、线圈和指令盒 3 种基本形式。

4.1　位逻辑指令

位逻辑指令是对存储器和过程映像寄存器的"位"进行操作的指令。位逻辑指令的基础是触点和线圈。触点是输入指令，即读取二进制位的状态，其值（0 或 1）用于位逻辑运算；线圈是输出指令，用来改变二进制位的状态（即对二进制位置 1 或置 0），其状态取决于它前面的逻辑运算的结果。位逻辑运算的基本运算关系是"与""或"和"非"。

存储器和过程映像寄存器的一个二进制位既可以在程序中作为触点，也可以作为线圈。同一地址的触点可以被同一程序多次引用，而同一地址的线圈如果在同一程序的不同程序段多次出现，则其状态以最后一次运算的结果为准。

4.1.1　输入指令和输出指令

输入指令分为标准输入指令与立即输入指令。标准输入指令用于读取和处理布尔信号（即一位二进制数），在梯形图和语句表编辑器中，标准输入指令见表 4-1。

在梯形图（LAD）中，输入指令用常开触点和常闭触点表示，bit 表示操作数的直接地址。当常开触点对应的存储器地址位（bit）中存放的数为 1 时，表示该触点闭合。当常闭触点对应的存储器地址位（bit）中存放的数为 0 时，表示该触点闭合。如果触点闭合，能流将通过该触点传递到右侧的元件（梯形图指令）。所谓能流是西门子公司引入的一个便于理解的概念，是认为当左母线与输出线圈之间的触点接通时，假想有一个电流从左母线出发经过各接通的触点到达线圈。可将能流理解为"各触点逻辑组合运算的结果"。

触点可以任意串联或并联。触点的连接关系实质上代表了相应地址位中二进制数的与、或逻辑运算。常开触点是将地址位中的数（0 或 1）直接参与逻辑运算，而常闭触点是将地址位中的数（0 或 1）取非以后（1 或 0）参与逻辑运算。

表 4-1 输入指令和输出指令

输入指令		输出指令		举例	
梯形图	语句表	梯形图	语句表	梯形图	语句表
常开触点 bit ⊣ ⊢	LD bit A bit O bit	bit —( )	= bit	I0.0 Q0.0 ⊣ ⊢—⊣ ⊢—( ) I0.1 ⊣/⊢	LD I0.0 ON I0.1 = Q0.0
常闭触点 bit ⊣/⊢	LDN bit AN bit ON bit	bit —(I)	=I bit		

在语句表（STL）中，常开触点指令由 LD（装载）、A（与）及 O（或）指令描述，常闭触点指令由 LDN（非装载）、AN（非与）和 ON（非或）指令描述。LD 将位中的操作数装入堆栈的栈顶，A、O 分别将位中的操作数与、或栈顶值，运算结果仍存入栈顶；LDN 将位中的操作数取非后再装入堆栈的栈顶，AN、ON 先将位中的操作数取非后，再分别与、或栈顶值，运算结果仍存入栈顶。

标准输入指令的操作数位为 BOOL 型（布尔型），其地址可以是 I、Q、M、SM、T、C、V 等存储器空间中的二进制位。

立即输入指令用来从物理输入点立即输入控制信号并进行处理。在标准输入指令的图符中加入字母"I"表示立即之意（Immediate）。当立即输入指令执行时，立即读取物理输入点的值，但不更新输入映像寄存器。该指令用于处理优先级别较高的控制命令。

输出指令用于根据逻辑运算的结果刷新（写入）过程映像寄存器或存储器中的一个二进制位。在梯形图和语句表编辑器中，输出指令见表 4-1。在梯形图中，当执行输出指令时，指定的位设为等于能流。输出指令的图符也常常称为线圈，当有能流到达线圈时，则线圈"通电"（相应位置 **1**）；若没有能流到达线圈，则线圈"断电"（相应位置 **0**）。在语句表中，输出指令把堆栈的栈顶值复制到指定参数位。

输出指令的操作数位为 BOOL 型（布尔型），其地址可以是 I、Q、M、SM、T、C、V 等存储器空间中的二进制位。

在表 4-1 中，输出指令中包含有字母"I"的指令称为立即输出指令。该指令只对输出映像寄存器 Q 进行操作，当执行该指令时，新值被写到输出映像寄存器 Q 的相应位，同时从物理输出点输出。而对于一般的输出指令，只是把新值写到输出映像寄存器或其他存储器的指定参数位。

表 4-1 提供一个简单的逻辑运算程序，执行的是或逻辑运算。如果将操作数的直接地址当作逻辑变量，则该程序可表示为逻辑关系式：$Q0.0 = I0.0 + \overline{I0.1}$，即输出变量 Q0.0 等于两个输入逻辑变量或逻辑运算的结果。式中，I0.0 对应常开触点，取原码参与运算；I0.1 对应常闭触点，取反码参与运算。

4.1.2 取非指令

取非指令对应逻辑非的运算。在梯形图和语句表编辑器中，取非指令见表 4-2。取非指令没有操作数，只是改变能流的输入状态。在梯形图中，取非指令用触点表示。当左侧能流（逻辑 **1**）到达取非触点时就停止（变为逻辑 **0**）；当左侧没有能流到达取非触点时，该触点就向右侧提供能流。取非触点总是串联在其他触点的后面，相当于将前面触点的组合逻辑运算结果取非后再参与后续的逻辑运算。

在语句表中，取非指令改变堆栈的栈顶值，由 **0** 变为 **1**，或者由 **1** 变为 **0**。

表 4-2 取非指令

梯形图	语句表	举例	
─┤NOT├─	NOT	I0.0 ─┤├─┤NOT├─ Q0.0 ─( )─ I0.1 ─┤/├─	LD I0.0 ON I0.1 NOT = Q0.0

表 4-2 中的程序例子可表示为逻辑关系式：$Q0.0 = \overline{I0.0 + I0.1}$，即输出变量 Q0.0 等于两个输入逻辑变量或逻辑运算后再取非的结果。

4.1.3　正跳变和负跳变指令

正跳变和负跳变指令是用于检测输入信号变化的指令，可统称为微分指令。在梯形图和语句表编辑器中，微分指令见表 4-3。

表 4-3 微分指令

梯形图	语句表	举例	
正跳变指令 ─┤P├─ 负跳变指令 ─┤N├─	EU ED	I0.0 ─┤├─ Q0.0 ─┤/├─ ─┤P├─	LD I0.0 AN Q0.0 EU = M0.0

正跳变指令在检测到每一次正跳变（从 OFF 到 ON，即脉冲上升沿）时，让能流接通一个扫描周期。负跳变指令在检测到每一次负跳变（从 ON 到 OFF，即脉冲下降沿）时，让能流接通一个扫描周期。

在梯形图中，正跳变和负跳变指令用触点表示。在语句表中，正跳变指令由 EU 指令来描述，一旦发现栈顶的值出现正跳变，即由 **0** 到 **1** 时，该栈顶值被置 1，否则置 0。负跳变指令由 ED 指令来描述，一旦发现栈顶的值出现负跳变，即由 **1** 到 **0** 时，该栈顶值被置 1，否则置 0。

微分指令的输入与输出为 BOOL 型变量，其地址可以是 I、Q、M、SM、T、C、V 等存储器空间中的二进制位。见表 4-3 中所举的例子，微分指令的输入可以是上述存储器空间中二进制位的运算结果。

注意，CPU 无法在首次扫描周期中检测上升沿或下降沿的跳变；在程序中最多支持 1024 条微分指令。

4.1.4 置位和复位指令

置位和复位指令用于直接设置过程映像寄存器或存储器中二进制位的状态，而该状态不需要输入信号维持。在梯形图和语句表编辑器中，置位和复位指令见表4-4。

表4-4 置位和复位指令

梯形图	语句表	举例

置位指令
bit
—(S)
N
复位指令
bit
—(R)
N
	S bit, N
	
	R bit, N
		1 I0.1 —||— —|P|— V0.0 —(S) 8
		2 I0.2 —||— —|N|— M1.0 —(R) 8
		
		1 LD I0.1
		   EU
		   S V0.0, 8
		2 LD I0.2
		   ED
		   R M1.0, 8

执行置位（S）和复位（R）指令时，从位指定的地址位开始的 N 个二进制位都被同时置位（置1）或同时复位（置0）。置位和复位的位数 $N=1\sim255$。置位和复位指令常用来设置过程映像寄存器或存储器中二进制位的初始状态。

当复位指令用于定时器或计数器时，该定时器或计数器的当前值及其状态位将同时被清零。

置位和复位指令的操作数位为 BOOL 型，其地址可以是 I、Q、M、SM、T、C、V 和 L 等存储器空间中的二进制位；位数 N 为 NYTE 型（字节型），可以设置为常数，亦可由 IB、QB、VB、MB、AC 等字节中的数据确定。

表4-4 中所举例子的物理意义如下：

程序段1：当 I0.1 从断开到接通时（控制信号的上升沿），变量存储器从 V0.0 开始连续 8 个二进制位置1，即变量存储器的第一个字节全部置位（V0.0~V0.7=1）。

程序段2：当 I0.2 从接通到断开时（控制信号的下降沿），位存储器从 M1.0 开始连续 8 个二进制位置0，即位存储器的第二个字节全部复位（M1.0~M1.7=0）。

与输出指令类似，置位和复位指令中也包含有优先级别较高的立即置位和立即复位指令。将上述指令中的符号 S 与 R 修改为 SI 与 RI 即表示立即置位指令与立即复位指令。该指令只对输出映像寄存器 Q 进行操作，当执行该指令时，新值被写到输出映像寄存器的相应位，同时从物理输出点输出。而对于一般的置位和复位指令，只是把新值写到输出映像寄存器的相应位。

立即置位和立即复位的位数 N 最大为255。该位数可以设置为常数，亦可由 IB、QB、VB、MB、AC 等字节中的数据确定。

位逻辑指令还包括：空操作指令、置位和复位优先双稳态触发器指令以及逻辑堆栈指令。对于初级编程，前两种指令基本上用不到，为节省篇幅，故此省略。而逻辑堆栈指令是语句表中的专用指令，将在本章最后介绍。

例4-1 阅读图 4-1a 所示的梯形图程序，理解位逻辑指令。

解：在图 4-1a 中，对于程序段 1，当 I0.0=**1**、I0.1=**0**，即常开触点 I0.0 和常闭触点

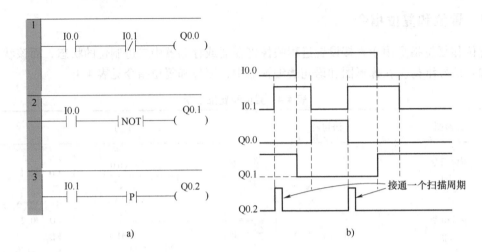

图 4-1　例 4-1 程序及时序图

a）梯形图　b）时序图

I0.1 均闭合时，输出单元 Q0.0 被接通，即 Q0.0＝1。

对于程序段 2，当 I0.0＝**1**，即常开触点 I0.0 闭合时，通过取非指令 NOT，输出单元 Q0.1 被断开，即 Q0.1＝**0**；当 I0.0＝**0**，即常开触点 I0.0 断开时，通过取非指令 NOT，输出单元 Q0.1 被接通，即 Q0.1＝**1**。

对于程序段 3，每当 I0.1 由 **0** 变为 **1**，即常开触点 I0.1 由断开到闭合时，正跳变指令 EU 检测到信号的正跳变（上升沿），输出单元 Q0.2 被接通一个扫描周期。

假设输入 I0.0 和 I0.1 具有如图 4-1b 所示的时序，根据上述分析，可以画出 3 个输出 Q0.0、Q0.1 和 Q0.2 的时序图。

例 4-2　阅读图 4-2a 所示的梯形图程序，理解位逻辑指令。设 Q0.3、Q0.4 的初始状态为 0，Q0.5、Q0.6 的初始状态为 **1**。

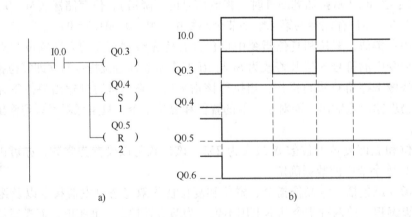

图 4-2　例 4-2 程序及时序图

a）梯形图　b）时序图

解： 在图 4-2a 中，当 I0.0 = 1，即常开触点 I0.0 闭合时，输出单元 Q0.3 被接通，即 Q0.3 = 1；输出单元 Q0.4 被置位，即 Q0.4 = 1；输出单元 Q0.5 和 Q0.6 被复位，即 Q0.5 = Q0.6 = 0。

假设输入 I0.0 具有如图 4-2b 所示的时序，根据上述分析，可以画出 4 个输出 Q0.3 ~ Q0.6 的时序图。

S7-200 SMART 的编程软件，给使用者提供了梯形图、语句表和功能块图 3 种指令集之间的转换功能。利用语句表编程器可以查看用梯形图和功能块图编程器编写的程序，但是反之不一定成立，即 3 种指令集不是百分之百的一一对应。总之，通过简单程序的相互转换，对照分析，将很容易根据一种形式的程序熟悉另外一种形式的程序的编写方法。

例 4-3 分析图 4-3a 所示的梯形图程序，说明该程序能够实现的逻辑功能。

解： 在 t_1 时刻，I0.0 由 0 变为 1，即常开触点 I0.0 由断开到闭合时，正跳变指令 EU 使位存储器的位 M0.0 接通一个扫描周期，即在一个扫描周期中 M0.0 = 1。在 t_1 ~ t_2 时间内，由于输出 Q0.0 先于位 M0.1 接通（由扫描工作方式决定），而 M0.0 只能接通一个扫描周期，因此，M0.1 不能接通，始终保持 M0.1 = 0。由于自锁触点 Q0.0 的作用，输出 Q0.0 在触点 M0.0 断开时，仍然能保持接通。

在 t_2 ~ t_3 时间内，I0.0 = 0，使 M0.0 = M0.1 = 0，而输出 Q0.0 由于自锁触点的作用，始终保持接通。

在 t_3 时刻，I0.0 再次由 0 变为 1，M0.0 再次接通一个扫描周期，此时 Q0.0 = 1，因此，M0.1 也接通一个扫描周期。在 M0.1 = 1 时，常闭触点 M0.1 断开，使输出 Q0.0 断开，Q0.0 = 0，常开触点 Q0.0 断开，自锁解除。

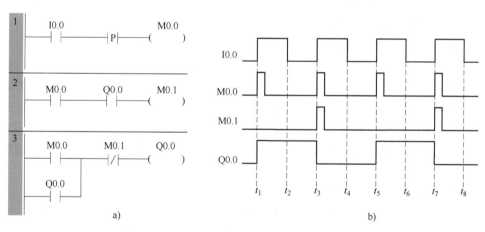

图 4-3　例 4-3 梯形图程序及时序图

a）梯形图　b）时序图

从 t_3 时刻开始的第一个扫描周期以后，由于 M0.0 = M0.1 = 0，常开触点 M0.0 始终是断开的，因此，在 t_3 ~ t_5 时间内，Q0.0 保持断开，Q0.0 = 0。

从 t_5 时刻开始重复上述工作过程。

综上所述，可知该程序具有二分频的功能，即由 Q0.0 输出的脉冲频率是由 I0.0 输入的脉冲频率的 1/2。如果用 Q0.0 驱动电灯，I0.0 为灯开关，则奇数次按动开关时，电灯点亮，偶数次按动开关时，电灯熄灭。

4.2 定时器和计数器指令

4.2.1 定时器指令

使用定时器指令可以完成基于时间的计数功能，以测定时间间隔的时间值。S7-200 SMART 提供了接通延时、有记忆接通延时和断开延时 3 种定时器指令，其梯形图图符和语句表见表 4-5，这种图符称为指令盒或功能框。表 4-5 中，xxx 表示定时器的号码（0~255）。

表 4-5　定时器指令

梯形图			语句表
Txxx —[IN　　TON] ????—[PT　　???ms]	Txxx —[IN　　TONR] ????—[PT　　???ms]	Txxx —[IN　　TOF] ????—[PT　　???ms]	TON　Txxx, PT TONR　Txxx, PT TOF　Txxx, PT

1. 接通延时定时器指令 TON

该指令用于测定单独的时间间隔，相当于通电延时的时间继电器。当使能输入 IN 接通时，接通延时定时器（Txxx）开始计时，当定时器的当前值（累计的时间）等于和大于预设值 PT 时，该定时器位被置位（Txxx = 1），并且定时器继续计时，一直计到最大值 32767 才停止计时。无论定时器的定时时间是否达到，只要使能输入 IN 断开，该定时器立即被复位，即清除定时器的当前值、定时器位被置 **0**。

2. 有记忆接通延时定时器指令 TONR

该指令用于累计多个不连续的定时时间间隔的时间值。当使能输入 IN 接通时，有记忆接通延时定时器（Txxx）开始计时，当定时器的当前值（Txxx）大于等于预设值 PT 时，该定时器位被置位（Txxx = 1），并且定时器继续计时，一直计到最大值 32767 才停止计时。当未达到预设值 PT，而使能输入 IN 断开时，定时器的当前值保持不变；当使能输入 IN 再次接通时，该定时器在前次计时的基础上，继续累计时间。该定时器不能自动复位，需要利用复位指令（R）复位。

3. 断开延时定时器指令 TOF

当使能输入 IN 接通时，定时器位立即被接通，并把当前值设为 0。当使能输入 IN 断开时，定时器开始计时，当达到预设值 PT 时，定时器位立即被断开，并且停止计时当前值。当使能输入 IN 断开的时间短于预设时间时，定时器位保持接通。

如果 TOF 定时器在顺控（SCR）区，而且顺控区没有启动，TOF 定时器的当前值设置为 0，定时器位设置为断开，当前值不计时。

断开延时定时器指令相当于断电延时的时间继电器，可以用于故障事件后的时间延时，或用于多台电动机之间的顺序延时停机。例如在主驱动电动机停机后，冷却电动机需要继续运行一段时间后再停机。

TON、TONR 和 TOF 定时器有 3 种分辨率（或称为时基）。定时器的分辨率与定时器号的对应关系详见表 4-6。显然，TONR 类型的定时器号是确定的，而 TON 与 TOF 两种类型的定时器是通用的，某个定时器作为哪种类型的定时器由编程者确定，但同一定时器只能作为TON 定时器或 TOF 定时器，不能双重定义。例如，同一程序中不能既有 TON T37 又有 TOF T37。同样的预设值 PT，对于不同分辨率的定时器，所表示的定时时间是不同的。例如，预设值 PT = 30，如果是以 10 ms 为时基的定时器，表示定时时间为 300 ms；如果是以 100 ms 为时基的定时器，则表示定时时间为 3000 ms。

表 4-6　定时器号与分辨率

类型	分辨率/ms	最长延时时间/s	定时器号
TONR	1	32.767	T0、T64
	10	327.67	T1～T4、T65～T68
	100	3276.7	T5～T31、T69～T95
TON TOF	1	32.767	T32、T96
	10	327.67	T33～T36、T97～T100
	100	3276.7	T37～T63、T101～T255

定时器指令的操作数要设置两个：一个是定时器号 Txxx；另一个是预设值 PT。Txxx 取 T0～T255，当输入确定的定时器号后，指令盒中右下角的分辨率值（问号处）就会变成该定时器的分辨率。PT 为 INT 整型数，其值可以设为常数，或使用存放在存储器 IW、QW、MW、SMW、VW、T、C、SWW、LW、AIW 和 AC 中的整数，亦可采用间接寻址的方式指定。在梯形图中，对于输入端 IN 其左侧应当与触点相连接。

不同分辨率定时器的当前值的更新方式完全不同，这是在使用定时器时要特别注意的问题，否则，程序运行的结果可能不是人们所期望的。

对于 1ms 分辨率的定时器，是对 1ms 的时间间隔进行计数。执行定时器指令启动定时时，每隔 1ms 更新一次定时器位和定时器当前值，与扫描周期不同步。也就是说，定时器位和定时器当前值在扫描周期大于 1ms 的一个周期中要更新几次。

对于 10ms 分辨率的定时器，是当定时器被激活后，累计 10ms 的时间间隔数。执行定时器指令即开始计时时，其定时器位和当前值在每个扫描周期开始时更新，在一个扫描周期内定时器当前值和定时器位是保持不变的。每个扫描周期累计的 10ms 时间间隔数会在下一个扫描周期开始时累加到定时器的当前值寄存器中。

对于 100ms 分辨率的定时器，定时器位和当前值在执行定时器指令时更新。即当执行定时器指令时，每个扫描周期累计的 100ms 时间间隔数会累加到当前值寄存器中。因此，要确保在每个扫描周期内仅执行一次该定时器指令，以便定时器正确计时。

为了说明 3 种分辨率的定时器的不同更新方式，现以图 4-4 所示的程序为例进行分析。图 4-4 中，T32、T33 和 T37 分别是 1ms、10ms 和 100ms 分辨率的定时器，这些程序均采用定时器自身的信号使能，故能实现自动触发与自动复位。

对于图 4-4a，只有当该定时器的当前值更新发生在常闭触点 T32 执行以后及常开触点 T32 执行以前 Q0.0 才能被接通（置位）一个扫描周期，出现这种情况的概率极小。因此，Q0.0 要能被自动触发接通一个扫描周期，程序必须改为图 4-4d 所示程序。即用常闭触点

Q0.0 代替常闭触点 T32 作为定时器的允许计时输入，这就保证了当定时器达到预置值时，Q0.0 会置位（ON）一个扫描周期。

对于图 4-4b，输出 Q0.1 永远不会被接通（置位），因为定时位 T33 只能在每个扫描周期开始被置位。在执行定时器指令时，如果本次扫描周期内 T33 定时时间到，但状态位 T33 不能在本次扫描周期的中后期更新，则运算程序段 2 时，T33 是断开的（T33＝0），相应的 Q0.1 也是断开的（Q0.1＝0）。在下一个扫描周期开始时，T33 被刷新；运算程序段 1 时，因常闭触点 T33 断开，使得定时器复位（当前值清零，且状态位 T33 置 0）；运算程序段 2 时，因 T33 已经复位，常开触点 T33 仍然是断开的，故 Q0.1 保持断开状态，即 Q0.1 永远不会被置位。因此，若要使 Q0.1 被自动触发接通一个扫描周期，程序必须改为图 4-4e 所示程序。

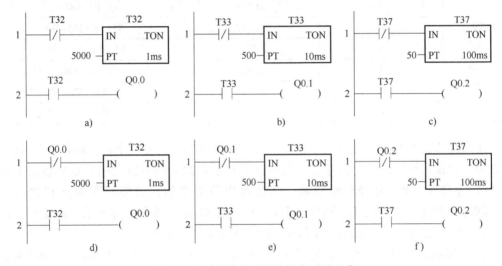

图 4-4　自动触发自动复位的定时器程序

a）错误用法　b）错误用法　c）正确用法　d）正确用法　e）正确用法　f）最好用法

图 4-4c 是正确的使用方法。只要当定时器当前值达到预置值时，Q0.2 会被接通（置位）一个扫描周期。

考虑到各种分辨率的定时器的刷新方式不同，在编程时，尽量不使用定时器自身的触点信号来复位。采用图 4-4d～f 所示的 3 种方式不容易出错，且编程思路也比较清晰。

图 4-4 所示程序的运行结果可以通过实验验证。如果将 Q0.0～Q0.2 分别与外部一只 LED 指示灯连接，可检验各位能否被接通。但是如果它们只能接通一个扫描周期，因该时间段太短暂，人眼不能观察到指示灯的瞬间点亮。为此，可将它们的常开触点并联在程序段 2 中定时器的常开触点上（自锁），则它们被接通的状态将长时间被保留。另外，做实验时，应将定时器的预设值设置在几秒钟以上，便于观察。

S7-200 SMART 相比 S7-200 还增加了两条时间间隔定时器指令。其功能读者可参阅相关手册。

例 4-4　接通延时定时器和有记忆接通延时定时器指令的应用程序如图 4-5a 所示，图 4-5a 中，T33 是 10ms 分辨率的接通延时定时器，T5 是 100ms 分辨率的有记忆接通延时定时器；I0.0 由外部开关产生间隔的通断信号，其时序如图 4-5b 所示。试分析该程序的工作过程。

解：定时器 T33 的定时时间为 10ms×500＝5s；定时器 T5 的定时时间为 100ms×50＝5s。

图 4-5 对接通延时定时器的深入理解

a) 梯形图 b) 时序图

在 t_1 时刻，I0. 0＝**1**，使能输入 IN 接通，T33 和 T5 同时开始计时；经过 3s，在 t_2 时刻，I0. 0＝**0**，使能输入 IN 断开，T33 计时未到，但立即被复位（当前值清零），T5 计时未到，但它的当前值（3s）保持不变（有记忆）。

在 t_3 时刻，I0. 0＝**1**，使能输入 IN 重新接通，T5 在原来 3s 的基础上接着计时，经过 2s，在 t_4 时刻，累计 5s，定时时间到，其状态位 T5 置 **1**，使输出 Q0.1 接通，即 Q0.1＝**1**；T33 再次从零开始计时，经过 5s，在 t_5 时刻，T33 连续计时 5s，定时时间到，其状态位 T33 置 **1**，使输出 Q0.0 接通，即 Q0.0＝**1**。

在 t_6 时刻，I0. 0＝**0**，使能输入 IN 再次断开，T33 立即被复位（当前值清零，状态位置 **0**），T5 的当前值（12s）保持不变。因状态位 T33 断开，使输出 Q0.0 断开，即 Q0.0＝**0**；而状态位 T5 保持闭合状态，使输出 Q0.1 也保持接通状态，即 Q0.1＝**1**。

在 t_7 时刻，I0. 0＝**1**，使能输入 IN 第 3 次接通，T5 在原来 12s 的基础上接着计时，但状态位不再发生变化；T33 又从零开始计时，经过 5s，在 t_8 时刻，T33 连续计时 5s，定时时间到，其状态位 T33 置 **1**，再次使输出 Q0.0 接通，Q0.0＝**1**。

此后，使能输入 IN 始终保持接通，T33 与 T5 一直保持计时状态。在 t_9 时刻，T33 计时到最大值 327. 67s 时，当前值寄存器中的值保持此值不再变化；在 t_{10} 时刻，T5 计时到最大值 3276. 7s 时，当前值寄存器中的值保持此值不再变化。

由此可见，接通延时定时器 TON 的使能输入断开后，这类定时器自动复位，待使能输入再次接通时，这类定时器将重新开始定时。对于有记忆接通延时定时器 TONR，其使能输入断开后，这类定时器不能自动复位，如果要再次使用该定时器，必须在程序中使用复位（R）指令使 TONR 定时器复位（清除当前值和断开状态位）。

通过该实例，读者应该深入理解接通延时定时器（TON 指令）和有记忆接通延时定时器（TONR 指令）两条指令的工作异同。

例 4-5 断开延时定时器指令的应用程序如图 4-6a 所示，图 4-6a 中，T34 是 10ms 分辨率的断开延时定时器。I0.1 由外部开关产生间隔的通断信号，其时序如图 4-6b 所示。试分析该程序的工作过程。

图 4-6　对断开延时定时器的深入理解
a）梯形图　b）时序图

解： 在 t_1 时刻，I0.1＝**1**，使能输入 IN 接通，定时器的 T34 位立即置 **1**，使 Q0.2 接通，但 T34 还未开始计时；在 t_2 时刻，I0.1＝**0**，使能输入 IN 断开，T34 开始计时，定时时间为 400ms。经过 400ms，在 t_3 时刻，定时时间到，T34 位被复位，使 Q0.2 断开，即 T34 位滞后于 I0.1 400ms 断开，T34 同时停止计时。

在 t_4 时刻，I0.1＝**1**，使能输入 IN 接通，T34 的当前值被清零，T34 位立即置 **1**；在 t_5 时刻，I0.1＝**0**，使能输入 IN 断开，T34 开始计时，但是本次 IN 断开的时间小于 400ms，造成了一次无效计时。因为在 t_6 时刻，使能输入 IN 重新接通，T34 的当前值（小于 400ms 的某值）立即被清零了。

此后，$t_7 \sim t_8$ 和 $t_8 \sim t_9$ 时段的工作过程与 $t_2 \sim t_3$ 和 $t_3 \sim t_4$ 时段的工作过程完全相同。

通过该例程序，读者应该深入理解断开延时定时器 TOF 指令的工作过程。

4.2.2　计数器指令

使用计数器指令可以完成基于触发事件的计数功能。S7-200 SMART 提供了增计数器（加法计数）、减计数器（减法计数）和增减计数器（可逆计数）3 种类型的计数器指令，它们的梯形图图符和语句表见表 4-7。表 4-7 中，xxx 表示计数器的号码（0~255）。

表 4-7　计数器指令

梯形图			语句表
Cxxx CU CTU R ????─PV	Cxxx CD CTD LD ????─PV	Cxxx CU CTUD CD R ????─PV	CTU Cxxx, PV CTD Cxxx, PV CTUD Cxxx, PV

1. 增计数器指令 CTU

增计数器指令 CTU，在每一个 CU 输入的上升沿（从 OFF 到 ON）递增计数（累加 1），计数器在达到最大值 32767 时，停止计数。当当前计数值（Cxxx）等于或大于预设值 PV 时，该计数器位被置位。当复位输入 R 置位或者执行复位指令时，计数器被复位（计数器位被复位，计数值的当前值被清零）。

在语句表中，栈项第一个值是 CTU 的复位输入，第二个值是 CU 输入。

2. 减计数器指令 CTD

减计数器指令 CTD，在每一个 CD 输入的上升沿（从 OFF 到 ON）从预设值开始递减计数（累减 1）。当当前计数值（Cxxx）等于 0 时，该计数器位被置位，并停止计数。当装载输入 LD 端接通时，计数器复位并把预设值 PV 装入当前值（CV）。

在语句表中，栈项第一个值是 CTD 装载输入 LD，第二个值是 CD 输入。

3. 增减计数器指令 CTUD

增减计数器指令 CTUD，在每一个 CU 输入的上升沿递增计数；在每一个 CD 输入的上升沿递减计数。当当前值（Cxxx）等于或大于预设值 PV 时，该计数器位被置位。当复位输入 R 置位或者执行复位指令时，计数器被复位。在达到计数器最大值 32767 后，下一个 CU 输入的上升沿将使计数值变为最小值（-32768）。而在达到最小计数值（-32768）后，下一个 CD 输入的上升沿将使计数值变为最大值 32767。

在语句表中，栈顶的第一个值是复位 R 输入，第二个值是 CD 输入，第三个值是 CU 输入。

计数器指令的操作数要设置两个：一个是计数器号 Cxxx，另一个是预设值 PV。Cxxx 取 C0~C255。PV 是 INT 整型数，它的值可以设为常数，或使用存放在存储器 IW、QW、MW、SMW、VW、T、C、SW、LW、AIW 和 AC 中的整数，亦可采用间接寻址的方式指定。在梯形图中，对于输入端 CU、CD、LD 和 R 的左侧应当与触点连接。

S7-200 SMART 提供了 256 个计数器，由编程者定义各个计数器的计数方式。由于每个计数器只有一个当前值，故不能把一个计数器号分配给几种类型的计数器。例如，在同一个程序中，不能同时有 CTU C0 和 CTD C0。

对于高速事件的计数，需要高速计数器指令，限于篇幅，该指令从略。读者可参考西门子公司的 S7-200 SMART 使用手册。

例 4-6 增减计数器指令的使用方法如图 4-7a 所示。程序中，I0.0~I0.2 是由外部开关控制的输入信号，它们产生间隔的通断信号作为计数脉冲，如图 4-7b 所示。其中，I0.0 为增计数输入，I0.1 为减计数输入，I0.2 为复位输入。试分析该程序的工作过程。

解： 在 t_1、t_2、t_3、t_4、t_5 和 t_6 时刻，I0.0 分别 6 次产生上升沿（从 OFF 到 ON），因此，C0 递增计数，当前值累计到 6。由于预置数为 5，因此，C0 的状态位在 t_5 时刻被置 **1**。在 t_7 和 t_8 时刻，I0.1 分别两次产生上升沿（从 OFF 到 ON），因此，C0 递减计数，当前值从原来的累计值 6 递减为 4，C0 位在 t_8 时刻被断开。

在 t_9、t_{10} 和 t_{11} 时刻，I0.0 又分别 3 次产生上升沿（从 OFF 到 ON），C0 递增计数，当前值从原来的累计值 4 递增为 7，C0 位在 t_9 时刻再次被置 **1**。在 t_{12} 时刻，I0.2 闭合，使复位输入 R 信号有效，C0 被复位（当前值被清零，状态位被断开）。

图 4-7　对计数器指令的深入理解

a）梯形图　b）时序图

例 4-7　图 4-8 所示程序均是实现累计 PLC 扫描周期计数的程序，I0.1 是由外部开关控制的输入信号，当它接通时程序开始工作。①试分析图 4-8a 所示程序运行后，第几个扫描周期时输出 Q0.2 才能被接通（设 M0.0 的初态为 0）；②根据图 4-8a 所示程序的运行结果，分析图 4-8b 所示程序的运行结果。

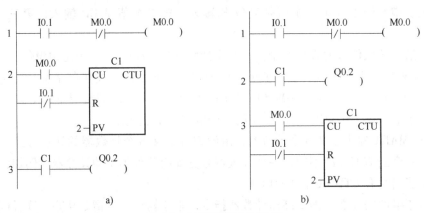

图 4-8　扫描周期计数程序

解：①对于图 4-8a，当外部开关断开时，I0.1＝0，常闭触点 I0.1 闭合，计数器被复位，C1＝0；当外部开关闭合时，I0.1＝1，常闭触点 I0.1 断开，C1 的复位信号无效，计数器可以计数。在第一个扫描周期中，各个程序段的运行情况如下：

程序段 1 中，由于 I0.1＝1、M0.0＝0，即常开触点 I0.1 与常闭触点 M0.0 均闭合，故在本次扫描运算时，M0.0 被置 1。程序段 2 中，常开触点 M0.0 由断开变为闭合，该上升沿使计数器加 1，内部计数值由 0 递增为 1。程序段 3 中，由于 C1＝0、常开触点 C1 是断开的，Q0.2 保持 0 态。

在第 2 个扫描周期中，各个程序段的运行情况如下：

程序段 1 中，由于 I0.1＝1、M0.0＝1，即常开触点 I0.1 闭合、常闭触点 M0.0 断开，故在本次扫描运算时，M0.0 被置 0。程序段 2 中，由于常开触点 M0.0 由闭合变为断开，计数器不累加计数，计数值保持为 1。程序段 3 中，由于 C1=**0**、常开触点 C1 是断开的，Q0.2 保持 **0** 态。

在第 3 个扫描周期中，各个程序段的运行情况如下：

程序段 1 中，由于 I0.1=**1**、M0.0=**0**，即常开触点 I0.1 与常闭触点 M0.0 均闭合，故在本次扫描运算时，M0.0 被置 **1**。程序段 2 中，常开触点 M0.0 由断开变为闭合，该上升沿使计数器加 **1**，内部计数值由 1 递增为 2，达到预设值 2，C1 的状态位被置 **1**，程序段 3 中，由于 C1=**1**，即常开触点 C1 闭合，Q0.2 被置 **1**。

综上所述，该程序运行时（始于输入信号 I0.1 接通时刻），在奇数次扫描周期中计数器累加 1；当第 3 个扫描周期结束时输出 Q0.2 才能被接通。当检测到输出接通时，说明程序运行已经历了 3 次完整的扫描。

② 显然，图 4-8b 所示程序是将图 4-8a 所示程序的程序段 2 与程序段 3 交换顺序后得到的程序。根据对图 4-8a 所示程序运行过程的分析可知，在第 3 个扫描周期中，运行程序段 2 时，计数器指令还没有执行，故本次扫描周期结束时，Q0.2 仍然保持 0 态，而运行程序段 3 时，虽然计数器的计数值达到了预设值 2，C1 的状态位被置 1，但已经不能返回去影响程序段 2 的运算结果了（Q0.2=0），必须等到下一个扫描周期即在第 4 个扫描周期中，运算程序段 2 时，Q0.2 才被置 1。因此，图 4-8b 所示程序运行后，在第 4 个扫描周期结束时输出 Q0.2 才能被接通。

例 4-7 不仅是计数器指令的应用实例，还说明了指令安排的先后顺序，直接影响到输出接通的延迟时间，在编写实时性要求较高的控制程序时，要考虑合理安排指令的顺序。

4.3   比较、传送及移位指令

4.3.1   比较指令

比较指令包括字节比较、整数比较、双字整数比较、实数比较和字符串比较指令 5 类，其中，前 4 类指令都包含等于（==）、不等于（<>）、大于（>）、大于或等于（>=）、小于（<）和小于或等于（<=）6 条指令，而字符串比较指令只有等于（==）和不等于（<>）两条指令。字节比较指令和整数比较指令的梯形图图符与语句表见表 4-8，图符中的字母 B 表示字节，字母 I 表示整数。如果将图符中的字母换成 D 或 R，就是双字整数比较指令或实数比较指令的图符。字符串比较指令本节从略。

表 4-8   部分比较指令

指令	梯形图	语句表（LD 指令）
字节比较指令	IN1 ┤==B├ IN2　　IN1 ┤<>B├ IN2 IN1 ┤>B├ IN2　　IN1 ┤>=B├ IN2 IN1 ┤<B├ IN2　　IN1 ┤<=B├ IN2	LDB==　　IN1, IN2 LDB<>　　IN1, IN2 LDB>　　　IN1, IN2 LDB>=　　IN1, IN2 LDB<　　　IN1, IN2 LDB<=　　IN1, IN2

（续）

指令	梯形图	语句表（LD 指令）
整数比较指令	IN1 ─┤ == I ├─ IN2 IN1 ─┤ <> I ├─ IN2 IN1 ─┤ > I ├─ IN2 IN1 ─┤ >= I ├─ IN2 IN1 ─┤ < I ├─ IN2 IN1 ─┤ <= I ├─ IN2	LDW == IN1, IN2 LDW<> IN1, IN2 LDW> IN1, IN2 LDW>= IN1, IN2 LDW< IN1, IN2 LDW<= IN1, IN2

比较指令用来比较两个值 IN1 和 IN2 的大小。4 类指令的不同之处有两点：一是参与比较的两个数据的长度不同；二是字节比较是无符号的，整数比较、双字整数比较与实数比较指令是有符号数的比较。比较指令要设置 IN1 和 IN2 两个操作数，这两个操作数应当具有相同的类型和相同的数据长度，可以是常数与存放在某个存储器中的变量相比较，也可以是两个不同存储器中的变量相比较。

在梯形图中，当比较式为真时，该触点闭合。在语句表中，使用 LD、A 或 O 指令，当比较式为真时，将栈顶置 1。比较指令的触点与左母线相连时使用 LD 指令，若比较指令的触点与其他触点串联或并联，需使用 A 或 O 指令代替 LD 指令。

比较指令的使用方法如图 4-9 所示。图 4-9 中，程序段 1 执行的是与逻辑运算，当 I1.0 = 1 且满足 MB0 = MB2 时，两个触点均闭合，则将 Q1.0 置 1（或称为线圈 Q1.0 接通）。程序段 2 执行的也是与逻辑运算，当 MW10 ≠ MW12 且满足 I0.0 = 1 时，两个触点均闭合，则将 V20.0 ~ V20.7 连续 8 位置 1。

图 4-9 比较指令的使用方法

程序段 3 执行的是或逻辑运算，若 I0.1 = 1 或 MD20 ≥ 3600，即两个触点至少有一个闭合时，则将 V30.0 ~ V30.7 连续 8 位置 0。程序段 4 执行的逻辑运算与程序段 3 类似。

4.3.2 传送指令

传送指令包括表 4-9 所示的三大类，这些指令的梯形图图符均是指令盒的形式。表 4-9 中，EN 是使能输入，当它左侧所接的触点接通时，这条指令就被执行；ENO 是使能输出，当这条指令正确执行后，ENO 位置 1，此信号可以激活接至它右侧的指令。

表 4-9 传送指令

指令	梯形图				语句表

字节、字、双字和实数传送指令	MOV_B
	 ─EN ENO─
	 ─IN OUT─
		MOV_W
		 ─EN ENO─
		 ─IN OUT─
			MOV_DW
			 ─EN ENO─
			 ─IN OUT─
				MOV_R
				 ─EN ENO─
				 ─IN OUT─
					MOVB IN, OUT
					 MOVW IN, OUT
					 MOVD IN, OUT
					 MOVR IN, OUT

（续）

指令	梯形图			语句表
字节、字和双字的块传送指令	BLKMOV_B EN ENO IN OUT N	BLKMOV_W EN ENO IN OUT N	BLKMOV_D EN ENO IN OUT N	BMB IN, OUT, N BMW IN, OUT, N BMD IN, OUT, N
字节传送立即读和字节传送立即写指令	MOV_BIR EN ENO IN OUT	MOV_BIW EN ENO IN OUT		BIR IN, OUT BIW IN, OUT

字节、字、双字和实数传送指令 MOV 在使能输入 EN＝1 时，把输入 IN 传送到输出 OUT，在传送过程中不改变操作数的大小，当操作正确执行后，使能输出 ENO＝1。这 4 条指令的区别仅在于操作数的长度不同。

字节、字和双字的块传送指令 BLKMOV 能够批量传送数据，在使能输入 EN＝1 时，把从输入地址单元 IN 开始的 N 个连续地址单元中的数据传送到从输出地址单元 OUT 开始的 N 个地址单元中，N 可取 1~255。当操作正确执行后，使能输出 ENO＝1。这 3 条指令的区别也仅仅是操作数的长度不同。

上述两类传送指令的操作数 IN 和 OUT 应当是长度相同的存储器（I、Q、M、SM、V、S、L 和 AC）中的存储单元，亦可通过间接寻址的方式指定操作数的位置。

字节传送立即读指令 MOV_BIR 与字节传送指令的区别在于它的 IN 字节只能是输入映像寄存器 IB 的数据，传送的目标地址单元 OUT 可以是各种存储器中的存储单元。字节传送立即写指令 MOV_BIW 与字节传送指令的区别在于数据传送的目标地址单元 OUT 只能是输出映像寄存器 QB，传送的输入地址单元 IN 可以是各种存储器中的存储单元。

如图 4-10 所示，是 1B 的块传送指令的编程实例。假设某个 2×2 矩阵的 4 个元素存放在从 VB10 开始的 4B 中，现要将其传送到从 VB100 开始的 4B 中去，则执行 N＝4 的字节块传送指令。

图 4-10　字节块传送指令编程实例

4.3.3　移位指令

移位指令包括左移位指令与右移位指令，其操作数长度有字节、字和双字 3 种。这些指令的梯形图图符和语句表见表 4-10。

表 4-10　移位指令

指令	梯形图			语句表
字节左移位指令 字左移位指令 双字左移位指令	SHL_B EN ENO IN OUT N	SHL_W EN ENO IN OUT N	SHL_DW EN ENO IN OUT N	SLB OUT, N SLW OUT, N SLD OUT, N

（续）

指令	梯形图			语句表
字节右移位指令 字右移位指令 双字右移位指令	SHR_B EN ENO IN OUT N	SHR_W EN ENO IN OUT N	SHR_DW EN ENO IN OUT N	SRB OUT, N SRW OUT, N SRD OUT, N

当使能信号有效时，在一个扫描周期中，移位指令把输入 IN 左移或右移 N 位后，再把结果存入 OUT。移位指令对移出位自动补零。移位操作是无符号的。

字节移位指令的有效移位数最大等于 8，如果所需移位次数 N 大于 8，那么实际可移位数为 8。同理，字与双字移位指令的有效移位数最大分别等于 16 与 32，如果所需移位次数 N 大于 16 或 32，那么实际可移位数为 16 或 32。

这些指令影响下面的特殊存储器位：零存储器位 SM1.0 和溢出位 SM1.1。移位指令将最近移出的位值存放在溢出位 SM1.1。如果移位操作的结果是 0，零存储器位 SM1.0 就置位。当操作正确执行后，使能输出 ENO=1。

说明：如果梯形图中输入字节 IN 与输出字节 OUT 的地址不同，所对应的语句表中需增加一条字节传送指令，即先要将输入字节 IN 中的操作数传送到输出字节 OUT 后，再执行移位操作。

移位指令的操作数 IN 和 OUT 应当是长度相同的各种存储器（I、Q、M、SM、V、S、L和 AC）中的存储单元，亦可通过间接寻址的方式指定操作数的位置。

说明：如果梯形图中输入字 IN 与输出字 OUT 的地址不同，所对应的语句表中需增加一条字传送指令，即先要将输入 IN 中的操作数传送到输出 OUT 后，再执行移位操作。

4.3.4 循环移位指令

循环移位指令包括循环左移指令与循环右移指令，操作数长度有字节、字和双字 3 种。这些指令的梯形图图符和语句表见表 4-11。

表 4-11 循环移位指令

指令	梯形图			语句表
字节循环左移指令 字循环左移指令 双字循环左移指令	ROL_B EN ENO IN OUT N	ROL_W EN ENO IN OUT N	ROL_DW EN ENO IN OUT N	RLB OUT, N RLW OUT, N RLD OUT, N
字节循环右移指令 字循环右移指令 双字循环右移指令	ROR_B EN ENO IN OUT N	ROR_W EN ENO IN OUT N	ROR_DW EN ENO IN OUT N	RRB OUT, N RRW OUT, N RRD OUT, N

当使能信号有效时，在一个扫描周期中，循环移位指令把输入地址单元 IN 中的数据循环左移或右移 N 位后，再把结果输出到输出地址单元 OUT 中。循环移位操作是无符号的。

数据循环移位相当于闭环移位。例如，若设 $N=1$，执行循环左移时，被移位数据的最高位移入最低位,低位数据顺次移动到相邻高位;而执行循环右移时,则被移位数据的最低位移入最高位,高位数据顺次移动到相邻低位。

字节循环移位的最大移位数为 7,如果所需移位次数大于或等于 8,那么在执行循环移位前,先对 N 取以 8 为底的模,它的结果 0~7 为实际移动位数。如果所需移位数为零,那就不执行循环移位。同理,字与双字循环移位指令的最大移位数为 15 与 31,如果所需移位次数等于或大于 16 与 32,应当按字节循环的实际移位次数可同样处理,使字循环移位指令的实际移位数为 0~15,双字循环移位指令的实际移位数为 0~31。

循环移位指令影响零存储器位 SM1.0 和溢出位 SM1.1 等特殊存储器位。如果执行循环移位,那么溢出位 SM1.1 的值就是最近一次循环移动位的值。如果移位操作的结果是 **0**,零存储器位 SM1.0 就置位。当操作正确执行后,使能输出信号 ENO=1。

说明:如果梯形图中输入字节 IN 与输出字节 OUT 的地址不同,所对应的语句表中需增加一条字节传送指令,即先要将输入 IN 中的操作数传送到输出 OUT 后,再执行循环移位操作。

循环移位指令的操作数与移位指令的操作数要求相同。

例 4-8 循环右移指令和左移位指令的编程实例如图 4-11a 所示。设输出映像寄存器 QB0 中的原始数据为 **01010011**,分析该程序的工作过程。

解:当 I0.0 由断开到接通时,程序段 1 中字节循环右移指令 RRB 的使能端 EN 将接通一个扫描周期,RRB 指令将输出映像寄存器 QB0 循环右移 4 次,其执行过程如图 4-11b 所示。这条指令执行结束时,零存储器位 SM1.0=0,溢出存储器位 SM1.1=0。

当 I0.1 由断开到接通时,程序段 2 中字节左移位指令 SLB 的使能端 EN 将接通一个扫描周期,SLB 指令将输出映像寄存器 QB0 连续左移 4 次,每一次的移出位送到 SM1.1,最低位 Q0.0 补为 0,其执行过程如图 4-11c 所示。这条指令执行结束时,零存储器位 SM1.0=0,溢出存储器位 SM1.1=1。

如果增加指令(如使用字节传送立即写指令)将 QB0 的初始状态设置为 **01010011**,则该程序的执行结果可以通过在 QB0 端连接的 LED 指示灯清楚地观察到。读者可通过实验验证。

4.3.5 移位寄存器位指令

上述移位以及循环移位指令均是对一个或几个完整的字节进行操作,当需要移位的数据不是 8 位以及 8 位的整数倍时,就需要移位寄存器位指令进行操作。移位寄存器是一种由编程者自由定义存储区间及位数(长度)的寄存器,该寄存器的位数最大为 64(可正可负)。移位寄存器位指令提供了一种排列和控制产品流或数据流的简单方法。该指令的梯形图图符和语句表见表 4-12。

表 4-12　移位寄存器位指令

梯形图	语句表
SHRB ─EN　　ENO─ ─DATA ─S_BIT ─N	SHRB　DATA,　S_BIT,　N

图 4-11 循环右移和左移位指令的编程实例

a）梯形图 b）循环右移指令的执行过程 c）左移位指令的执行过程

当使能信号有效时（EN=1），在每个扫描周期，执行移位寄存器位指令，整个移位寄存器左移或右移一位，输入的 DATA 数值（0 或 1）被移入移位寄存器的最低位或最高位，移位寄存器原来的最高位或最低位被移出到溢出存储器位 SM1.1。而该移位寄存器位于哪一个存储区域以及长度（位数）是由 S_BIT 和 N 决定的。其中，S_BIT 指定移位寄存器的最低位，N 指定移位寄存器的长度，N 的正负决定移位寄存器的移位方向。当 N 为正值时，左移位（正向移位），即输入数据从最低位 S_BIT 移入，最高位移出；当 N 为负值时，右移位（反向移位），即输入数据从最高位移入，从最低位 S_BIT 移出。

移位寄存器的最高位 MSB.b 的计算方法如下，其中 N 取绝对值参与运算：

字节 MSB=S_BIT 的字节号+{[（N-1）+ S_BIT 的位号]÷8} 的商的整数部分

位 b=[（N-1）+ S_BIT 的位号]÷8 的商的余数部分

因为 S_BIT 也是移位寄存器中的一位，故必须减 1。

例如，如果 S_BIT 是 V33.5，N=±14，则 MSB.b 为 V35.2。其计算过程如下：

$$MSB. b = V33+[(14-1)+5] \div 8$$
$$= V33+18 \div 8$$
$$= V33+2(余数为 2)$$
$$= V35. 2$$

移位寄存器位指令执行后，只影响特殊存储器的溢出位 SM1.1。当操作正确执行后，使能输出信号 ENO = **1**。

在移位寄存器位指令中，DATA 与 S_BIT 的操作数可在 I、Q、M、SM、V、T、C、S、L 等存储器中选择一位；长度 N 可直接设为常数（N≤64），或在 I、Q、M、SM、V、S、L、AC 等存储器中选择一个字节，亦可使用间接寻址方式指定。

图 4-12 所示为两种不同方向的移位。对于图 4-12a，N = 14，为正向（左）移位，输入数据 DATA 从最低位 V33.5 移入，最高位 V35.2 移出；对于图 4-12b，N = - 14，为反向（右）移位，输入数据 DATA 从最高位 V35.2 移入，最低位 V33.5 移出。

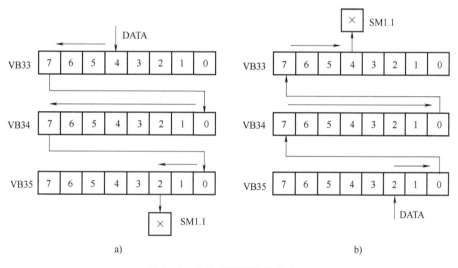

图 4-12　移位寄存器的移位方向

a）正向移位　b）反向移位

例 4-9　移位寄存器位指令的编程实例如图 4-13a 所示。设输入信号 I0.0 的时序如图 4-13b 所示，分析该程序的工作过程。

解： 因为 N = 5，移位寄存器的最低位为 V100.0，显然，定义了一个长度为 5 位的移位寄存器（V100.0~V100.4）；假设该移位寄存器预先存放的数据为 **10101**。

在 t_1 时刻，I0.0 产生了正跳变，使能端 EN 接通一个扫描周期（EN = 1），对应时刻的扫描周期中，该移位寄存器位指令被执行，由 I0.1 提供的数据 **1** 移入 V100.0，V100.0~V100.4 中原有的数据按图 4-13c 所示方式左移一次，V100.4 移入 SM1.1（SM1.1 = **0**）。

在 t_2 时刻，I0.0 再次产生了正跳变，使能端 EN 接通一个扫描周期（EN = 1），对应时刻的扫描周期中，该移位寄存器位指令被执行，由 I0.1 提供的数据 **0** 移入 V100.0，V100.0~ V100.4 中原有的数据按图 4-13c 所示方式再左移一次，V100.4 移入 SM1.1（SM1.1 = **1**）。

图 4-13　移位寄存器位指令编程实例

a）梯形图　b）语句表　c）时序图

在其他时间段的扫描周期中，由于 EN＝0，故不产生移位。

4.4　数学运算指令

数学运算指令包括整数运算指令和实数（浮点数）运算指令两大类。其中整数运算指令又包含 16 条指令，实数运算指令包含 11 条指令。这里已将 PID 控制的算法也归类在实数运算指令中。限于篇幅，本节只介绍基本的加减乘除和增减指令。

4.4.1　加法指令和减法指令

加法指令和减法指令的操作数均有整数、双整数和实数 3 种，故此类指令共有 6 条，梯形图图符和语句表见表 4-13。

表 4-13　加法指令和减法指令

指令	梯形图			语句表
整数加法指令 双整数加法指令 实数加法指令	ADD_I EN　ENO IN1　OUT IN2	ADD_DI EN　ENO IN1　OUT IN2	ADD_R EN　ENO IN1　OUT IN2	+I　IN1, OUT +D　IN1, OUT +R　IN1, OUT
整数减法指令 双整数减法指令 实数减法指令	SUB_I EN　ENO IN1　OUT IN2	SUB_DI EN　ENO IN1　OUT IN2	SUB_R EN　ENO IN1　OUT IN2	−I　IN1, OUT −D　IN1, OUT −R　IN1, OUT

表 4-13 中的 6 条指令所做的操作完全相同，不同的只是操作数的长度和性质（整数与实数）。整数的加法和减法指令把两个 16 位整数相加或相减，产生一个 16 位结果；双整数的加法和减法指令把两个 32 位双整数相加或相减，产生一个 32 位结果；实数的加法和减法指令把两个 32 位实数相加或相减，得到 32 位的实数结果。

在梯形图中实现如下操作：

加法：IN1+IN2=OUT

减法：IN1−IN2=OUT

在语句表中实现如下操作：

加法：IN1+OUT=OUT

减法：OUT−IN1=OUT

运行加法和减法指令后，影响零存储位 SM1.0、溢出位 SM1.1 和负值位 SM1.2 等特殊存储器位的状态。SM1.1 用来指示溢出错误和非法值。如果被 SM1.1 置位（SM1.1=1），则 SM1.0 和 SM1.2 的状态就无效，原始操作数不改变。如果 SM1.1 不置位，SM1.0 和 SM1.2 的状态反映算术操作的结果。当操作正确执行后，使能输出 ENO=1。

加法指令和减法指令的操作数可以是常数，或是存放在 I、Q、M、SM、V、S、L、AI、T、C、AC 等存储器单元中的数据。编程时需注意选择与指令匹配的操作数长度（整数 INT、双整数 DINT 和实数 REAL）。

4.4.2 乘法指令和除法指令

乘法指令和除法指令的操作数均有整数、双整数和实数 3 种，这些指令运算结果的数据长度与原操作数长度相同。另外，还有两种运算结果的数据长度与原操作数长度不相同的指令，即整数乘法产生双整数指令和整数除法产生双整数指令。这些指令共有 8 条，梯形图图符和语句表见表 4-14。

表 4-14 乘法指令和除法指令

指令	梯形图			语句表
整数乘法指令 双整数乘法指令 实数乘法指令	MUL_I EN ENO IN1 OUT IN2	MUL_DI EN ENO IN1 OUT IN2	MUL_R EN ENO IN1 OUT IN2	*I IN1, OUT *D IN1, OUT *R IN1, OUT
整数除法指令 双整数除法指令 实数除法指令	DIV_I EN ENO IN1 OUT IN2	DIV_DI EN ENO IN1 OUT IN2	DIV_R EN ENO IN1 OUT IN2	/I IN1, OUT /D IN1, OUT /R IN1, OUT
整数乘法产生双整数指令 整数除法产生双整数指令	MUL EN ENO IN1 OUT IN2	DIV EN ENO IN1 OUT IN2		MUL IN1, OUT DIV IN1, OUT

整数乘法指令＊I 把两个 16 位整数相乘，产生一个 16 位的乘积，如果结果大于一个字，就将溢出位 SM1.1 置位；整数除法指令/I 把两个 16 位整数相除，产生一个 16 位的商，不保留余数。

双整数乘法指令＊D 把两个 32 位双整数相乘，产生一个 32 位的乘积；双整数除法指令/D 把两个 32 位双整数相除，产生一个 32 位的商，不保留余数。

实数的乘法指令＊R 把两个 32 位实数相乘，产生 32 位的实数结果；实数的除法指令/R 把两个 32 位实数相除，得到 32 位的实数商。

上述 6 条指令实现如下操作：

乘法：IN1＊IN2＝OUT（梯形图）　或　IN1＊OUT＝OUT（语句表）

除法：IN1/IN2＝OUT（梯形图）或　OUT/IN1＝OUT（语句表）

整数乘法产生双整数指令 MUL 把两个 16 位整数相乘，产生一个 32 位的积。整数除法产生双整数指令 DIV 把两个 16 位整数相除，产生一个 32 位的结果，其中，高 16 位是余数，低 16 位是商。这 2 条指令实现如下操作：

乘法：IN1＊IN2＝OUT（梯形图）　或　IN1＊OUT＝OUT（语句表）

除法：IN1/IN2＝OUT（梯形图）或　OUT/IN1＝OUT（语句表）

乘法指令和除法指令影响下面的特殊存储器位：SM1.0（零），SM1.1（溢出），SM1.2（负），SM1.3（被 0 除）。如果在乘法或除法的操作过程中 SM1.1 被置位，就不写到输出，并且所有其他的算术状态位被置为 **0**。如果在除法操作时 SM1.3 被置位，其他的算术状态位保留不变，原始输入操作数不变化。如果 SM1.1 和 SM1.3 不置位，则 SM1.0 和 SM1.2 的状态就反映了算术操作的结果。当操作正确执行后，使能输出信号 ENO＝1。

乘法指令和除法指令的操作数与对应的加法指令和减法指令的操作数相同。设计程序时，只需注意选择与指令匹配的操作数即可。

图 4-14 所示是算术运算指令的编程实例。这两段程序说明了操作数的地址选择方式不

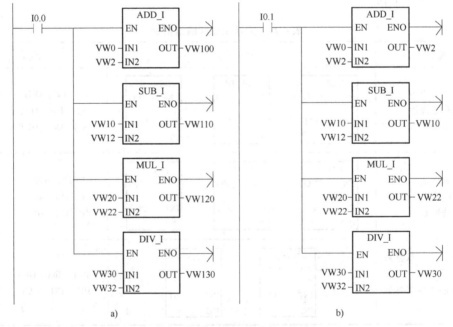

图 4-14　算术运算指令的编程实例

同，将直接影响程序的长度及执行过程。

对应于图 4-14a 所示梯形图的语句表如下：

LD	I0.0	// 若 I0.0=1，则执行下述操作。
MOVW	VW0,VW100	// 将被加数 VW0 传送到目标单元 VW100。
+I	VW2,VW100	// 做加法：VW2+ VW100(VW0)，结果存入 VW100。
MOVW	VW10,VW110	// 将被减数 VW10 传送到目标单元 VW110。
−I	VW12,VW110	// 做减法：VW110(VW10)−VW12，结果存入 VW110。
MOVW	VW20,VW120	// 将被乘数 VW20 传送到目标单元 VW120。
*I	VW22,VW120	// 做乘法：VW22 * VW120(VW20)，结果存入 VW120。
MOVW	VW30,VW130	// 将被除数 VW30 传送到目标单元 VW130。
/I	VW32,VW130	// 做除法：VW130(VW30)/ VW32，结果存入 VW130。

程序长度为 68B。

对应于图 4-14b 所示梯形图的语句表如下：

LD	I0.1	// 若 I0.1=**1**，则执行下述操作。
+I	VW0,VW2	// 做加法：VW0+ VW2，结果存入 VW2。
−I	VW12,VW10	// 做减法：VW10−VW12，结果存入 VW10。
*I	VW20,VW22	// 做乘法：VW20 * VW22，结果存入 VW22。
/I	VW32,VW30	// 做除法：VW30/ VW32，结果存入 VW30。

程序长度为 44B。

由上述两段程序的执行过程可知，若参与运算的两个操作数 IN1、IN2 的地址以及存放运算结果的输出存储单元 OUT 的地址均不相同，将增加程序的长度及运行时间。因此，建议编写数学运算程序时，将 OUT 的地址选择为 IN1 与 IN2 中的一个，这样不仅能提高程序的运行效率，还能节省存储空间。

4.4.3 字节、字、双字的增指令和减指令

增指令和减指令的操作数均有字节、字和双字，此类指令是实现将操作数加 1 或减 1 的运算。这些指令的梯形图图符和语句表见表 4-15。

表 4-15 增指令和减指令

指令	梯形图			语句表
增指令	INC_B ─EN ENO─ ─IN OUT─	INC_W ─EN ENO─ ─IN OUT─	INC_DW ─EN ENO─ ─IN OUT─	INCB OUT INCW OUT INCD OUT
减指令	DEC_B ─EN ENO─ ─IN OUT─	DEC_W ─EN ENO─ ─IN OUT─	DEC_DW ─EN ENO─ ─IN OUT─	DECB OUT DECW OUT DECD OUT

字节增 INCB 或字节减 DECB 指令把输入字节 IN 加 1 或减 1 后，把结果存放到输出单元 OUT。字节增减指令是无符号的。

字增 INCW 或字减 DECW 指令把输入字 IN 加 1 或减 1 后，把结果存放到输出单元 OUT。字增和字减指令是有符号的。例如 16#7FFF>16#8000，16#7123>16#8123（前者是正数，后者是负数）。

双字增或双字减指令把输入的双字 IN 加 1 或减 1 后，把结果存放到输出单元 OUT。双字增和双字减指令是有符号的。例如 16#71234567>16#81234567。

在梯形图和语句表中，这些指令分别执行下述操作：

梯形图：IN+1=OUT，IN-1=OUT

语句表：OUT+1=OUT，OUT-1=OUT

如果指令的目标单元 OUT 的地址与输入字节 IN 的地址相同，程序设计比较合理。否则，在用语句表编程时，需先使用一条传送指令。

执行增指令和减指令后，影响下面的特殊存储器位：SM1.0（零）、SM1.1（溢出）、SM1.2（负，操作数为字节的不影响此位）。当操作正确执行后，使能输出信号 ENO=1。

字节增和字节减指令的操作数与本章前述对字节操作的其他指令的操作数相同；字增和字减指令的操作数与整数乘法和整数除法的操作数相同；双字增和双字减指令的操作数与双整数乘法和双整数除法指令的操作数相同。

4.5 逻辑运算指令与转换指令

4.5.1 与、或和异或指令

逻辑与、或和异或指令的操作数均有字节、字、双字 3 种，故这 3 类逻辑运算指令共有 9 条指令，梯形图图符和语句表见表 4-16。

表 4-16 与、或、异或指令

指令	梯形图			语句表
与指令	WAND_B EN ENO IN1 OUT IN2	WAND_W EN ENO IN1 OUT IN2	WAND_DW EN ENO IN1 OUT IN2	ANDB IN1, OUT ANDW IN1, OUT ANDD IN1, OUT
或指令	WOR_B EN ENO IN1 OUT IN2	WOR_W EN ENO IN1 OUT IN2	WOR_DW EN ENO IN1 OUT IN2	ORB IN1, OUT ORW IN1, OUT ORD IN1, OUT
异或指令	WXOR_B EN ENO IN1 OUT IN2	WXOR_W EN ENO IN1 OUT IN2	WXOR_DW EN ENO IN1 OUT IN2	XORB IN1, OUT XORW IN1, OUT XORD IN1, OUT

逻辑与指令 AND 对两个输入 IN1 与 IN2 执行按位与运算，结果存放在 OUT 指明的地址

单元中；逻辑或指令 OR 对两个输入 IN1 与 IN2 执行按位或运算，结果存放在 OUT 指明的地址单元中；逻辑异或指令 XOR 对两个输入 IN1 与 IN2 执行按位异或运算，结果存放在 OUT 指明的地址单元中。

在梯形图中，IN1、IN2 与 OUT 的地址可以是 3 个完全不同的地址，但最好将 IN2 与 OUT 的地址选择为相同地址，以避免 CPU 执行运算时额外需要执行一条传送指令。

执行逻辑与、或和异或指令后，只影响特殊存储器的 SM1.0（零）位。当指令正确执行后，使能输出信号 ENO = 1。

字节的逻辑与、或和异或指令的操作数可选择 I、Q、M、SM、V、S、L、AC 等存储器中的字节；字的逻辑与、或和异或指令的操作数除了选择上述存储器中的字，还可选择 T、C、AIW；双字的逻辑与、或和异或指令的操作数可选择 I、Q、M、SM、V、S、L、AC 等存储器中的双字。另外，所有逻辑运算指令的输入 IN1、IN2 亦可选择常数。

4.5.2 取反指令

取反指令包括字节取反、字取反、双字取反指令 3 种，梯形图图符和语句表见表 4-17。

表 4-17 取反指令

梯形图			语句表
INV_B EN ENO IN OUT	INV_W EN ENO IN OUT	INV_DW EN ENO IN OUT	INVB OUT INVW OUT INVD OUT

字节取反指令 INVB 将输入 IN 字节按位取反，得到一个字节的反码，结果存放在 OUT 指明的地址单元中。同理，字与双字取反指令将输入 IN 按位取反，得到一个字或双字的反码，结果存放在 OUT 指明的地址单元中。

一般将 IN 与 OUT 的地址设成一致，否则在语句表中，取反指令之前要加一条传送指令，即先将 IN 中的数据传送到 OUT 中，再执行取反操作。

取反指令只影响零存储器位 SM1.0。当指令正确执行后，使能输出信号 ENO = 1。

取反指令的操作数与上述异或等逻辑运算指令的操作数相同。使用此类指令，注意选择与指令匹配的操作数（字节、字、双字）即可。

例 4-10 图 4-15a 所示梯形图程序是字节的与、或、异或和取反指令的编程实例。设累加器 AC0 的低 8 位、VB100、MB0、QB0 等字节中存放的数为 **01010011**，累加器 AC1 的低 8 位、VB200、MB2 等字节中存放的数为 **10100011**。试分析当执行该程序后，AC1、VB200、MB2 和 QB0 等字节中的数是多少（提示：累加器均有 32 位，对于字节操作指令默认是对其低 8 位进行操作）。

解： 当使能端 I1.3 = 1 时，执行以下 4 条指令：

1）字节与逻辑运算：累加器 AC0 的低 8 位与累加器 AC1 的低 8 位按位做逻辑与运算，运算结果存放在累加器 AC1 中。

2）字节或逻辑运算：变量存储器中的字节 VB100 和 VB200 按位做逻辑或运算，运算结果存放在 VB200 中。

图 4-15　逻辑运算指令的编程实例

a）梯形图　b）运算实例

3）字节异或逻辑运算：位存储器中的字节 MB0 和 MB2 按位做逻辑异或运算，运算结果存放在 MB2 中。

4）字节取反逻辑运算：将输出映像寄存器中的字节 QB0 按位取反，运算结果存放在 QB0 中。

上述逻辑运算的结果如图 4-15b 所示。

例 4-10 中，字节取反指令的操作数选择了输出映像寄存器中的字节 QB0，便于读者实验验证。实验时，通过初始脉冲 SM0.1，可设置 QB0 的初始状态，观察与 QB0 连接的外部 LED 指示灯的状态；再接通与 I1.3 相连的外部开关，观察 QB0 输出状态的变化。

4.5.3　整数的转换指令

转换指令的种类较多，可实现整数、双整数、实数、ASCII 码、字符串之间的相互转换。这里只介绍整数的转换指令。整数的转换指令包括 BCD 码与整数的相互转换、整数与双整数的相互转换、字节与整数的相互转换 6 条指令，梯形图图符和语句表见表 4-18。

BCD 码转换成整数指令 BCDI 将输入 IN 的 BCD 码转换成整数，并将结果送入 OUT，输入 IN 的范围是 0～9999；整数转换成 BCD 码指令 IBCD 将输入的整数 IN 转换成 BCD

码，并将结果送入 OUT，输入 IN 的范围是 0～9999。这两条指令影响特殊存储器位 SM1.6（非法 BCD）。

表 4-18　整数的转换指令

指令	梯形图		语句表
BCD 码与整数的转换指令	BCD_I EN ENO IN OUT	I_BCD EN ENO IN OUT	BCDI　OUT IBCD　OUT
整数与双整数的转换指令	I_DI EN ENO IN OUT	DI_I EN ENO IN OUT	ITD　IN, OUT DTI　IN, OUT
字节与整数的转换指令	B_I EN ENO IN OUT	I_B EN ENO IN OUT	BTI　IN, OUT ITB　IN, OUT

整数转换成双整数指令 ITD 把输入的整数 IN 转换成一个双整数 OUT，符号进行扩展。

双整数转换成整数指令 DTI 把输入的双整数 IN 转换成一个整数 OUT。如果要转换的数太大，溢出位 SM1.1 被置位，并且输出保持不变。这条指令只影响特殊存储器位 SM1.1（溢出位）。

字节转换成整数指令 BTI 把输入的字节 IN 转换成一个整数 OUT。由于字节是无符号的，所以没有符号扩展。

整数转换成字节指令 ITB 把输入的字 IN 转换成一个字节 OUT。输入值的范围是 0～255，所有其他的值会造成溢出，输出不变化，即本条指令影响特殊存储器位 SM1.1（溢出位）。

当正确执行指令后，使能输出信号 ENO = 1。设计程序时，一般将 IN 与 OUT 的地址设成一致，这样在语句表中将节省一条传送指令。

转换指令的操作数可以是常数，或是存放在 I、Q、M、SM、V、S、L、AI、T、C、AC 等存储器单元中的数据，亦可选择间接寻址的方式指定操作数。编程时，需注意选择与指令匹配的操作数长度（字 WORD、整数 INT、双整数 DINT）。

4.5.4　译码、编码与段码指令

译码、编码与段码指令的梯形图图符和语句表见表 4-19。

表 4-19　译码、编码与段码指令

梯形图			语句表
DECO EN ENO IN OUT	ENCO EN ENO IN OUT	SEG EN ENO IN OUT	DECO　IN, OUT ENCO　IN, OUT SEG　IN, OUT

译码指令 DECO 根据输入字节 IN 的低 4 位（半个字节）所表示的位号使输出字 OUT 的相应位置 **1**，其他位置 **0**。编码指令 ENCO 将输入字 IN 的最低有效位（值为 **1**）的位号写入输出字节 OUT 的低 4 位（半个字节）。

段码指令 SEG 产生点亮七段数码显示器的位模式段码值 OUT。它是根据输入 IN 字节的低 4 位的 BCD 码产生驱动七段数码显示器笔画的段码值，实质上这条指令实现了显示译码器的功能。表 4-20 给出了段码指令 SEG 输入 IN 字节低 4 位的 BCD 码与译码输出字 OUT 中段码值的对应关系。用段码指令可以显示 0~9、A、b、C、d、E、F 等数字和字母。

表 4-20　SEG 指令输入与输出的关系

IN LSD	OUT（段码值） - g f e d c b a		段显示	七段数码 显示器	IN LSD	OUT（段码值） - g f e d c b a		段显示
0000	0 0 1 1 1 1 1 1		0		1000	0 1 1 1 1 1 1 1		8
0001	0 0 0 0 0 1 1 0		1		1001	0 1 1 0 0 1 1 0		9
0010	0 1 0 1 1 0 1 1		2	f □ b	1010	0 1 1 1 0 1 1 1		A
0011	0 1 0 0 1 1 1 1		3	g	1011	0 1 1 1 1 1 0 0		b
0100	0 1 1 0 0 1 1 0		4	e □ c	1100	0 0 1 1 1 0 0 1		C
0101	0 1 1 0 1 1 0 1		5	d	1101	0 1 0 1 1 1 1 0		d
0110	0 1 1 1 1 1 0 1		6		1110	0 1 1 1 1 0 0 1		E
0111	0 0 0 0 0 1 1 1		7		1111	0 1 1 1 0 0 0 1		F

译码 DECO 指令的输入与输出分别是字节型与字型数据，这些数据通常在 I、Q、M、SM、V、S、L、AC 等存储器区域中选取，而且输出还可以存放在 T、C、AQW 中。编码指令的输入与输出分别是字型与字节型数据，这些数据的地址与 DECO 指令的地址基本相同。段码指令的输入与输出均是字节型数据，其操作数地址参照其他字节指令的操作数地址选取。另外，这 3 条指令的输入 IN 均可以选择字节长度的常数。详细的操作数列表请查阅 S7-200 使用手册。

例 4-11　译码、编码和段码指令的编程实例如图 4-16a 所示。设译码指令输入字节 MB0 中的低 4 位为 **0111**（7），编码指令输入字 MW2 中存放的数码为 **0111010110101000**，段码指令输入字节 IB1 中的低 4 位为 **0101**（5）。试分析该程序的运行结果。

解：当使能端 I0.1＝**1** 时，执行如下 3 条指令：

1）执行译码指令：对输入字节 MB0 中的低 4 位进行译码，译码的结果存放在 VW0 中。由于 MB0 中的低 4 位为十进制数 7，译码的结果使输出 V0.7 置 **1**，如图 4-16b 所示。

2）执行编码指令：对输入字 MW2 中的最低有效位进行编码，编码的结果存放在 VB20 中。由于输入字 MW2 的最低有效位为 M2.3（M2.3＝1），将该位号编码为 **0011**（为十进制数 3），存入 VB20 的低 4 位中，如图 4-16c 所示。

3）执行段码指令：对输入字节 IB1 中的低 4 位进行译码，所产生的点亮七段数码显示器的段码值存放在 QB0 中。由于输入字节 IB1 的低 4 位为 **0101**（为十进制数 5），经段码指令译码为 **01101101**，存入 QB0 中，如图 4-16d 所示。此值对应驱动 LED 显示器的笔画信号为 gfedcba＝**1101101**，查表 4-20 可知，此时 LED 显示器将显示"5"。

读者可以通过实验验证该段码指令的执行结果。做实验时，可以由外部开关设置 IB1 的初始状态，Q0.0~Q0.6 与 CPU 外部的 LED 显示器连接。

图 4-16 译码、编码和段码指令的编程实例

a）梯形图 b）译码指令运算实例 c）编码指令运算实例 d）段码指令运算实例

*4.6 程序控制指令

程序控制指令包括有条件结束指令、暂停指令、看门狗复位指令、跳转指令和标号指令、循环指令、顺序控制继电器指令、子程序调用指令、中断指令以及通信指令 9 种，本节介绍前 6 种指令，后 3 种指令在编程进阶时可参考 S7-200 SMART 使用手册。

4.6.1 有条件结束指令、暂停指令和看门狗复位指令

有条件结束指令、暂停指令和看门狗复位指令的梯形图图符和语句表见表 4-21。

表 4-21　有条件结束指令、暂停指令和看门狗复位指令

梯形图	语句表	举例
——(END) ——(STOP) ——(WDR)	END STOP WDR	1　SM5.0 　——┤├——————(STOP) 2　M1.2 　——┤├——————(WDR) 3　I0.0 　——┤├——————(END)

有条件结束指令 END 可以根据前面的逻辑关系，终止用户主程序，这条指令无操作数。END 指令只能用在主程序中，不能在子程序或中断程序中使用。对于没有使用 END 指令的主程序，Micro/WIN 32 自动在主程序结束处加上一个无条件结束指令。

暂停指令 STOP 能够引起 CPU 方式发生变化，即从 RUN 到 STOP，从而可以立即终止程

序的执行。这条指令无操作数。

如果 STOP 指令在中断程序中执行，那么该中断立即终止，并且忽略所有挂起的中断，继续扫描程序的剩余部分。在本次扫描的最后，完成 CPU 从 RUN 到 STOP 的转变。

看门狗复位（Watchdog Reset）指令 WDR 触发系统看门狗定时器，将完成扫描的允许时间加 500ms。由于 CPU 处于 RUN 模式时，默认状态下，主程序的扫描时间限制在 500ms。如果主扫描的时间大于 500ms，就应该使用 WDR 指令。

使用 WDR 指令复位看门狗定时器时应该考虑到下述问题。如果用循环指令去阻止扫描完成或延迟扫描完成时间，那么在终止本次扫描之前，以下操作过程将被禁止：

1）通信（自由端口方式除外）；

2）I/O 更新（立即 I/O 除外）；

3）强制更新；

4）SM 位更新（SMB0，SMB5~SMB29 不能被更新）；

5）运行时间诊断；

6）在中断程序中的 STOP 指令。

因此，使用 WDR 指令时要格外小心。

对于表 4-21 所示程序实例，其中，程序段 1 表示检测到 I/O 错误时，会将 CPU 强制切换到 STOP 模式。程序段 2 表示当 M1.2 = 1 时，执行看门狗复位指令。程序段 3 表示当 I0.0 = 1 时，终止当前扫描。

4.6.2 跳转指令和标号指令

跳转指令和标号指令的梯形图图符和语句表见表 4-22 所示。

表 4-22 跳转指令和标号指令

梯形图	语句表	举例
—(JMP) ᵑ ᵑ ⊢ LBL	JMP n LBL n	4 SM0.2 6 ⊢——⊢——(JMP) 8 6 ⊢ LBL

跳转指令 JMP 可使程序流程转到同一程序中的具体标号 n 处，当这种跳转执行时，栈顶的值总是逻辑 1；标号指令 LBL 标记跳转目的地的位置 n。

操作数：n = 0~255，数据类型：WORD。

JMP 指令与 LBL 指令必须配对使用，也就是说，JMP 指令与 LBL 指令必须在主程序或子程序或中断程序中成对使用。不能从主程序跳到子程序或中断程序，同样不能从子程序或中断程序跳出。

对于表 4-22 所示程序实例，程序段 4 表示如果保持性数据未丢失，则跳转至标号 6 处。程序段 8 是标号 6。

4.6.3 循环指令

循环指令有两条配对使用的指令，其梯形图图符和语句表见表 4-23。

表 4-23　循环指令

梯形图	语句表
FOR EN　ENO INDX INIT FINAL （NEXT）	FOR　INDX, INIT, FINAL NEXT

循环指令 FOR 与 NEXT 分别标记一个循环体循环的开始与结束，INDX 为当前循环计数值，INIT 为初值，FINAL 为终值。循环体是需要重复执行一定次数的程序，它在 FOR 和 NEXT 指令之间描述。每条 FOR 指令必须对应一条 NEXT 指令，即 FOR 指令和 NEXT 指令必须成对使用。

例如，给定初值 INIT 为 1，终值 FINAL 为 10，每执行一次循环体，当前循环计数值加 1，并且将其结果同终值作比较，如果大于终值，那么终止循环。因此，随着当前计数值 INDX 从 1 增加到 10，FOR 与 NEXT 之间的指令（循环体）被执行 10 次。如果初值大于终值，那么循环体不被执行。

FOR/NEXT 循环指令的使用规则如下：

1）如果允许 FOR/NEXT 循环，循环体就一直循环执行直到循环结束，除非在循环内部修改了终值。在 FOR/NEXT 循环执行的过程中可以修改循环指令的参数值。

2）当循环再次允许时，它把初始值复制到指针值中（当前循环次数）。当下一次允许时，FOR/NEXT 指令复位它自己。

3）循环指令可以嵌套使用，即一个 FOR 和 NEXT 循环在另一个 FOR 和 NEXT 循环之内。循环嵌套的深度可达 8 层。

循环指令的操作数是有符号整数 INT，可以是常数或存放在各个存储器中的数据，亦可采用间接寻址的方式指定。

图 4-17 所示程序是循环指令的编程实例，该梯形图程序包括内外两个循环。在程序段 1 中，VW10 是累加外循环当前循环次数的计数器。当 I0.7=**1**（闭合）时，外循环反复执行 18 次。在程序段 12 中，VW20 是累加内循环当前循环次数的计数器。当外循环每一次执行到程序段 12 时，如果 M3.2=**1**（闭合），则内循环反复执行 5 次。

图 4-17　FOR 和 NEXT 指令的编程实例

4.6.4 顺序控制继电器指令

顺序控制继电器指令包含 3 条需要同时使用的指令，梯形图图符和语句表见表 4-24。当应用程序包含一系列必须重复执行的操作时，可以使用顺序控制继电器指令来结构化程序，使编程思路清晰可见。

表 4-24 顺序控制继电器指令

梯形图	语句表
Sx.y SCR Sx′.y′ （SCRT） （CSCRE） （SCRE）	LSCR Sx. y SCRT Sx′. y′ CSCRE SCRE

LSCR 指令标记一个顺序控制继电器 SCR 段的开始。当 Sx. y = 1 时，允许该 SCR 段工作。

SCRT 指令执行 SCR 段的转移，它产生两个操作：一是将下一个 SCR 段使能位置位（Sx′. y′ = 1），以便下一个 SCR 段工作；二是将本 SCR 段使能位复位（Sx. y = 0），以使本 SCR 段停止工作。

CSCRE 指令有条件结束本 SCR 段，其左边应该与触点（条件）连接。

SCRE 指令标记一个 SCR 段的结束，无条件结束本 SCR 段，其左边直接连接左母线。

SCR 段是由从 LSCR 指令开始到 SCRE 指令之间的所有指令组成的，它能否执行取决于本 SCR 段的使能位 Sx. y 是否为 1（S 堆栈的值）。

操作数 Sx. y 或 Sx′. y′为顺序控制继电器 S 中的一位（如 S0. 0、S0. 1 等），数据类型：BOOL。顺序控制继电器 S 是专用于顺序控制继电器指令的存储器。

使用 SCR 指令的规则如下：

1）不能把同一个 Sx. y 位用于不同的程序中。例如，如果在主程序中用了 S0. 1，在子程序中就不能再使用它。

2）在 SCR 段中不能使用 JMP 和 LBL 指令，也就是说不允许跳入、跳出或在内部跳转。

3）在 SCR 段中不能使用 FOR、NEXT 和 END 指令。

例 4-12 十字路口的信号灯是周期性工作的，每个工作周期中有几个固定的工作状态，这些状态的转换是依据定时时间实现的。设东西向街的红、黄、绿灯（R1、Y1、G1）分别由 Q0. 0、Q0. 2、Q0. 4 驱动，南北向街的红、黄、绿灯（R2、Y2、G2）分别由 Q0. 1、Q0. 3、Q0. 5 驱动；绿灯点亮时间为 30s，黄灯点亮时间为 2s，红灯点亮时间为 32s。使用顺序控制继电器 SCR 指令设计的信号灯控制程序（部分）如图 4-18 所示，试分析该程序的工作过程。

解： 程序段 1 的程序用于设置初始状态。在 PLC 通电的第 1 个扫描周期，特殊标志位 SM0. 1 接通，SM0. 1 = 1，该初始脉冲使 S 堆栈的栈顶置 1，即 S0. 1 = 1，从而在第 1 个扫描

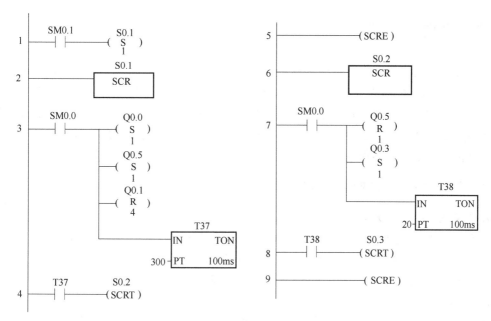

图 4-18　SCR 指令的编程实例

周期状态 1 被激活，即第 1 个顺控段（或称为 SCR 段）被激活。

程序段 2 标记第 1 个顺控段开始。

程序段 3 是第 1 个顺控段期间所要执行的操作，这些操作由运行标志位 SM0.0 启动，因为当 PLC 运行时，SM0.0 位始终为 **1** 态。在第 1 个顺控段执行的操作如下：点亮东西向街红灯 R1 和南北向街绿灯 G2，熄灭其他所有信号灯，并起动定时器 T37 产生 30s 定时。

程序段 4 根据定时器 T37 的定时状态判断是否实现状态转移。当定时器 T37 定时时间到时，T37 = **1**，使 S0.1 = **0** 且 S0.2 = **1**，从而状态 1 的 SCR 段停止工作，同时激活状态 2 的 SCR 段。

程序段 5 标记第 1 个顺控段结束。

程序段 6 标记第 2 个顺控段开始。

程序段 7 是第 2 个顺控段期间所要执行的操作，这些操作同样由运行标志位 SM0.0 启动。在第 2 个顺控段执行的操作有：G2 熄灭，南北向街的黄灯 Y2 点亮，定时器 T38 开始 2s 定时。因为在程序段 3 中使用的是置位和复位指令，故 R1 保持点亮、其他信号灯保持熄灭。

程序段 8 根据定时器 T38 的定时状态判断是否实现状态转移。当定时器 T38 定时时间到，T38 = **1**，使 S0.2 = **0** 且 S0.3 = **1**，从而状态 2 的 SCR 段停止工作，同时激活状态 3 的 SCR 段。

程序段 9 标记第 2 个顺控段结束。

由例 4-12 可知，SCR 指令能够对控制程序进行逻辑分段，实现控制程序依据逻辑条件进行状态转移，实现不同的系列操作。组织程序的逻辑段，如同组织机器的操作步骤，使得采用 SCR 指令编程，不仅编程思路清晰，而且易于他人阅读、理解。

*4.7 逻辑堆栈指令

只有在语句表编程器中有逻辑堆栈指令。对于初学者来说，采用梯形图编辑器编程，不需要掌握 CPU 内部的运算方法。但是要从初级编程进阶到中高级编程时，一般都必须使用语句表编程器编程，这时就必须掌握 CPU 内部完成梯形图中触点的串联、并联以及混联的逻辑运算方法。实际上，上述逻辑运算都是在逻辑堆栈中完成的。因此，只有掌握了逻辑堆栈指令才能使用语句表编程器编程。

4.7.1 与装载指令和或装载指令

1. 与装载指令 ALD

ALD 指令对堆栈中的第一层和第二层的值进行逻辑与操作，结果放入栈顶。执行完 ALD 指令后，堆栈深度减 1。栈与装载指令没有操作数。

ALD 指令的执行过程如图 4-19a 所示，图中 x 表示一个不确定的值（**0** 或 **1**）。

2. 或装载指令 OLD

OLD 指令对堆栈中的第一层和第二层的值进行逻辑或操作，结果放入栈顶。执行完 OLD 指令后，堆栈深度减 1。栈或装载指令没有操作数。

OLD 指令的执行过程如图 4-19b 所示。

4.7.2 逻辑进栈指令和逻辑出栈指令

1. 逻辑进栈指令 LPS

LPS 指令复制栈顶的值并将这个值推入栈。栈底的值被推出并丢失。LPS 指令没有操作数。

LPS 指令的执行过程如图 4-19c 所示。

2. 逻辑出栈指令 LPP

LPP 指令弹出栈顶的值，堆栈的第二个值成为新的栈顶值，执行完 LPP 指令后，堆栈深度减 1。LPP 指令没有操作数。

LPP 指令的执行过程如图 4-19d 所示。

4.7.3 逻辑读栈指令和装载堆栈指令

1. 逻辑读栈指令 LRD

LRD 指令复制堆栈中的第二个值到栈顶。堆栈没有推入栈或弹出栈操作，但旧的栈顶值被新的复制值取代。LRD 指令没有操作数。

LRD 指令的执行过程如图 4-19e 所示。

2. 装载堆栈指令 LDS

LDS 指令的使用格式为 LDS　n，表示复制堆栈中的第 n 个值到栈顶，堆栈中原来的数据顺次下沉一位，栈底丢失。指令的操作数取：n=1~31。

例如，LDS　3 指令的执行过程如图 4-19f 所示。

使用逻辑堆栈指令可以方便地实现非常复杂的逻辑运算关系。下面通过 4 个实例来说明

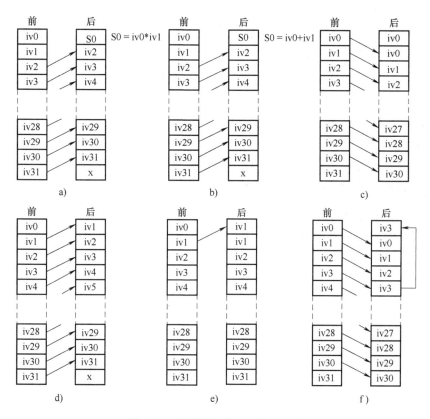

图 4-19　逻辑堆栈指令的执行过程

a) ALD 指令的执行过程　b) OLD 指令的执行过程　c) LPS 指令的执行过程
d) LPP 指令的执行过程　e) LRD 指令的执行过程　f) LDS 3 指令的执行过程

逻辑堆栈指令的使用方法。

例 4-13　触点串并联逻辑关系的编程实例如图 4-20a、b 所示,试分析该程序的运算过程。为了便于说明语句表中每一条指令执行后逻辑堆栈的变化情况,该语句表在指令前加了序号。

解: 触点串并联的程序结构亦可称为电路块的并联,在使用语句表编程器编程时,需要使用或装载指令 OLD 将触点串联的逻辑与运算结果再做逻辑或运算,具体分析如下[⊖]:

1) 执行"LD　I0.0"指令后,I0.0 的值进入堆栈的顶层(栈顶),堆栈原来第 32 层(栈底)数据 iv31 丢失。

2) 执行"A　I0.1"指令后,I0.1 与栈顶值做逻辑与运算 $(I0.0) \cdot (I0.1) = ①$,运算结果存放在栈顶。

3) 执行"LD　I0.2"指令后,I0.2 的值进入栈顶,中间运算结果 ① 值被压入堆栈的第 2 层,栈底数据 iv30 丢失。

4) 执行"AN　I0.3"指令后,将 I0.3 取非后与栈顶值做逻辑与运算 $(I0.2) \cdot (\overline{I0.3}) = ②$,

---

⊖　说明:逻辑代数中的逻辑变量本来只用一个大写字母表示,但这里的逻辑变量实际上是各个二进制位的地址,为了使逻辑表达式清楚,将这些位地址加了小括号,例如 (I0.0)。

运算结果存放在栈顶。

5）执行 OLD 指令后，堆栈的上两层值做逻辑或运算 ①+②=③，运算结果存放在栈顶，堆栈的深度减少1层，栈底为任意值 x。

6）执行"LDN I0.4"指令后，将 I0.4 取非的值$\overline{I0.4}$送入栈顶，中间运算结果③值被压入堆栈的第2层。

7）执行"A I0.5"指令后，I0.5 与栈顶值做逻辑与运算 $(\overline{I0.4}) \cdot (I0.5) = ④$，运算结果存放在栈顶。

8）执行 OLD 指令后，堆栈的上两层值做逻辑或运算 ③+④=⑤，运算结果存放在栈顶，堆栈的深度减少1层，栈底为任意值 x。

9）执行" = Q0.0"指令后，将栈顶的值 ⑤ 复制到 Q0.0（刷新 Q0.0）。

综上，在本段程序运算过程中，逻辑堆栈的变化如图 4-20c 所示，所实现的逻辑运算关系如下：$(((I0.0) \cdot (I0.1)) + ((I0.2) \cdot (\overline{I0.3}))) + ((\overline{I0.4}) \cdot (I0.5)) = Q0.0$。

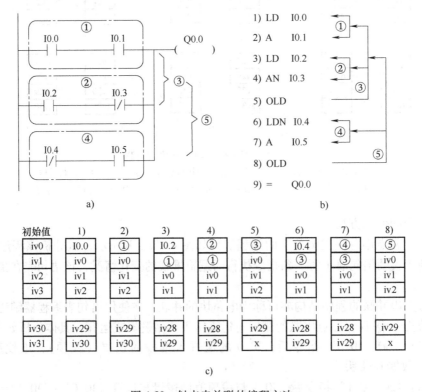

图 4-20 触点串并联的编程方法

a) 梯形图 b) 语句表 c) 逻辑堆栈的变化

例 4-14 触点并串联逻辑关系的编程实例如图 4-21a、b 所示，试分析该程序的运算过程。为了便于说明语句表中每一条指令执行后逻辑堆栈的变化情况，该语句表在指令前加了序号。

解： 触点并串联的程序结构亦可称为电路块的串联，在使用语句表编程器编程时，需要使用与装载指令 ALD 将触点并联的逻辑或运算结果再做逻辑与运算，具体分析如下：

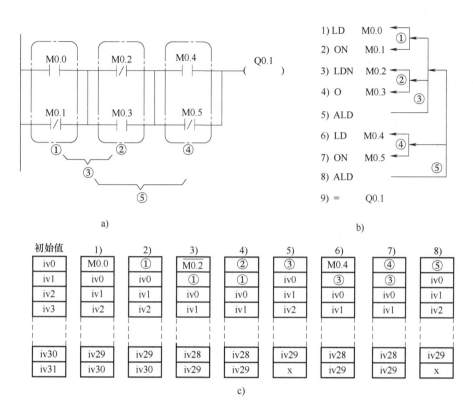

图 4-21　触点并串联的编程方法

a）梯形图　b）语句表　c）逻辑堆栈的变化

1）执行"LD　M0.0"指令后，M0.0 的值进入栈顶，栈底数据 iv31 丢失。

2）执行"ON　M0.1"指令后，将 M0.1 取非的值与栈顶值做逻辑或运算（M0.0）+（$\overline{M0.1}$）=①，运算结果存放在栈顶。

3）执行"LDN　M0.2"指令后，将 M0.2 取非的值 $\overline{M0.2}$ 送入栈顶，中间运算结果 ① 值被压入堆栈的第 2 层，栈底数据 iv30 丢失。

4）执行"O　M0.3"指令后，M0.3 与栈顶值做逻辑或运算（$\overline{M0.2}$）+（M0.3）=②，运算结果存放在栈顶。

5）执行 ALD 指令后，堆栈的上两层值做逻辑与运算 ①·②=③，结果存放在栈顶，堆栈的深度减少 1 层，栈底为任意值 x。

6）执行"LD　M0.4"指令后，M0.4 的值送入栈顶，中间运算结果 ③ 值被压入堆栈的第 2 层。

7）执行"ON　M0.5"指令后，将 M0.5 取非的值与栈顶值做逻辑或运算（M0.4）+（$\overline{M0.5}$）=④，运算结果存放在栈顶。

8）执行 ALD 指令后，堆栈的上两层值做逻辑与运算 ③·④=⑤，运算结果存放在栈顶，堆栈的深度减少 1 层，栈底为任意值 x。

9）执行"=　Q0.1"指令后，将栈顶的值 ⑤ 复制到 Q0.1（刷新 Q0.1）。

综上，在本段程序运算过程中，逻辑堆栈的变化如图 4-21c 所示，所实现的逻辑运算关系如下：$(((M0.0)+(\overline{M0.1}))\cdot((\overline{M0.2})+(M0.3)))\cdot((M0.4)+(\overline{M0.5}))=Q0.1$。

例 4-15 触点混联逻辑关系的编程实例如图 4-22a、b 所示，试分析该程序的运算过程。为了便于说明语句表中每一条指令执行后逻辑堆栈的变化情况，该语句表在指令前加了序号。

解： 触点混联的程序结构亦可称为电路块的混联，在使用语句表编程器编程时，需要同时使用 ALD 与 OLD 指令，具体分析如下：

1）执行"LD　V0.0"指令后，V0.0 的值进入栈顶，栈底数据 iv31 丢失。

2）执行"O　V0.1"指令后，V0.1 的值与栈顶值做逻辑或运算 $(V0.0)+(V0.1)=$ ①，运算结果存放在栈顶。

3）执行"LDN　V0.2"指令后，将 V0.2 取非后的值 $\overline{V0.2}$ 送入栈顶，中间运算结果 ① 值被压入堆栈的第 2 层，栈底数据 iv30 丢失。

4）执行"A　V0.3"指令后，V0.3 的值与栈顶值做逻辑与运算 $(\overline{V0.2})\cdot(V0.3)=$ ②，运算结果存放在栈顶。

5）执行"LD　V0.4"指令后，V0.4 的值进入栈顶，中间运算结果 ②、① 值被压入堆栈的第 2、3 层，栈底数据 iv29 丢失。

6）执行"AN　V0.5"指令后，将 V0.5 取非的值与栈顶值做逻辑与运算 $(V0.4)\cdot(\overline{V0.5})=$ ③ 运算结果存放在栈顶。

7）执行 OLD 指令后，堆栈的上两层值做逻辑或运算 ②+③=④，运算结果存放在栈顶，堆栈的深度减少 1 层，栈底为任意值 x。

8）执行"ON　V0.6"指令后，V0.6 取反的值与栈顶值做逻辑或运算 $④+\overline{V0.6}=$ ⑤，运算结果存放在栈顶。

9）执行 ALD 指令后，堆栈的上两层值做逻辑与运算 ①·⑤=⑥，运算结果存放在栈顶，堆栈的深度减少 1 层，栈底为任意值 x。

10）执行"LD　V0.7"指令后，V0.7 的值进入栈顶，中间运算结果 ⑥ 值被压入堆栈的第 2 层。

11）执行"A　V1.0"指令后，V1.0 的值与栈顶值做逻辑与运算 $(V0.7)\cdot(V1.0)=$ ⑦，运算结果存放在栈顶。

12）执行 OLD 指令后，堆栈的上两层值做逻辑或运算 ⑥+⑦=⑧，运算结果存放在栈顶，堆栈的深度减少 1 层，栈底为任意值 x。

13）执行"=　Q0.2"指令后，将栈顶的值 ⑧ 复制到 Q0.2（刷新 Q0.2）。

综上，在本段程序运算过程中，逻辑堆栈的变化如图 4-22c 所示，由于第 12 步运算⑧是综合运算，故在图 4-22a 中没有圈画出来。本例所实现的逻辑运算关系如下：

$[((V0.0)+(V0.1))\cdot(((\overline{V0.2})\cdot(V0.3)+(V0.4)\cdot(\overline{V0.5}))+\overline{V0.6})]+((V0.7)\cdot(V1.0))=Q0.2$。

例 4-16 触点并串联混合联接逻辑关系的编程实例如图 4-23a、b 所示，试分析该程序的运算过程。为了便于说明语句表中每一条指令执行后逻辑堆栈的变化情况，该语句表在指令前加了序号。

116

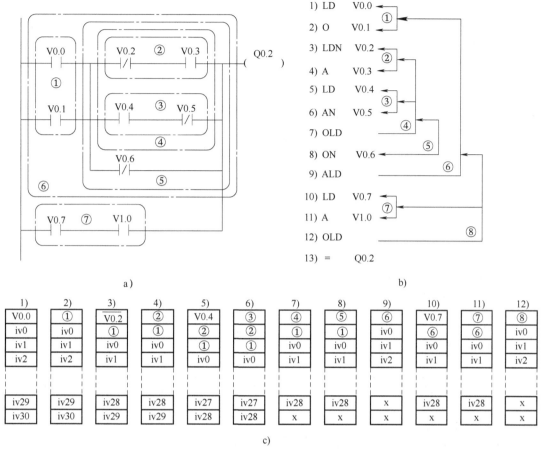

图 4-22　触点混联的编程实例（一）

a）梯形图　b）语句表　c）逻辑堆栈的变化

解： 在例 4-13~例 4-15 的程序中，都只有一个输出量，本例中触点的并串联关系比较简单，但产生了 3 个输出量。在使用语句表编程器编程时，需要使用更多的堆栈指令。具体分析如下：

1）执行 "LD　I1.5" 指令后，I1.5 的值进入栈顶，原来的栈顶值退到堆栈的第 2 层。

2）执行 LPS 指令后，栈顶的值 I1.5 被复制并推入堆栈，堆栈最上两层值均为 I1.5。

3）执行 "LD　I1.0" 指令后，I1.0 被推入堆栈，成为新的栈顶值。

4）执行 "O　M1.2" 指令后，M1.2 的值与栈顶 I1.0 的值做逻辑或运算（I1.0）+（M1.2）=①，结果存在栈顶。

5）执行 ALD 指令后，堆栈最上两层值做逻辑与运算 ①·（I1.5）=②，结果存在栈顶。

6）执行 "= Q1.0" 指令后，将栈顶的值②复制到输出位 Q1.0。

7）执行 LRD 指令后，将堆栈中的第 2 层数据复制到栈顶，堆栈最上两层值均为 I1.5。

8）执行 "LD　I1.1" 指令后，I1.1 被推入堆栈，成为新的栈顶。

9）执行 "O　V0.2" 指令后，V0.2 的值与栈顶 I1.1 的值做逻辑或运算（I1.1）+（V0.2）=③，结果存在栈顶。

10）执行 ALD 指令后，堆栈最上两层值做逻辑与运算 ③·（I1.5）=④，结果存在栈顶。

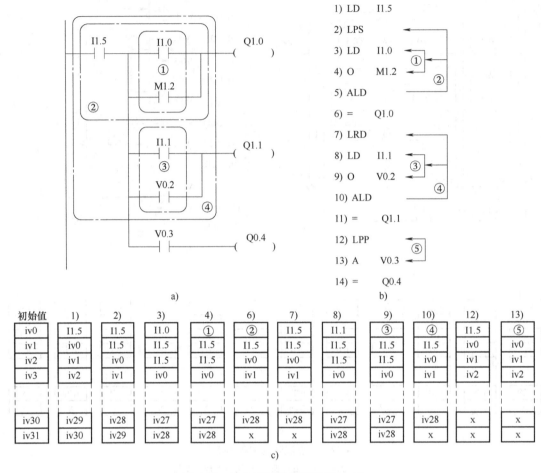

图 4-23 触点混联的编程实例（二）
a）梯形图 b）语句表 c）逻辑堆栈的变化

11）执行"= Q1.1"指令后，将栈顶的值④复制到输出位 Q1.1。

12）执行 LPP 指令后，将堆栈第 2 层 I1.5 的值弹出到栈顶。

13）执行"A V0.3"指令后，V0.3 的值与栈顶的值做逻辑与运算（I1.5）·（V0.3）=⑤，结果存在栈顶。

14）执行"= Q0.4"指令后，将栈顶的值⑤复制到输出位 Q0.4。

综上，在本段程序运算过程中，逻辑堆栈的变化如图 4-23c 所示，由于第 6、11、14 步是输出指令，仅复制栈顶的值，故在图 4-23c 中没有将这几步指令执行后的堆栈画出来。

本例实现了如下 3 个逻辑运算关系：

$((I1.0)+(M1.2))·I1.5=Q1.0$

$((I1.1)+(V0.2))·I1.5=Q1.1$

$(I1.5)·(V0.3)=Q0.4$

实际上，触点串并联的先后次序，代表了与、或、非逻辑运算的顺序。如果在不影响逻辑关系的前提下，调整梯形图中触点串并联的先后次序，对应的语句表能减少使用甚至不使用堆栈指令。这样做不仅能节省程序的长度，也节约了程序的运行时间。

4.7.4 AENO 指令（STL）

ENO 是 LAD 和 FBD 中指令盒的布尔量输出。如果指令盒的输入有能流，而且执行没有错误，ENO 输出就把能流传到下一个指令盒。ENO 可以作为允许位表示指令成功执行。

借助栈顶，ENO 位用来影响其后指令执行的能流。

STL 指令没有 EN 输入，对于要执行的指令栈顶必须是 1。STL 指令也没有 ENO 输出，但是对应带有 ENO 的 LAD 指令和 FBD 指令的 STL 指令置一个特殊的 ENO 位，该位用于 AENO（And ENO）指令访问。AENO 可以用来产生和指令盒的 ENO 位同样的效果。AENO 只能在 STL 中使用。

AENO 指令执行栈顶和 ENO 位的逻辑与，操作结果保存在栈顶。

AENO 指令没有操作数。

练 习 题

4-1　分析图 4-24a 所示继电器-接触器控制电路与图 4-24b 所示梯形图控制程序运行结果有何不同。提示：在图 4-24a 中，开关 S 闭合后，接触器的线圈 KM 和中间继电器的线圈 KA 能否通电？在图 4-24b 中，当常开触点 I0.0 闭合后，线圈 Q0.0 和 M0.0 能否接通？各接通多长时间？根据上述结论，总结 PLC 控制与由继电器-接触器组成的电器控制电路工作方式的差别，并进一步理解扫描工作方式的特点。

图 4-24　练习题 4-1 的继电器-接触器控制电路与梯形图控制程序

4-2　根据例 4-2 的分析结果，阐述输出指令与置位、复位指令的异同。

4-3　梯形图程序如图 4-25a 所示，设 Q0.0、Q0.1 的初始状态为 **0**。

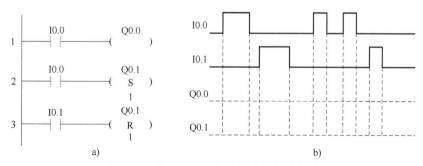

图 4-25　练习题 4-3 的梯形图程序时序图

1）若输入 I0.0 和 I0.1 的时序如图 4-25b 所示，试画出对应输出 Q0.0 和 Q0.1 的时序图；

2）写出与该梯形图对应的语句表程序。

4-4 简述定时器有哪些类型以及各自的特点；定时器的分辨率（时基）是什么意思？S7-200 PLC 的定时器有几种分辨率？对于有记忆接通延时定时器，即使其使能信号断开，累计的时间值将一直保持，怎样才能清除此类定时器的状态而再次使用？

4-5 简述计数器的种类及其各自的特点；举例说明计数器指令的应用场合；计数器可否用于时间计时？

4-6 移位指令与循环移位指令有何区别？移出位存放在何处？什么情况下会产生移位操作的结果为零？当移位操作的结果为零时要设置什么标志？

4-7 移位寄存器位指令与移位指令有何区别？移位寄存器位指令可否实现循环移位？

4-8 如图 4-26a 所示的梯形图程序，设 Q0.0 与 M0.0、M0.1 的初始状态均为 0，设输入 I0.0 和 I0.1 的时序如图 4-26b 所示。

1）画出对应 M0.0、M0.1 和 Q0.0 的时序图，并说明若 M0.0 和 M0.1 接通，每次接通多长时间；

2）写出与该梯形图对应的语句表程序。

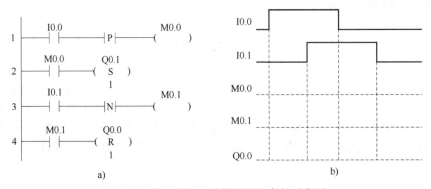

图 4-26 练习题 4-8 的梯形图程序与时序图

4-9 图 4-27 所示梯形图程序是用于控制楼梯灯点亮定时的程序。图 4-27 中，输入信号 I0.0 是由 PLC 外部的常开触点按钮 SB 控制的。

1）若长期没有输入信号（I0.0=0），解释每一个程序段的工作状态；

2）当按钮 I0.0 点动$^{\ominus}$一次后，解释每一段程序段的工作过程，说明灯点亮的时间；

3）如果两次点动按钮的时间间隔小于定时器的定时时间，解释每一个程序段的工作过程，说明灯应该点亮多长时间。

4-10 应用计数器的梯形图程序如图 4-28 所示，输入信号 I0.0 是由 PLC 外部的常开触点按钮 SB 控制的，设 Q0.0 的初始状态为 0。

1）如果长期没有输入信号，解释每一个程序段的工作状态；

2）如果点动一次按钮，解释每一个程序段的工作过程；

3）分析如果两次点动按钮（产生两个输入 I0.0 脉冲）的时间间隔小于多少时，输出 Q0.0 只能接收到一次信号。

4-11 应用定时器和比较指令的梯形图程序如图 4-29 所示，设 I0.0 是由 PLC 外部的乒乓开关控制的输入信号，输出 Q0.0 与外部 LED 指示灯连接。

1）试分析该程序的工作过程，说明程序运行时，LED 指示灯的状态是如何变化的；

2）画出 Q0.0 的时序图。

$\ominus$ 点动表示输入接通、I0.0=1 的时间非常短暂，即 I0.0 是占空比很小的脉冲输入。

图 4-27　练习题 4-9 的梯形图程序　　　　图 4-28　练习题 4-10 的梯形图程序

4-12　应用计数器实现计时功能的梯形图程序如图 4-30 所示。

1）分析该程序的工作过程，说明该程序能实现何种功能；

2）在此程序的基础上补充完善，设计能实现时、分、秒计时的时钟程序。

图 4-29　练习题 4-11 的梯形图程序　　　　图 4-30　练习题 4-12 的梯形图程序

4-13　应用计数器和定时器指令的梯形图程序如图 4-31a 所示，设输入信号 I0.0 由 PLC 外部的常开触点按钮 SB 控制产生（一般两次点动按钮的时间间隔为分钟数量级），C0、T37、Q0.0 的初始状态均为零态。

图 4-31　练习题 4-13 的梯形图程序与时序图

1）分析程序的工作过程，说明计数器与定时器各自的功能；

2）如果设 I0.0 的时序如图 4-31b 所示，试画出计数器 C0 的当前值与状态位、定时器 T37 的当前值与状态位以及输出 Q0.0 的时序图；

3）如果 Q0.0 与 LED 指示灯连接，将观察到什么现象，总结该程序所实现的逻辑功能；

4）若有实验条件，验证将程序段 2 中的触点 T37 换成 C0、同时去掉程序段 3，程序能否正常工作。

4-14 图 4-32 所示为甲乙两地控制同一盏楼梯灯的两种接线图。设甲、乙两地的开关分别为 A、B，当开关掷向上方时为逻辑 **1** 态，开关掷向下方时为逻辑 **0** 态。试设计实现该逻辑控制功能的 PLC 程序。提示：①设灯 F 亮为逻辑 **1** 态，列写出 3 个逻辑变量之间的逻辑关系式；②设开关 A 和 B 分别与输入 I0.0 和 I0.1 连接，输出信号 Q0.0 驱动灯。

图 4-32 两地控制楼梯灯接线图

4-15 图 4-33 所示为两个梯形图程序均是使用一个常开触点按钮 SB 控制两只 LED 彩灯的程序，当 PLC 通电工作时，间断地点动按钮，两盏灯将按一定的规律点亮和熄灭。图 4-33 中，I0.0 接收来自按钮的信号，Q0.0 与 Q0.1 产生驱动 LED 彩灯的输出信号。设各个存储器单元的初始状态均为 0 态。

图 4-33 练习题 4-15 的梯形图程序

1）通过分析这两个程序的工作过程，画出按钮点动 5 次时，I0.0、M0.0～M0.3、Q0.0、Q0.1 各位的时序图；

2）总结这两个程序逻辑功能的异同。

4-16 使用移位寄存器位指令实现 LED 彩灯顺序定时点亮控制的梯形图程序如图 4-34 所示。图 4-34 中，I0.0 外接乒乓开关。试分析该程序的工作过程，解答如下问题：

1）程序段 1 指令的功能是什么？

2）用时序图画出彩灯点亮的规律，并标注每只彩灯点亮的时间。

3）总结该程序可驱动几只彩灯？彩灯点亮一个周期的时间为多长？

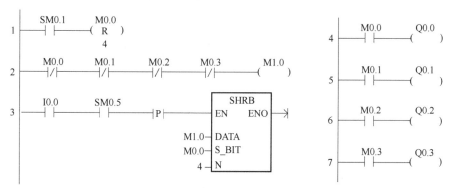

图 4-34 练习题 4-16 的梯形图

4-17 图 4-35 所示是控制 8 只彩灯按一定规律点亮的梯形图程序，设 I0.0 外接常开触点按钮，I1.0 与 I1.1 外接乒乓开关，Q0.0～Q0.7 外接彩灯 LED0～LED7。试分析该程序的工作过程：

1）当 I1.0=I1.1=**1** 时，简述彩灯的点亮规律；

2）当 I1.0=**1**、I1.1=**0** 时，简述彩灯的点亮规律；

3）若 $N=-8$，则在上述两种输入时，彩灯的点亮规律将怎样变化；

4）I0.0 在此程序中有何作用？

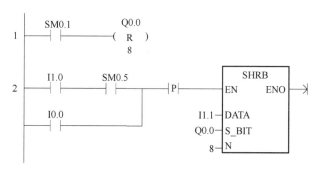

图 4-35 练习题 4-17 的梯形图程序

4-18 梯形图程序如图 4-36 所示，设 VB15 中存放的是代表时间分的 BCD 码 **00110101**（35 分）。

1）解释每一条指令所执行的操作；

2）当程序运行后，AC0、VB25 中存放的数是什么？该程序实现了什么功能？

4-19 逻辑堆栈指令有哪些？分别用于什么场合？梯形图中有无逻辑堆栈指令？为什么？

4-20 试用逻辑堆栈指令列写出图 4-37 所示 6 个梯形图的语句表程序；并总结在不改变逻辑关系的前提下，触点怎样排列，使用的堆栈指令最少。

图 4-36　练习题 4-18 的梯形图程序

图 4-37　练习题 4-20 的梯形图程序

第5章 可编程序控制器程序设计基础

可编程序控制器（PLC）应用程序的设计方法有很多。作为入门级的教材，本章只介绍主要的设计方法。可编程序控制器程序所使用的编程语言主要有梯形图、语句表和功能块图。由于梯形图对传统继电器控制电路图的图形符号和结构的继承性，加之图形语言的直观性，使其成为入门学习的首选语言。因此，本章的程序实例只给出梯形图程序。

5.1 梯形图程序的基础知识

5.1.1 梯形图编程的基本规则

梯形图是基于继电器控制电路的图形符号和结构发展而成的一种图形语言程序。虽然它们在结构形式和逻辑控制功能等方面相似，但又有许多不同之处，梯形图具有自己的编程规则。

1. 程序段和能量流

在梯形图中，程序是由若干程序段组成的，一个程序段构成一个梯级。一个程序段是触点、线圈和功能框的有序排列，这些元件连接在一起组成一个左母线和右母线之间的完整电路（右母线可以省略不画）。

在梯形图中，有一个提供能量的左母线。触点闭合可以使能量流通过该元器件，到达下一个元器件，而触点断开将阻止能量流通过。任何可以连接到左母线或触点的梯形图元件都有输入/输出能量流（可以简称为能流）。一个程序段是不存在短路、开路和反向能流的。

每一个程序段总是起于左母线，然后是触点的连接，最后终止于线圈或指令盒。在左母线与线圈或指令盒之间一定要有触点，只有极少数的指令可以直接与左母线相连（如 LSCR 指令）。

2. 语法与程序优化

在设计梯形图时，应遵循如下语法规则：

1）梯形图中的触点可以任意串联或并联，但输出线圈只能并联而不能串联，这一点与继电器控制电路相同。在继电器控制电路中，需要同时通电的继电器线圈只能并联不能串联，串联会因为线圈的工作电压不够而不能工作。

2）同一触点的使用次数不受限制。因为触点指令实质上是读取二进制存储单元中的一位二进制数，这种读取次数是不受限制的。

3）触点只能画在水平方向的支路上，而不能画在纵向支路上，如图 5-1a 所示。利用能流这一概念，能帮助人们理解这个问题。因为在图 5-1a 中，可能有两个相反方向的能流通过触点 I0.2：一条路径为左母线→I0.0→I0.2→I0.4→Q0.0，另一条路径为左母线→I0.3→I0.2→I0.1→Q0.0。这不符合能流只能从左向右流动的原则，因此，应将图 5-1a 改为如图 5-1b 所示的梯形图。

这种在纵向支路画触点的做法源于继电器控制电路的设计思维。因为继电器的触点数量

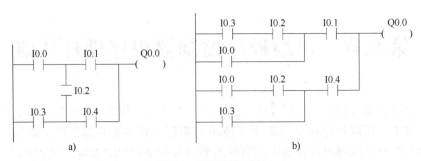

图 5-1　梯形图的画法

a）错误的画法　b）正确的画法

很少，在设计控制电路时，本着节约触点的原则，常将触点用在纵向公共支路上。而在梯形图中，同一触点可以无限次使用。事实上，在编程界面上，软件设置就限制了不可能在纵向支路上画出触点。

4）除了触点指令等少数指令，一般用指令盒形式的指令都不能与左母线直接连接。

设计梯形图程序时，除了要遵守上述语法规则，合理安排串、并联触点的位置，可以减少使用逻辑堆栈指令的条数，缩短程序的长度及执行的时间。具体技巧有以下两条：

1）触点串并联结构：当触点串联的支路相并联时，应将串联触点多的支路放在上方，如图 5-2a、b 所示。其中图 5-2b 是图 5-2a 的优化程序。

2）触点并串联结构：当触点并联的支路相串联时，应将并联触点多的块放在左方，如图 5-2c、d 所示。其中图 5-2d 是图 5-2c 的优化程序。

虽然触点在水平方向的混合连接均不会出现语法错误，但按照图 5-2b、d 这样编制程序不仅简洁明了，而且指令语句较少（主要节省了堆栈指令的条数），使程序执行时间短。

图 5-2　梯形图的优化

3. 双线圈输出

一般情况下，在梯形图中同一线圈只能出现一次。如果在程序中，同一线圈使用了两次或多次，称为双线圈输出。对于双线圈输出，有些 PLC 将其视为语法错误，绝对不允许；有些 PLC 则将前面的输出视为无效，只有最后一次输出有效；而有些 PLC 在含有跳转指令或步进指令的梯形图中允许双线圈输出。

双线圈输出的实例之一，如图 5-3 所示。该程序编译能通过，提示无语法错误。但是该程序的执行结果，可能并不是编程者所期望的结果。例如，当 I0.0 = **1**，I0.1 = **0**，则程序运行后的状态为 Q0.0 = **0**，Q0.1 = **1**。

双线圈输出的实例之二，如图 5-4 所示。该程序编译能通过，提示无语法错误。程序本身的逻辑关系是：在 I0.0 和 I0.1 同时接通时，则 Q0.2 接通；或者 I0.2（或 I0.3）和 I0.4 同时接通时，Q0.2 也接通。但是，该程序的执行结果，程序段 1 和程序段 2 之间并不能实现或逻辑运算关系，该程序运行后的状态总是由程序段 2 来决定的。

图 5-3 双线圈输出实例（一）　　图 5-4 双线圈输出实例（二）

由于双线圈输出而导致的逻辑关系错误，必须给予修正。只要能弄清楚原程序所要实现的逻辑关系，即可采用多种方法来修改。图 5-5a 是图 5-4 程序中双线圈输出的解决方案之一。图 5-5b 是图 5-4 程序中双线圈输出的解决方案之二，该方案采用位存储器作为中间继电器，产生两个中间运算结果 M0.0 和 M0.1，最后实现或逻辑运算。

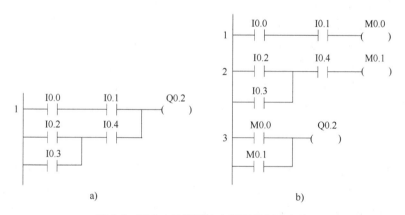

图 5-5　图 5-4 双线圈输出程序的解决方案
a）解决方案之一　b）解决方案之二

4. 输入信号的选用

在继电器控制电路中，起动按钮一般使用常开触点，停止按钮使用常闭触点。而在 PLC 控制系统中，外部的起动和停止按钮都可以使用常开触点或常闭触点。这是因为，无论外部的触点是常开触点还是常闭触点，输入信号均是以 **0** 或 **1** 两个二进制信息存储的，而触点指令可以取输入信号的原码（常开触点指令）来运算，也可以取输入信号的反码（常闭触点指令）来运算。

设计梯形图时，要处理好内部常开、常闭触点与外部常开、常闭触点的关系。对于初学者，外部的输入触点可以一律采用常开触点来进行设计，这样便于程序的阅读理解，也使程序的编制不易出错。如果真实的输入信号只能来自常闭触点，也可以先按常开触点来设计，程序编制完成后，再将梯形图中对应的触点取反，即将常开触点改成常闭触点，而常闭触点改成常开触点。

5.1.2　STEP 7-Micro/WIN SMART 编程规约

1. 图形

STEP 7-Micro/WIN SMART 指令的图形中，有些指令的梯形图和功能块图的图形是一样的。通过触点和功能块元件的逻辑 1 称为能流，可以将其理解为流过触点和功能块的控制流或电流。

除具有能流，许多指令还具有一个或多个操作数。输入和输出操作数允许的参数在第 4章介绍具体指令时已经给出。

STEP 7-Micro/WIN SMART 可以在程序中添加英文或中文注释。注释包括对程序总的注释和对程序段分别进行注释两种形式。显然，对于建立了注释的程序，既方便了编程者自己阅读修改程序，也方便了他人阅读理解程序。

在开启一个新的项目时，编程界面上提供了 3 个编程窗口，即主程序、子程序和中断程序的编辑窗口，可以通过编程界面左上方的标签进行切换。主程序是最基本的，子程序和中断程序是可选部分。还可以增加子程序和中断程序。

2. 允许输入/允许输出（EN/ENO）

EN 称为允许输入（或使能输入），是 LAD 和 FBD 中功能框（指令盒）的布尔输入量。对于要执行的功能框，这个输入必须存在能流，即其前面的触点必须是接通的。在 STL 中，指令没有 EN，但是对于要执行的语句，栈顶的值必须是 1。

ENO 称为允许输出（或使能输出），是 LAD 和 FBD 中功能框的布尔输出量。如果功能框的 EN 输入存在能流，且功能框准确无误地执行了其功能，那么 ENO 将把能流传到下一个单元。如果在执行过程中出现了错误，那么能流就在出现错误的功能框处终止（即 ENO =0）。

具有 ENO 的指令后面可以级联其他指令盒，如数学运算指令、传送指令等；而没有 ENO 的指令后面就不能级联其他指令盒了，如定时器、计数器、顺序控制继电器指令等。

在 STL 中，指令没有 ENO，但是为与带有 ENO 的 LAD、FBD 指令相对应的 STL 指令设置了一个特殊的 ENO 位。这个位可以使用 STL 指令 AENO 访问，用以产生与功能框的 ENO位相同的效果。

5.1.3　符号变量及符号表

对于逻辑变量多、程序比较复杂的情况，编程者在分析、编辑和调试程序时，常常纠缠于查对某个变量的物理意义。为了提高编程效率，S7-200 SMART 的编程软件 STEP 7-Micro/WIN SMART 允许为每个变量取一个唯一的符号名称，亦可为常数指定符号名称。这些符号变量的地址需要在符号表中设定。符号变量取名必须符合的语法规则如下：

1）最多由 23 个字符组成，可以包括汉字、数字、大小写字母等。

2）不能用数字开头。

3）不能使用编程软件中的关键字。

4）不同符号名不能有相同地址，即符号名与地址之间必须是一一对应的。

下面举例说明符号变量的使用方法。在梯形图编辑器窗口输入如图 5-6a 所示的程序，该程序采用符号来表示输入和输出变量，但这些符号的下面都有绿色的波浪线，说明是还没有定义的符号变量。单击导航栏中的第一个按钮，将调出符号表编辑小窗口。双击各个表格，在其中逐一输入变量的符号名，并分配地址。如图 5-6b 所示，在符号名和地址下都出现了红色或绿色的波浪线，说明出现了错误。常见的错误如下：

1）符号名下面出现了红色波浪线，说明符号名有重复使用。如第一行和第四行的符号名重复。

图 5-6　符号变量及符号表

a）未定义的符号　b）符号的地址重叠　c）系统自动生成的 I/O 符号表
d）已正确定义符号的地址　e）同时显示符号和地址　f）只显示绝对地址

2）符号名下面出现了绿色波浪线，说明该符号没有合法的数据地址相对应。如第二行和第三行的符号名。

3）地址下面出现了红色波浪线，说明地址重复。如图 5-6c 所示，查询系统自动生成的 I/O 符号表可知，I0.0、I0.1 和 Q0.0 等是系统默认的符号名的地址，该地址不能再命名为其他符号名。当然，系统的 I/O 符号表中的符号也是可以修改的。还可以通过主菜单"工具/选项/项目"命令，取消"将系统符号添加到项目中"和"向新项目添加 I/O 映射表"。

4）地址为红色且下面出现了红色波浪线，说明该地址的语法错误。

5）图标 分别表示符号名重叠使用，以及该符号在项目中没有使用。如图 5-6d 所示，第四行符号"LED"就是程序中没有用到的符号。

当正确定义符号名及其地址后，提示错误的波浪线以及程序中的符号变量下的绿色波浪线就消失了，如图 5-6d 所示。此时，在主菜单"视图/符号"中可以选择 3 种方式"仅绝对""仅符号"和"符号：绝对"之一来显示程序中的变量。如图 5-6d 所示是用"仅符号"地址的显示方式，如图 5-6e 所示是用"符号：绝对"（符号地址+绝对地址）的显示方式，图 5-6f 所示是用"仅绝对"地址的显示方式。

5.1.4　输出点的终值设定

当 CPU 由运行状态转为停止状态时，必须明确各个数字量输出点应该具有的状态，这对实际控制系统的安全工作至关重要。为此，S7-200 SMART CPU 选择如下两种方式设定输出点的终值：

1）预置数字量输出点在 CPU 转变为 STOP 方式时所需要保持的值。

2）设置数字量输出点在 CPU 转变为 STOP 方式时保持为运行状态转换前瞬间的值。

在编程软件 STEP 7-Micro/WIN SMART 的编程窗口，双击左侧项目树中的"系统块"，调出系统块的浮动窗口；在其左侧的小窗口中选择"数字量输出"，系统块的状态如图 5-7 所示。勾选"将输出冻结在最后一个状态"，则所有数字量输出点保持停止前的状态；不勾选"将输出冻结在最后一个状态"，则可在窗口中给出的小方格中逐一勾选那些需要 CPU 转变为 STOP 方式时保持 1 态（接通状态）的输出位。图 5-7 中，已经勾选了 Q0.0、Q0.2、Q0.4 和 Q1.1 这些输出位。

注意，CPU 的默认值是各个输出点为 0 态（断开状态）；选择上方不同的 CPU 模块，就会给出不同的数字量输出点数。

图 5-7　输出数字量的终值设置

5.2 典型控制功能的梯形图

复杂的 PLC 应用程序往往是一些典型的控制环节的组合，熟练掌握这些典型控制环节的程序，可以大大节省应用程序的设计时间。本节主要介绍一些常见的具有典型控制功能的梯形图程序。

5.2.1 具有自锁和互锁功能的程序

1. 具有自锁功能的程序

控制系统的起动信号和停止信号一般都使用没有自锁能力的常开触点按钮来产生，点动按钮时，按钮短暂闭合后即刻断开。为了在接收到起动信号后，输出能保持接通（不会因为输入信号的断开而断开），一般在程序中要设置自锁环节。利用输出线圈自身的常开触点使线圈持续保持接通（ON）状态的功能称为自锁。如图 5-8 所示的梯形图就是具有自锁功能的控制程序。图 5-8 中，I0.0 是由 PLC 外部常开触点按钮产生的起动信号，I0.1 是由 PLC 外部常开触点按钮产生的停止信号[⊖]。

在 t_1 时刻，I0.0 = **1**，I0.1 = **0**，常开触点 I0.0 和常闭触点 I0.1 均闭合，使 Q0.0 接通，Q0.0 = **1**，常开触点 Q0.0 闭合而自锁，因此，当 I0.0 = **0** 时，Q0.0 仍然接通；在 t_2 时刻，I0.0 = I0.1 = **1**，常开触点 I0.0 闭合而常闭触点 I0.1 断开，对于图 5-8a，Q0.0 因为 I0.1 的断开而立即断开，故称为停止优先的控制程序；对于图 5-8b，Q0.0 不会因为 I0.1 的断开而断开，故称为起动优先的控制程序。

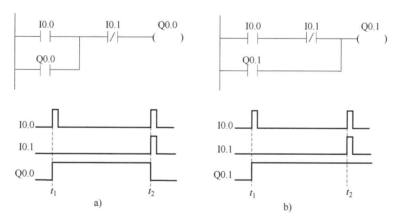

图 5-8 具有自锁功能的梯形图和时序图
a）停止优先 b）起动优先

上述程序也可以用如图 5-9 所示的置位 SET 指令和复位 RST 指令来实现。如果起动信号 I0.0 与停止信号 I0.1 分别有效，分别执行置位指令或执行复位指令，使输出接通或断开，并且由于这两条指令具有记忆功能，输出的状态将会自动保持。如果两个输入信号同时有

⊖ 本书的程序除非特别说明，约定起动信号和停止信号，均是由 PLC 外部的常开触点按钮产生。对此条件，在本节以后的程序中不再赘述。

效，图 5-9a 与 b 的运行结果就不相同了。

图 5-9　起动和停止控制程序
a）停止优先　b）起动优先

对于图 5-9a，如果 I0.0 与 I0.1 同时为 **1**，在程序段 1 中，常开触点 I0.0 闭合、常闭触点 I0.1 断开，不执行置位指令；在程序段 2 中，常开触点 I0.1 闭合，执行复位指令，使 Q0.0＝**0**。因此，图 5-9a 所示的程序具有停止信号优先的功能。

对于图 5-9b，如果 I0.0 与 I0.1 同时为 **1**，在程序段 1 中，常开触点 I0.0 闭合，执行置位指令，使 Q0.0＝**1**；在程序段 2 中，常开触点 I0.1 闭合、常闭触点 I0.0 断开，不执行复位指令。因此，图 5-9b 所示的程序具有起动信号优先的功能。

在实际应用中，起动信号和停止信号可能是由多个信号的触点串、并联后组成的综合信号。

2. 具有互锁功能的程序

利用常闭触点来保证多个线圈不会同时接通的功能称为互锁。如图 5-10 所示的梯形图就是具有互锁功能的控制程序。图 5-10 中，当程序段 1 中的线圈 M0.0 接通时，M0.0＝**1**，在程序段 2 中的常闭触点 M0.0 断开，使线圈 M0.1 不能被接通；反之，若程序段 2 中的线圈 M0.1 先接通，M0.1＝**1**，则在程序段 1 中的常闭触点 M0.1 断开，使线圈 M0.0 不能被接通。如果起动信号 I0.0 和 I0.2 同时接通，由于常闭触点 I0.2 和 I0.0 的作用，两个程序段中的线圈均不可能接通。

图 5-10　具有互锁功能的梯形图

在继电器控制电路中，与常闭触点 M0.1 和 M0.0 对应的功能称为电气互锁，与常闭触点 I0.2 和 I0.0 对应的功能称为机械互锁。

5.2.2　定时器应用程序

1. 占空比可调的脉冲信号发生器程序

如图 5-11a 所示，为占空比可调的脉冲信号发生器的程序。该程序采用两个定时器产生周期为 1.5s 的连续脉冲信号，脉冲的占空比 δ 为 1/3（δ＝接通时间/脉冲周期），如图 5-11b 所示。接通时间为 0.5s（10ms×50＝0.5s），由定时器 T34 设定，断开时间为 1s（10ms× 100＝1s），由定时器 T33 设定，用 Q1.0 作为连续脉冲输出端。改变任意一个定时器的预设值，将改变脉冲的周期和占空比。该程序也可以用于灯光的闪烁控制。

图 5-11a 所示梯形图的工作原理如下：当 I1.0＝**1** 时，接通延时定时器 T33 开始计时；计时到 1s 时，常开触点 T33 闭合，使接通延时定时器 T34 开始计时，同时输出 Q1.0 接通；计时到 0.5s 时，常闭触点 T34 断开，使 T33 复位，常开触点 T33 断开，又使 T34 和 Q1.0 复位；下一个扫描周期开始时，T33 重新开始计时。

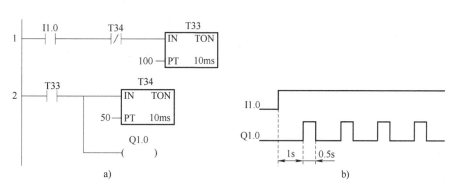

图 5-11　脉冲信号发生器程序

a）梯形图　b）时序图

2. 顺序脉冲发生器程序

图 5-12a 所示为用 3 个定时器产生顺序脉冲发生器的梯形图程序。从 Q0.0、Q0.1 和 Q0.2 输出的顺序脉冲信号如图 5-12b 所示。调节定时器 T33、T34 和 T35 的预设值，就可以改变各个输出脉冲的宽度。在本例中，3 个定时器具有相同的预设值 100，定时时间均为 10ms×100＝1s。

图 5-12a 所示梯形图的工作原理如下：当输入信号 I1.1 接通时，T33 开始计时，同时 Q0.0 接通；当 T33 计时到 1s 时，常闭触点 T33 断开，Q0.0 断电，常开触点 T33 闭合，使 T34 开始计时、Q0.1 接通；当 T34 计时到 1s 时，常闭触点 T34 断开，Q0.1 断电，常开触点 T34 闭合，使 T35 开始计时、Q0.2 接通；当 T35 计时到 1s 时，常闭触点 T35 断开，Q0.2 断电，同时使 T33 复位；常开触点 T33 断开，使 T34 复位；常开触点 T34 断开，使 T35 复位。在下一个扫描周期，如果输入信号 I1.1 继续保持接通，则重复上述过程。当输入信号 I1.1 断开时，所有的定时器同时复位，输出全部断电。

3. 长延时程序

一般 PLC 的定时器的定时时间都比较短，例如 S7-200 PLC 的定时器最长定时时间为 3276.7s。当需要较长时间的定时时，可以使用多个定时器的组合定时来实现，或采用定时器与计数器的结合来实现。

如图 5-13a 所示，是采用两个分辨率为 100ms 的定时器 T37 和 T38 实现 60min 长定时功能的梯形图。图 5-13a 中，I0.0 和 I0.1 是由外部常开触点按钮控制的定时起动信号和停止信号。点动起动按钮，程序段 1 中 I0.0 短时接通，M0.0 被置 **1** 并自锁；程序段 2 中，因常

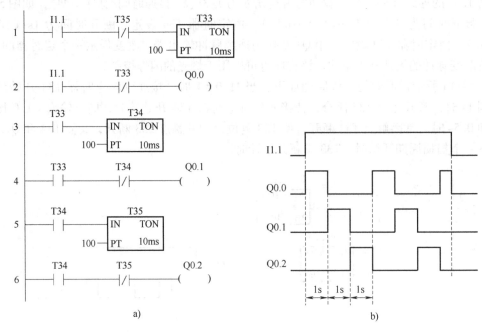

图 5-12　顺序脉冲信号发生器程序

a）梯形图　b）时序图

开触点 M0.0 接通，T37 开始计时，定时时间为 1500s；当 T37 定时时间到，程序段 3 中常开触点 T37 闭合，使 T38 开始计时，定时时间为 2100s；当 T38 定时时间到，程序段 4 中常开触点 T38 闭合，输出 Q0.0 接通，完成一次起动延时控制。

综上，从输入信号 I0.0 接通，到 Q0.0 接通，共延时了 3600s（1500s＋2100s＝3600s），工作时序如图 5-13b 所示。

图 5-13　60min 长定时程序

a）梯形图　b）时序图

若要再次定时，必须先使定时器复位。具体操作如下：点动停止按钮，I0.1 断开，使 M0.0 置 0、自锁解除；常开触点 M0.0 断开，使 T37 复位；常开触点 T37 断开，使 T38 复位。

本程序中，当一个定时器定时时间到再启动下一个定时器开始定时，定时器之间的关系相当于"串联"。当多个定时器串联使用时，总的定时时间为各定时器的定时时间之和。

4. 用接通延时定时器实现断开延时功能的程序

S7-200 PLC 的定时器既有接通延时定时器又有断开延时定时器，但有些厂商的 PLC 只有接通延时定时器，当需要断开延时功能时，就必须使用接通延时定时器来转换。如图 5-14a 所示的梯形图，即用接通延时定时器实现断开延时功能的程序，它的工作过程如图 5-14b 的时序图所示。图 5-14a 中，I0.0 是由 PLC 外部的常开触点开关控制的输入信号，若开关长期处于断开状态，则 I0.0=**0**，M0.0=**0**，Q0.3=**0**，T33=**0**。若开关通断一次，程序的工作过程如下所述：

设开关在 t_1 时刻闭合，程序段 1 中常开触点 I0.0 闭合（I0.0=**1**），线圈 M0.0 接通（M0.0=**1**）并自锁，而常闭触点 I0.0 断开，定时器 T33 不能计时；程序段 2 中常开触点 M0.0 闭合，输出 Q0.3 立即接通（Q0.3=**1**）。因此，输入接通时，输出没有延时地接通了。

设开关在 t_2 时刻断开，程序段 1 中常开触点 I0.0 断开（I0.0=**0**），M0.0 因自锁而保持接通，故常闭触点 I0.0 闭合就使 T33 开始计时；程序段 2 中常开触点 M0.0 保持闭合，输出 Q0.3 保持接通。

在 t_3 时刻，T33 达到预设值 5s 时，T33=**1**，程序段 1 中常闭触点 T33 断开，使线圈 M0.0 断电（M0.0=**0**），自锁解除，同时 T33 被复位（T33=**0**）；程序段 2 中因常开触点 M0.0 断开，输出 Q0.3 断电（Q0.3=**0**）。显然，当输入 I0.0 在 t_2 时刻断开时，输出 Q0.3 延时了 5s、在 t_3 时刻才断开，实现了断开延时的功能。

图 5-14　用接通延时定时器实现断开延时功能的程序
a）梯形图　b）时序图

5. 单脉冲发生器程序

单脉冲发生器的功能是每给定一个任意宽度的输入脉冲信号，输出就产生一个宽度一定的脉冲信号。单脉冲发生器的梯形图程序如图 5-15a 所示，其工作过程如图 5-15b 的时序图所示。图 5-15a 中，设 I0.5 是由 PLC 外部的常开触点按钮产生的输入信号，每一次点动按钮，按钮闭合的时间都不可能相同，并且还可能因为抖动导致 I0.5 多次通断。但无论按钮接通时间的长短或者是否有抖动，从输出端 Q1.0 都会得到一个宽度相同的脉冲，具体分析如下：

设在 t_1 时刻，输入了一个窄脉冲信号 I0.5，在程序段 1 中，M0.1 立刻接通并自锁（M0.1=**1**）；在程序段 2 中，因常开触点 M0.1 接通，使定时器 T35 开始计时，同时 Q1.0 接通（Q1.0=**1**）。虽然 t_1 时刻稍后，输入 I0.5 断开了，但由于程序段 1 中的常开触点 M0.1 的自锁作用，维持了 M0.1 保持接通，使得程序段 2 中 T35 能继续计时。

图 5-15 单脉冲发生器程序

a）梯形图 b）时序图

在 t_2 时刻，T35 计时达到 3s 的预设值（T35=**1**），程序段 2 中的常闭触点 T35 断开，使输出 Q1.0 断电（Q1.0=**0**）；在下一个扫描周期，程序段 1 中的常闭触点 T35 断开，自锁解除，使 M0.1 断开（M0.1=**0**），程序段 2 中，T33 复位。

设在 t_3 时刻，输入了一个宽度大于 3s 的脉冲信号，由于程序段 2 中的常闭触点 T35 的作用，输出脉冲的宽度仍然为 3s；该宽脉冲使 M0.1 在 t_4 时不能断开，而是延续到 I0.5 断开时才断开。因此，Q1.0 输出脉冲的宽度取决于 T35 的预设值，而与输入脉冲的宽度无关。

5.2.3 计数器应用程序

1. 计数器与定时器组合的定时程序

利用计数器与定时器的组合可以扩大定时时间的范围。如图 5-16 所示，设输入 I0.0 和 I0.1 是由按钮产生的信号，其中 I0.0 是起动信号，I0.1 是停止信号。该程序的功能是当输入 I0.0 接通时，输出 Q0.0 立即被接通；如果没有停止信号 I0.1，则延时 80s 后 Q0.0 自动断电。

对于程序段 1，如果输入 I0.0=**1**，I0.1=**0**，计数器 C20 计数未到，C20=**0**，则常开触点 I0.0 闭合，常闭触点 I0.1 和 C20 均闭合，输出 Q0.0 接通，Q0.0=**1**，常开触点 Q0.0 闭合自锁。

对于程序段 2，由于常开触点 Q0.0 和常闭触点 M0.0 均为闭合状态，定时器 T37 开始计时。

对于程序段 3，当定时器 T37 定时到 10s 时，常开触点 T37 接通，计数器 C20 加 1（当前值为 1）。

对于程序段 4，当定时器 T37 定时到 10s 时，常开触点 T37 接通，M0.0=**1**。

M0.0=**1** 这个信号在下一个扫描周期使程序段 2 中的定时器 T37 复位。受其影响，程序段 3 中的常开触点 T37 断开，为 C20 再一次累加 1 做好准备。程序段 4 中的常开触点 T37 断开，使 M0.0＝**0**。

M0.0＝**0** 这个信号在下一个扫描周期使程序段 2 中的定时器 T37 第二次启动 10s 定时。定时时间到，再次接通程序段 3 中的常开触点 T37，使计数器 C20 再加 1（当前值为 2）。此后，T37 再次被 M0.0 复位后，程序重新开始新一轮的定时和计数。这样的定时和计数过程总共要进行 8 次。

当 C20 的当前值累积到 8 时，程序段 1 中常闭触点 C20 断开，使输出 Q0.0 断开，即 Q0.0＝**0**，常开触点 Q0.0 断开，解除自锁；程序段 2 中的常开触点 Q0.0 断开，T37 复位；程序段 3 中的常开触点 C20 闭合，使 C20 自身复位（当前值被清零，状态位被复位）；程序段 4 中的 M0.0 置 0。

当程序未达到 8 次定时和计数时，如果产生了停止信号 I0.1，即 I0.1＝**1**，则常闭触点 I0.1 断开，输出 Q0.0 被断开，整个程序的运行终止。

在该程序中，计数器的作用是累积定时器定时 10s 的次数。给定时器和计数器设置不同的预设值 PT 和预值数 PV，就能组合出任意的定时时间。本例的定时时间为 100ms×100×8＝80s。

2. 计数器组合扩大计数范围的程序

一个计数器的计数范围总是有限的，例如 S7-200 SMART 的计数器的最大计数值为 32767。如果需要更大的计数范围，可以通过多个计数器组合计数的方法来实现。

如图 5-17 所示为使用两个计数器 C0 和 C1 组合计数的程序。SM0.1 是 CPU 的初始脉冲，用于对 C0 和 C1 复位。该程序对输入信号 I0.0 的接通次数进行计数，I0.0 每次由 0 变为 1（正跳变沿）时，C0 累加 1，当 C0 累加到 1000 时，程序段 3 中的常开触点 C0 闭合，C1 累加 1，同时程序段 2 中的常开触点 C0 闭合，使 C0 复位，重新从零开始对 I0.0 的正跳变沿进行计数；当 C1 累加到 100 时，程序段 4 中的常开触点 C1 闭合，使输出 Q0.1 接通，同时程序段 3 中的常开触点 C1 闭合，使 C1 复位。本程序总的计数值为 1000×100 次＝10 万次。

图 5-16　计数器与定时器组合的定时程序　图 5-17　计数器组合应用的程序

本程序中，当一个计数器累积的脉冲个数达到预设值时再触发下一个计数器累加 1，计数器之间的关系也相当于"串联"。当多个计数器串联使用时，总的计数值为各个计数器计数值之乘积。

5.2.4 微分指令应用程序

1. 系统时钟的读取与设置

S7-200 SMART 中，标准型可扩展 CPU（SR20/30/40/60、ST20/30/40/60）内部均自带实时时钟，可以通过指令将其读取出来作为控制系统中的时钟使用，如果时间不准确，亦可通过指令修改时钟值。如图 5-18a 所示的程序，就是使用时钟指令来读取与设置 CPU 时钟的。该程序巧妙地使用了微分指令，使程序的执行合理而高效。

在程序段 1 中，READ_RTC 是读实时时钟指令，在使能输入端 EN 接通的每个扫描周期，读取 CPU 的当前日期和时间（BCD 码），将其装入一个起始地址为 T（VB20）的 8B 的时钟缓冲区中（其中第 7 个字节系统设为保留字节）。这里使用了特殊存储器的标志位 SM0.5 与微分指令 EU 配合产生读时钟的使能信号 EN。因为在 CPU 运行时，SM0.5 产生秒脉冲（0.5s 为 1，0.5s 为 0），因此，每秒 EU 指令检测到一个上升沿，即使能信号 EN 每秒只接通一次，故 READ_RTC 指令每秒读一次系统时钟，读出的时间值存放在 VB20 ~ VB27 中（VB26 无效，其值始终为全 0），如图 5-18b 所示。这组数据表示系统时钟为 14 年 09 月 26 日 08 点 57 分 36 秒星期四（每一周从星期天开始算起）。

图 5-18　读写时钟指令的应用

a）梯形图　b）时间值举例

该程序段中的微分指令提高了程序的执行效率，因为系统时钟的最小单位为秒，如果不使用微分指令，则在 SM0.5 接通的 0.5s 内的每个扫描周期，读实时时钟指令 READ_RTC 都要读一次系统时钟，这不仅毫无意义，而且延长了程序的执行时间。

在程序段 2 中，SET_RTC 是设定实时时钟指令，在使能输入端 EN 接通的每个扫描周期，把以 T（VB30）开始的 8B 的时钟缓冲区中的日期和时间（BCD 码）写入系统时钟。这里也使用了常开触点指令 I1.0 与微分指令 EU 配合产生写时钟的使能信号 EN。每当常开触点 I1.0 由断开变为闭合时，微分指令检测到一个正跳变，其触点接通一个扫描周期，SET_RTC 指令将以 VB30 字节开始的 8B 时钟缓冲区中的时间预设值写入系统时钟。

该程序段中的微分指令也确保了 I1.0 每接通一次，只写一次系统时钟。系统时钟的设置当然不能反复进行，一般是在初次使用或时间误差较大时，才写一次系统时钟。

CPU 超出断电时长后，CPU 将系统时钟初始化为 2000 年 1 月 1 日零时零分零秒。

2. 主令开关故障保护

主令开关是电气控制系统中发布控制命令的低压电器，例如起动按钮、停止按钮和行程开关等，它们的工作若不可靠，就会造成系统故障甚至事故。以起动按钮为例，通常是采用常开触点的按钮，在起动时操作者点动一下，其状态只能是短暂接通，当操作者的手松开后，应即刻恢复断开状态。当出现机械故障时，起动按钮在被点动之后不能恢复断开状态，就容易引起系统事故。

在如图 5-8a 所示的具有自锁功能的起停控制程序中，如果 I0.0 端口外接的常开触点按钮 SB1 不能在点动后恢复断开，那么，若要停止，按下 I0.1 端口外接的常开触点停止按钮 SB2 时，Q0.0 能够断开，但只要一松开 SB2，I0.1 马上恢复闭合，由于 I0.0 始终没有断开，故 Q0.0 将重新接通。实际上，Q0.0 不可能被断开了。如果将程序修改成如图 5-19 所示的梯形图，就完全解决了因起动按钮故障而导致不能断开输出的事故。因为，当按钮 SB1 按下时，I0.0 从 OFF 状态变为 ON 状态，正微分指令触点只接通一个扫描周期，该扫描周期中，输出接通并自锁。在接下来的所有扫描周期中，因微分指令的触点始终为断开状态，无论 I0.0（SB1）是否断开，I0.0 支路始终为断开状态。如果起动按钮 SB1 没有恢复断开，不影响系统正常停止，但会影响到下次不能起动。

3. 一个开关控制两组设备交替工作

在实际生产中，重要的设备一般都会配置一套同样的设备备用，备用设备在主设备检修或故障时投入运行。例如，工厂变电所里的变压器要配置备用变压器。可以设置一个开关来控制两组设备的交替工作，程序如图 5-20 所示。图 5-20 中，I0.0 外接单掷开关，M0.0 和 M0.1 是两组设备运行的使能信号。当开关闭合时，I0.0 的状态从 OFF 变为 ON，上升沿微分指令触点接通一个扫描周期，执行置位指令，使 M0.0＝1，同时执行复位指令，使 M0.1＝0；当开关断开时，I0.0 的状态从 ON 变为 OFF，下降沿微分指令触点接通一个扫描周期，执行复位指令，使 M0.0＝0，同时执行置位指令，使 M0.1＝1。因此，转换控制开关的位置，就能实现两组设备的交替工作。

图 5-19　起动按钮故障保护程序

图 5-20　两组设备交替工作控制程序

综上，微分指令是常用的重要指令，在设计控制程序时，灵活应用微分指令往往能使编程大为简化。另外，一般在初始化程序中都要用到微分指令。

5.3 PLC 程序的移植设计法和经验设计法

5.3.1 PLC 程序的移植设计法

在使用 PLC 改造传统继电器控制系统时，根据原有的控制电路来设计梯形图程序的方法称为 PLC 程序的移植设计法。这是由于原有的继电器控制系统经过长期的使用和考验，已经被证明能完成系统要求的控制功能，而继电器控制电路图又与梯形图有很多相似之处，因此可以将其经过适当的"翻译"，从而设计出具有相同功能的 PLC 梯形图程序，故移植设计法又称为"翻译法"。

在分析 PLC 控制系统的功能时，可以将 PLC 想象成一个继电器控制系统中的控制箱。PLC 外部接线图描述的是这个控制箱的外部接线，PLC 的梯形图程序是这个控制箱内部的"电路图"，PLC 输入映像寄存器和输出映像寄存器是这个控制箱与外部联系的"中间继电器"，这样就可以用分析继电器电路图的方法来分析 PLC 控制系统了。

可以将输入映像寄存器的触点想象成对应的外部输入设备的触点，将输出映像寄存器的线圈想象成对应的外部输出设备的线圈。外部输出设备的线圈除了受 PLC 的控制，可能还会受外部触点的控制。用上述思想就可以将继电器控制电路图转换为功能相同的 PLC 外部接线图和梯形图。

移植设计法的编程步骤如下：

1. 分析原有系统的工作原理

了解被控设备的工艺过程和执行机械的动作原理与顺序，根据继电器控制电路图分析和掌握控制系统的控制原理。

2. PLC 的 I/O 分配

分析系统有哪些控制信号（输入变量）和被控制信号（输出变量），选定输入设备和输出设备，进行 PLC 的 I/O 分配，画出 PLC 外部接线图或列出 I/O 分配表。

3. 建立元器件之间的对应关系

1）选用 PLC 中的位存储器（辅助继电器）来替代继电器控制电路中的中间继电器。

2）选用 PLC 中的定时器来替代继电器控制电路中的时间继电器。由于时间继电器有通电延时型和断电延时型，因此在替换时要注意正确选择定时器的延时类型（接通延时型 TON 和断开延时型 TOF，分析是否可采用有记忆接通延时型 TONR）。

3）选用 PLC 中的输入映像寄存器来替代继电器控制电路中的主令电器，如按钮、行程开关、选择开关等。一般热继电器的触点也作为 PLC 的输入。如果 PLC 的输入点不够用，也可以将热继电器的触点接在 PLC 外部驱动电路中。

4）选用 PLC 中的输出映像寄存器来替代继电器控制电路中的各个执行元件，如交直流接触器的线圈、电磁铁的线圈、电磁阀、指示灯等。

通过上述步骤，就建立了继电器控制电路中所有的元器件与 PLC 内部编程元件之间的对应关系，对于移植设计法而言，这是非常关键的一个步骤。

4. 设计梯形图程序

根据上述的对应关系，将继电器控制电路图"翻译"成对应的"准梯形图"，再根据梯形图的编程规则将"准梯形图"转换成符合语法的梯形图。对于复杂的控制电路，可以化整为零，先进行局部电路的转换，最后再综合起来。

在将继电器控制电路转换成梯形图时，尤其要注意以下 3 点：

1）继电器控制电路中的常开触点和常闭触点与梯形图中的常开触点和常闭触点并不一定是一一对应的关系。继电器控制电路中的常开触点不一定转换成梯形图中的常开触点，常闭触点亦如此。在梯形图中使用常开触点或常闭触点取决于 PLC 的外部物理输入点所采用的触点形式，以及程序的控制功能。

2）在继电器控制电路中，起动按钮必须使用常开触点按钮，停止按钮必须使用常闭触点按钮。而在采用 PLC 控制时，起动按钮和停止按钮等主令电器可以任意使用常开触点或常闭触点。因为，这些外部触点的通断状态，已经转换为内部输入映像寄存器中的一位二进制数 1 或 0。程序运行时，可以取二进制数的原码参与运算（内部用常开触点），也可以取二进制数的反码参与运算（内部用常闭触点）。通常，对于初学者来说，外部触点尽量统一采用常开触点，便于理解和转换。

3）在继电器控制电路中，常常有纵向触点支路，在移植成准梯形图后，要进一步分析触点之间的逻辑关系，等效变换去掉纵向触点支路，使之符合梯形图的语法。

5. 程序调试

对转换后的梯形图一定要仔细校对，以保证控制功能与原图相符。程序输入编程器后，首先要编译程序，再次检查有无错误。然后将编程器与 PLC 实现通信连接，再把程序下载到 PLC 中，进行调试。

例 5-1 在继电器控制系统中，三相异步电动机正、反转控制电路如图 5-21 所示，现要用 PLC 来代替继电器控制电路，试设计电动机正、反转控制的 PLC 程序。

图 5-21 三相异步电动机的正、反转控制电路

解：经过分析可知，该控制电路有停止 SB1、正转起动 SB2 和反转起动 SB3 3 个控制信号，还有一个过载保护信号 FR；被控制的是正转和反转交流接触器 KMF 和 KMR。据此给

出如图 5-22 所示的 I/O 分配图。说明如下：

1）由于输入信号不多，过载保护信号 FR 可以占用一个输入点，否则，过载保护信号 FR 可以接在输出电路中，直接与线圈 KMF 和 KMR 串联。

2）由于在程序运算中可以实现互锁控制，因此，图 5-22 中输出回路中的互锁触点可以省略。

图 5-22　异步电动机正、反转控制的 I/O 分配图

3）I/O 分配图比较直观地说明了 PLC 外部触点的使用和连接情况，对于输入和输出点数很多的场合，一般使用 I/O 分配表来说明各个 I/O 点的物理意义。与图 5-22 功能相同的 I/O 分配表见表 5-1。

表 5-1　异步电动机正、反转控制的 I/O 分配表

输入		输出	
控制信号	输入端口	驱动信号	输出端口
停止按钮 SB1（常开触点）	I0.0	正转运行	Q0.0
正转起动按钮 SB2（常开触点）	I0.1	反转运行	Q0.1
反转起动按钮 SB3（常开触点）	I0.2		
过载保护 FR（常闭触点）	I0.3		

由于 I/O 分配图与 I/O 分配表是采用不同的形式说明相同的问题，因此设计梯形图程序时，只需要给出一种即可。本教材的后续例题，I/O 分配就只给出一种形式了。

三相异步电动机正、反转控制电路的梯形图程序如图 5-23 所示。图 5-23 中，停止信号 I0.0 取自常开触点的按钮 SB1，当没有停止信号时，SB1 断开，I0.0 = 0，在梯形图中，I0.0 应该是闭合的，故使用的是常闭触点；而过载保护信号 I0.3 取自热继电器的常闭触点 FR，当没有过载时，FR 闭合，I0.3 = 1，在梯形图中，I0.3 应该是闭合的，故使用的是常开触点。

停止信号 I0.0 和热继电器的过载信号 I0.3 在程序中亦可作为两条控制支路的公共信号，这样设计，两个程序段就应该合并为一个程序段，程序如图 5-24 所示，对比图 5-21 的右半部分的控制电路图和图 5-24，结构完全相同。图 5-23 和图 5-24 是功能完全相同的梯形图程序，但 PLC 执行这两种程序的过程完全不同，如果对照它们的语句表就能清楚运算区

图 5-23　异步电动机正、反转控制的梯形图之一

别。按照图 5-24 所示程序运算时，需要使用 4 条堆栈指令。对于初学者来说，图 5-23 所示梯形图的逻辑关系简单、清晰，编制语句表也比较容易（不需要使用堆栈指令）。因此，建议初学者采用图 5-23 所示的方式设计梯形图。

图 5-24　异步电动机正、反转控制的梯形图之二

例 5-2　在继电器控制系统中，三相异步电动机丫-△起动控制的主电路和控制电路如图 5-25 所示，试设计电动机丫-△起动控制的 PLC 程序。

图 5-25　三相异步电动机的丫-△起动控制电路

143

解：经过分析可知，该控制电路有起动 SB1、停止 SB2 和过载保护 FR 3 个控制信号；被控制的是丫联结、△联结和主开关 3 个交流接触器 KM1、KM2 和 KM。据此对 PLC 的 I/O 点分配如图 5-26 所示，梯形图程序如图 5-27 所示。为了便于程序的阅读理解，图 5-27 中的每个程序段增加了简单的程序段注释。

图 5-26 三相异步电动机丫-△起动控制的 I/O 分配图

电动机联结成星形控制，即使 KM1 通电

1

主开关控制，即使 KM 通电

2

星形起动定时 10s

3

起动10s后电动机联结成三角形控制，即使 KM2 通电

4

图 5-27 三相异步电动机丫-△起动控制的梯形图

在程序段 1 中，当点动起动按钮时，I0.0=1，使输出 Q0.0=1 并自锁，对应主电路中的电动机联结成星形。程序段 2 中因常开触点 Q0.0 闭合，使输出 Q0.2=1 并自锁，主电路中的主开关闭合，电动机星形起动。程序段 3 中中因常开触点 Q0.2 闭合，定时器 T37 被激活，开始起动 10s 定时。当起动 10s 时，T37=1，程序段 4 中常开触点 T37 闭合，但整个扫描周期中，因互锁用的常闭触点 Q0.0 是断开的，输出 Q0.1 仍然为 **0** 态。在下一个扫描周期中，程序段 1 中因常闭触点 T37 断开，使得输出 Q0.0=0 并解除自锁，电动机星形联结解除；程序段 4 中因常闭触点 Q0.0 恢复闭合使输出 Q0.1=1，主电路中的电动机联结成三角形；程序段 1 中互锁用的常闭触点 Q0.1 断开，避免误操作起动按钮，而使主电路短路。

144

由于程序段 3 中的定时器没有在起动完成后复位，T37 始终保持 **1** 态，故程序段 4 中输出 Q0.1 没有使用自锁功能。可以将 Q0.1 的常闭触点串联在定时器的使能输入端 IN 上，这样一来，电动机一旦换接成三角形联结，定时器将被复位，程序段 4 中相应地要增加 Q0.1 的自锁触点，即将 Q0.1 的常开触点并联在常开触点 T37 两端。

比较图 5-25 和图 5-27，可以看出继电器控制电路与 PLC 程序一个很大的区别：在继电器控制电路中，只要保证控制逻辑关系的正确性，各种触点可以画在任何方向的支路上，而梯形图程序则不能出现纵向支路。如星形联结的线圈 KM1 通电后，要立即使时间继电器的线圈 KT 和主交流接触器的线圈 KM 通电的常开触点 KM_{1-1} 就接在一条纵向的支路上。这是由于交流接触器等实际设备的触点数目是很有限的，设计电路时，往往要考虑尽量共用触点。在 PLC 中，所谓触点只是存储器中的一个二进制存储单元，因此，这样的触点是可以被使用无穷多次的。

5.3.2 PLC 程序的经验设计法

PLC 程序的经验设计法实际上是沿用了设计继电器控制电路的方法，即在已有的典型梯形图的基础上，根据被控对象对控制的具体要求，不断地修改和完善梯形图。有时需要多次反复地调试和修改梯形图，不断地增加中间编程元件和触点，最后才能得到一个较为满意的结果。这种方法没有普遍的规律可以遵循，设计程序的优劣、设计所用的时间、设计的质量均与编程者的经验有直接的关系，故把这种设计方法称为经验设计法。该方法可以用于逻辑关系较为简单的控制程序的设计。

经验设计法的设计步骤大致可按以下几步进行：

1）分析控制要求，选择控制原则（时间控制、计数控制、条件步进控制或周期性控制等）。

2）分析系统有哪些控制信号（输入变量）和被控制信号（输出变量），选定输入设备和输出设备，进行 PLC 的 I/O 分配，画出 PLC 外部接线图或列出 I/O 分配表。

3）设计执行元件的控制程序。

4）检查控制功能是否达到，修改、完善程序，最后进行程序调试。

下面通过比较简单的实例来说明经验设计法的设计思路。

例 5-3 运料小车两位行程控制的程序设计。

（1）控制的要求

图 5-28 为运料小车两位运行的示意图。要求运料小车在 A 位装料，运料到 B 位卸料；小车由一台三相异步电动机驱动，假设电动机正转时小车右行，反转时小车左行，选用行程开关 SQA 和 SQB 分别检测装料位置和卸料位置；在 A 位装料时延时 180s 后自动右行，到 B 位碰到 SQB 时停车、卸料；卸料延时 120s 后

图 5-28 运料小车两位运行示意图

自动左行，到 A 位碰到 SQA 时停车、装料，如此循环往复地工作，直到按下停止按钮 SB1（小车可以在任意位置停车）。显然，这是电动机的正、反转控制加行程控制。

（2）PLC 的 I/O 分配

该控制系统的输入信号包括：停止信号 SB1、正转起动信号 SB2、反转起动信号 SB3、

装料位置信号 SQA、卸料位置信号 SQB 以及过载保护信号 FR。输出信号包括：正转运行信号 KMF、反转运行信号 KMR、装料信号和卸料信号。I/O 分配见表 5-2。

表 5-2　运料小车两位行程控制程序的 I/O 分配表

输入		输出	
控制信号	输入端口	驱动信号	输出端口
停止按钮 SB1（常开触点）	I0.0	正转运行	Q0.0
正转起动按钮 SB2（常开触点）	I0.1	反转运行	Q0.1
反转起动按钮 SB3（常开触点）	I0.2	装料信号	Q0.2
装料位置信号 SQA（常开触点）	I0.3	卸料信号	Q0.3
卸料位置信号 SQB（常开触点）	I0.4		
过载保护 FR（常闭触点）	I0.5		

（3）程序设计与分析

根据传统的电动机正、反转控制电路，设计出的小车两位行程控制的梯形图如图 5-29

图 5-29　运料小车两位行程控制的梯形图

146

所示。定时器 T37 用于装料位置的装料延时，T38 用于卸料位置的卸料延时。设小车为空车且原始位置处于任意位置，按下左行起动按钮 SB3，I0.2 =1，常开触点 I0.2 闭合，使 Q0.1 接通，小车左行；小车到达 A 位装料处时，压动行程开关 SQA，I0.3 =1，常闭触点 I0.3 断开，使 Q0.1 断电，小车左行停止。程序段 3 中的常开触点 I0.3 闭合，发出装料信号 Q0.2（该信号可以起动装料电磁阀），同时装料延时定时器 T37 开始计时；T37 计时到 180s 时，程序段 1 中的常开触点 T37 闭合（代替右行起动信号 I0.1），使 Q0.0 接通，小车右行；小车到达 B 位卸料处时，压动行程开关 SQB，I0.4 =1，常闭触点 I0.4 断开，使 Q0.0 断电，小车右行停止。程序段 4 中的常开触点 I0.4 闭合，发出卸料信号 Q0.3（该信号可以起动卸料电磁阀），同时卸料延时定时器 T38 开始计时；T38 计时到 120s 时，程序段 2 中的常开触点 T38 闭合（代替左行起动信号 I0.2），使 Q0.1 接通，小车左行。然后重复上述过程。

与起动按钮 I0.1 和 I0.2 并联的定时器的常开触点 T37 和 T38 实现了小车的自动往复控制。因此，只需要操作者在起动时按下一次起动按钮，系统即可自动完成各项工作。停止按钮用于工作周期结束时，停止系统的运行，或系统在运行过程中若有突发故障，使系统紧急停止运行。

例 5-4 运料小车三位行程控制的程序设计。

（1）控制要求

在例 5-3 小车两位行程控制功能的基础上，再增加一处卸料位（C 位）的小车运行路线示意如图 5-30 所示，现要求：小车在 A 位装料，第一次运送到 B 位，卸料后自动返回到 A 位再装料，第二次运送到 C 位，卸料后自动返回到 A 位再装料，以上过程自动往复。

（2）PLC 的 I/O 分配

与小车的两位行程控制比较，只需增加一个输入信号，即 C 位检测的位置信号 SQC。设 SQC 的常开触点接到 I0.5，热继电器的常闭触点接到 I0.6，其余输入和输出与例 5-3 的 I/O 分配完全相同，故本例 I/O 分配表省略。

图 5-30 运料小车三位运行示意图

（3）程序设计和分析

运料小车三位行程控制的难度在于偶数次右行运料经过 B 位时，尽管压动了行程开关 SQB，但小车不能停止；当小车从 C 位返回经过 B 位时，也压动了行程开关 SQB，但小车仍然不能停止。因此，控制程序必须具有记忆功能，以区分当前压动行程开关 SQB 处于何种状态。

小车的三位行程控制（两处卸料）的梯形图如图 5-31 所示。首先按照正、反转加行程控制功能设计梯形图，由于在 B 位和 C 位小车的右行运动均要停止并卸料，因此，应将这两位的行程开关信号 I0.4（SQB）和 I0.5（SQC）串联来控制电动机的正转输出信号 Q0.0（程序段 1），并将 I0.4 和 I0.5 并联来产生卸料信号和触发卸料延时（程序段 5）；其次，再考虑区分是奇数次还是偶数次经过 B 位、压动行程开关 SQB 的问题。如果增设一个具有自锁功能的位存储器 M0.0（程序段 3），控制程序便有了基本的记忆功能。当小车在奇数次经过 B 位、压动行程开关 SQB 时，常开触点 I0.4 闭合，使 M0.0 接通并自锁，用 M0.0 的常开触点与程序段 1 中 SQB 对应的常闭触点 I0.4 并联，就将 I0.4 "短路"了，当小车右行再次通过 B 位时，程序段 1 中常开触点 I0.4 的断开不会再使线圈 Q0.0 断电了，那么，小车就会一直运行到 C 位才停止。

图 5-31　运料小车三位行程控制的梯形图

但是，程序段 1 中 I0.4 "短路" 的记忆功能不能一直有效，为了再下一次小车右行到 B 位时能停车，必须在其完成记忆功能后，立即将 I0.4 的 "短路" 取消。为此，利用小车右行到 C 位的信号 I0.5 来使 M0.0 复位，即在程序段 3 中用常闭触点 I0.5 与线圈 M0.0 串联，当小车右行到 C 位时，程序段 3 中的常闭触点 I0.5 断开，使线圈 M0.0 断电，从而程序段 1 中的常开触点 M0.0 断开，解除了对 I0.4 的 "短路" 记忆作用。

对上述程序进一步分析可知，当小车从 C 位返回经过 B 位时，也会触动行程开关 SQB，如果程序段 3 中的线圈 M0.0 再次被接通，将导致记忆功能被触发，这是不允许的，应当利用小车左行的信号 Q0.1 来断开程序段 3 中的起动信号支路，为此，将常闭触点 Q0.1 与常开触点 I0.4 串联即可达到目的。另外，如果程序段 5 的卸料信号仅由 I0.4 和 I0.5 并联触发产生，那么当小车偶数次右行通过 B 位时，以及小车从 C 位返回通过 B 位时，程序段 5 均会产生卸料信号。因此，应该保证只要小车在运行（不停车）就不产生卸料信号，为此用小车的右行和左行信号 Q0.0 和 Q0.1 来控制程序段 5，即在程序段 5 中串联常闭触点 Q0.0 和 Q0.1 来解决这个问题。

例 5-5 密码锁的程序设计。

（1）要求用 PLC 设计一个密码锁程序

密码锁给定 6 个按钮键，其中有 3 个按钮键用于设定密码，一个按钮键为钥匙键（模拟真实密码锁的钥匙），另一个按钮键为报警键，还有一个按钮键为复位键。开锁时，先设定 3 位密码，再点动钥匙键，如果密码正确，则发出开锁信号；如果密码错误且有钥匙信号，则发出报警信号；如果在操作过程中误按下报警键，直接产生报警信号；操作结束以及报警时可以通过复位键复位。本例设密码锁的密码为"352"。

（2）PLC 的 I/O 分配

由密码键产生的 3 位密码、钥匙键产生的钥匙信号、报警键产生的报警信号以及复位键产生的复位信号均为输入信号，开锁信号和报警信号为输出信号。因此，PLC 的 I/O 分配见表 5-3，设所有的按钮键均使用它们的常开触点。

表 5-3　密码锁程序的 I/O 分配表

输入				输出	
控制信号	输入端口	控制信号	输入端口	驱动信号	输出端口
钥匙键 SB1	I0.0	第三位密码键 SB4	I0.3	开锁	Q0.0
第一位密码键 SB2	I0.1	复位键 SB5	I0.4	报警	Q0.1
第二位密码键 SB3	I0.2	报警键 SB6	I0.5		

（3）程序设计和分析

利用按钮按动的次数来代表密码的数值，因此密码锁程序需要用计数器指令；而密码的数值是否正确，应该使用整数比较指令（计数器中存放的计数值为整数）。利用计数器指令和整数比较指令设计的密码锁程序如图 5-32 所示。

程序段 1：实现第一位密码计数。每按一次按钮 I0.1（SB2），计数器 C1 的计数值加 1。当 C1 的计数值等于或大于 3 时，程序段 2 中的常开触点 C1 闭合。若误按复位键 I0.4（SB5），则计数器清零。

程序段 2：当 C1≥3 时，才能实现第二位密码计数。每按一次按钮 I0.2（SB3），计数器 C2 的计数值加 1。当 C2 的计数值等于或大于 5 时，程序段 3 中的常开触点 C2 闭合。若误按复位键 I0.4（SB5），则计数器清零。

程序段 3：当 C1≥3 且 C2≥5 时，才能实现第三位密码计数。每按一次按钮 I0.3（SB4），计数器 C3 的计数值加 1。若误按复位键 I0.4（SB5），则计数器清零。

程序段 4：有钥匙信号 I0.0（SB1），且密码正确（C1=3，C2=5，C3=2）以及没有报警信号（Q0.1=0），则发出开锁信号，Q0.0=**1**。

程序段 5：有钥匙信号且任何一位密码错误，或误按报警键（I0.5=1），则发出报警信号，Q0.1=1。

程序段 6：按下复位键 I0.4（SB5）时，复位报警信号，Q0.1=**0**。

本程序的安全性还有待提高。读者可以分析本程序存在的问题，并在此基础上修改、完善。

图 5-32　密码锁的梯形图

例 5-6　多位送料小车定位控制的程序设计。

（1）要求用 PLC 设计一个多位送料小车定位控制的程序

多位送料小车的运行路线如图 5-33 所示。在生产线上有 5 个工位，当某工位需要运送原料时，按下呼叫按钮 SB（常开触点按钮），小车根据当前位置与呼叫位置之间的关系，右行或左行至呼叫位置；当小车压动呼叫位置的行程开关 SQ 时，小车停止运行，直到有新的呼叫小车才驶离该位置。送料小车的运行要由运行起动开关 S 控制，小车驱动电动机需设过载保护。行程开关有常开触点和常闭触点，本设计选用常开触点。

图 5-33　多位送料小车运行路线图

（2）PLC 的 I/O 分配

呼叫信号与位置信号均为输入信号；输出为控制小车右行（电动机正转）或左行（电动机反转）两个信号，因此，多位送料小车 PLC 控制的 I/O 分配见表 5-4。表 5-4 中，所有呼叫按钮和行程开关均使用常开触点。

表 5-4　多位送料小车定位控制程序的 I/O 分配表

输入				输出	
控制信号	输入端口	控制信号	输入端口	驱动信号	输出端口
起动开关 S	I0. 0	位置 1 检测 SQ1	I1. 1	正转	Q0. 0
位置 1 呼叫按钮 SB1	I0. 1	位置 2 检测 SQ2	I1. 2	反转	Q0. 1
位置 2 呼叫按钮 SB2	I0. 2	位置 3 检测 SQ3	I1. 3		
位置 3 呼叫按钮 SB3	I0. 3	位置 4 检测 SQ4	I1. 4		
位置 4 呼叫按钮 SB4	I0. 4	位置 5 检测 SQ5	I1. 5		
位置 5 呼叫按钮 SB5	I0. 5	过载保护 FR（常闭）	I1. 6		

（3）程序设计和分析

由于小车的行进方向取决于小车的当前位置与呼叫位置之间的关系，因此可将位置信号转换为数值，再利用比较指令判定小车的行进方向。利用字节传送指令和字节比较指令设计的送料小车定位控制程序如图 5-34 所示。

程序段 1：当按钮 SB1 按下时，MB1 存储位置 1 呼叫号码 1。

程序段 2：当按钮 SB2 按下时，MB1 存储位置 2 呼叫号码 2。

程序段 3：当按钮 SB3 按下时，MB1 存储位置 3 呼叫号码 3。

程序段 4：当按钮 SB4 按下时，MB1 存储位置 4 呼叫号码 4。

程序段 5：当按钮 SB5 按下时，MB1 存储位置 5 呼叫号码 5。

程序段 6：当小车运行到 1 位，压动行程开关 SQ1 时，MB2 存储位置 1 呼叫号码 1。

程序段 7：当小车运行到 2 位，压动行程开关 SQ2 时，MB2 存储位置 2 呼叫号码 2。

程序段 8：当小车运行到 3 位，压动行程开关 SQ3 时，MB2 存储位置 3 呼叫号码 3。

程序段 9：当小车运行到 4 位，压动行程开关 SQ4 时，MB2 存储位置 4 呼叫号码 4。

程序段 10：当小车运行到 5 位，压动行程开关 SQ5 时，MB2 存储位置 5 呼叫号码 5。

程序段 11：当呼叫号码等于位置号码，设置停车标志，M0. 2 = 1。

程序段 12：呼叫号码大于位置号码，设置正转标志，M0. 0 = 1。

程序段 13：呼叫号码小于位置号码，设置反转标志，M0.1=1。

程序段 14：有正转标志（M0.0=1）和运行信号（I0.0=1），且无停车标志（M0.2=0）和过载保护（I1.6=1），则 Q0.0=1，电动机正转，小车右行。

程序段 15：有反转标志（M0.0=1）和运行信号（I0.0=1），且无停车标志（M0.2=0）和过载保护（I1.6=1），则 Q0.1=1，则电动机反转，小车左行。

图 5-34 所示的梯形图程序是否考虑到了响应的执行时间与响应呼叫的先后顺序问题？也就是说，如果同时有两个甚至多个呼叫信号，或者上一个呼叫的响应还没有完成时又有了新的呼叫信号，程序的执行结果是否是期望的呢？

图 5-34　多位送料小车定位控制的梯形图

根据以上各个例题的分析与设计，可知经验设计法主要是依靠设计人员的经验进行设计的，要求设计者有一定的实践经验，对工业控制系统和工业上常用的各种典型环节比较熟悉。经验设计法没有规律可以遵循，具有很大的试探性和随意性，往往需经多次反复修改和完善才能符合设计要求，所以设计的结果往往不是很规范，因人而异。

经验设计法一般适合于控制要求比较简单的程序设计或复杂系统的某一局部控制程序（如手动程序等）的设计，可以收到快速、简单的效果。但是，对设计人员的要求比较高，如果用来设计复杂控制系统的程序，则存在以下问题：

1）考虑不周、设计麻烦、设计周期长。用经验设计法设计复杂系统的梯形图程序时，要用大量的中间元件来完成记忆、联锁、互锁等功能，由于需要考虑的因素有很多，它们往往又交织在一起，分析起来非常困难，并且很容易遗漏一些问题。修改某一局部程序时，很可能会对系统其他部分程序产生意想不到的影响，往往花了很长时间，还得不到一个满意的结果。

2）程序的可读性差、系统维护困难。用经验设计法设计的梯形图是按设计者的经验和习惯的思路进行设计的。因此，即使是设计者的同行，要分析这种程序也非常困难，更不用说维修人员了，这给 PLC 系统的维护和改进带来了许多困难。

5.3.3　实用程序两例

在工程应用中，控制程序不仅要满足控制逻辑的要求，还必须要考虑系统的安全性，以保证在操作错误、硬件故障、系统突然断电等情况下不出现人身及设备安全事故。下面所给出的异步电动机的正、反转控制程序与丫-△起动控制程序相对 5.3.1 小节中介绍的相应程序就考虑了更多的工程实际问题。阅读这些程序，将有利于初学者更好地掌握 PLC 程序的编程方法。

1. 实用的异步电动机正、反转控制程序

异步电动机正、反转控制电路如图 5-21 所示，PLC 控制的 I/O 分配见表 5-5。本例所采用的断路器 Q 既是主电路的电源主开关，也包含了短路、过载、欠电压等保护功能，辅助触点与主电路的主触点状态一致，将其接入 PLC 的 I0.3，用于检测断路器的状态。

表 5-5　异步电动机正、反转控制程序的 I/O 分配表

输入		输出	
控制信号	输入端口	驱动信号	输出端口
正转起动按钮 SB1（常开）	I0.0	正转交流接触器线圈 KMF	Q0.0
反转起动按钮 SB2（常开）	I0.1	反转交流接触器线圈 KMR	Q0.1
停止按钮 SB3（常闭）	I0.2	停止指示灯	Q0.2
断路器 QF（辅助常闭）	I0.3	正转指示灯	Q0.3
		反转指示灯	Q0.4
		强制等待指示灯	Q0.5

异步电动机正、反转控制梯形图如图 5-35 所示，本程序长度为 137B。该梯形图设计考虑了以下问题：

1）设置旋转方向标志位：正转标志 M1.0，反转标志 M1.1。

2）设置方向使能标志位：正转使能标志 M2.1，反转使能标志 M2.2。

3）设置正、反转互锁标志位：M2.0，避免主电路短路。

4）设置停机等待时间：5s，避免反方向起动时电动机轴承受较大的转矩。

5）设置停机过程强制等待标志位：M2.3，在停机等待时间内，不能反方向起动。

6）设置4种系统状态指示灯，见表5-5。

图 5-35　异步电动机正、反转控制梯形图

程序解释如下：

程序段1：如果既命令电动机反转，又命令电动机正转，或处于强制等待状态，则设置互锁标志位，M2.0＝1。

程序段2：如果既无正转起动命令，又无反转起动命令，并且强制等待时间溢出，则解除互锁标志位，M2.0＝0。

程序段3：如果既无停机命令，且断路器未动作（处于闭合状态），又无反转标志，则置位正转使能位，M2.1＝1。

程序段4：如果既无停机命令，且断路器未动作（处于闭合状态），又无正转标志，则置位反转使能位，M2.2＝1。

程序段5：如果有正转起动信号（I0.0＝1），或有正转标志信号（M1.0＝1），且无互锁标志（M2.0＝0）和有正转使能信号（M2.1＝1），则置位正转标志位，M1.0＝1；输出正转驱动信号，Q0.0＝1；输出正转指示灯点亮信号，Q0.3＝1。

程序段6：如果有反转起动信号（I0.1＝1），或有反转标志信号（M1.1＝1），且无互锁标志（M2.0＝0）和有反转使能信号（M2.2＝1），则置位反转标志位，M1.1＝1；输出反转驱动信号，Q0.1＝1；输出反转指示灯点亮信号，Q0.4＝1。

程序段 7：如果既无正转标志信号（M1.0 = **0**），又无反转标志信号（M1.1 = **0**），则输出停机指示灯亮信号，Q0.2 = **1**。

程序段 8：若有停机信号（I0.2 由 ON 变为 OFF），置位正在停机标志位，M2.3 = **1**。

程序段 9：若有停机标志信号（M2.3 = **1**），则装载停机过程强制等待的时间值（5s）；T33 定时 5s 时间到，正在停机标志位复位，M2.3 = **0**，同时等待定时器清零。

程序段 10：如果正在停机过程中，秒脉冲 SM0.5 使正在停机指示灯闪烁。

2. 实用的异步电动机丫-△起动控制程序

异步电动机丫-△起动控制电路如图 5-25 所示，PLC 控制的 I/O 分配见表 5-6。本例所采用的断路器 Q 既是主电路的电源主开关，也包含了短路、过载、欠电压等保护功能，辅助触点与主电路的主触点状态一致，将其接入 PLC 的 I0.3，用于检测断路器的状态。

表 5-6　异步电动机丫-△起动控制程序的 I/O 分配表

输入		输出	
控制信号	输入端口	驱动信号	输出端口
起动按钮 SB1（常开）	I0.0	主电源接触器线圈 KM	Q0.0
停止按钮 SB2（常闭）	I0.1	丫起动接触器线圈 KM1	Q0.1
断路器 QF（辅助常闭）	I0.2	△运行接触器线圈 KM2	Q0.2
主接触器反馈信号 KM（辅助常开）	I0.3	故障指示灯	Q0.3
丫起动接触器反馈信号 KM1（辅助常开）	I0.4		
△运行接触器反馈信号 KM2（辅助常开）	I0.5		
复位（确认）按钮 SB3（常开）	I0.6		

电动机丫-△起动控制梯形图如图 5-36 所示，程序长度为 153B。本设计考虑了以下问题：

1）设置互锁标志位：M10.0，防止误操作。

2）设置起动过程标志位：M11.1。

3）设置丫起动时间定时：5s（此值应根据电动机功率的大小修正）。

4）设置各个交流接触器工作状态反馈信号：交流接触器的辅助常开触点接至 I0.3、I0.4 和 I0.5，用于反馈各个接触器的接通状态。

5）设置故障信号定时：2s，这段延时时间对应交流接触器动作的最长时间。在此时间段，若各个交流接触器的工作状态与驱动信号的逻辑关系不对应，则说明接触器发生了故障，立即终止起动过程。

6）设置系统故障信号指示灯：由输出 Q0.3 驱动，用于指示接触器铁心不能吸合的故障。

7）设置复位故障信号按钮 SB3：I0.6 用于复位起动过程中所产生的故障信号。确认故障排除后，操作 SB3，以复位故障信号 Q0.3。

程序解释如下：

程序段 1：若起动按钮与停止按钮同时动作（I0.0 = **1**，I0.1 = **0**），则设置互锁标志，M10.0 = **1**。

图 5-36　电动机丫-△起动控制梯形图

程序段 2：若起动按钮与停止按钮均没有动作（I0.0 = 0，I0.1 = 1），则解除互锁标志，M10.0 = 0。

程序段 3：若起动按钮动作（I0.0 = 1）、主接触器未接通（Q0.0 = 0），且断路器未动作（I0.2 = 1）、没有停止信号（I0.1 = 1）以及△运行接触器未接通（Q0.2 = 0），则设置起动过程标志，M11.0 = 1；并用主接触器和丫起动接触器的接通信号（Q0.0 = 1，Q0.1 = 1）自锁。

程序段 4：若有起动过程标志（M11.0 = 1）、无互锁标志（M10.0 = 0）、丫起动切换时间未到（T37 = 0），且无故障信号（Q0.3 = 0），则接通丫起动接触器，Q0.1 = 1。

程序段 5：若无互锁标志（M10.0 = 0）、有起动过程标志（M11.0 = 1）、无故障信号（Q0.3 = 0），则丫起动 5s 定时开始。

程序段 6：若没有停止信号（I0.1 = 1）、断路器未动作（I0.2 = 1）、无互锁标志（M10.0 = 0）、无故障信号（Q0.3 = 0），且有起动信号（I0.0 = 1）、丫起动接触器已接通（Q0.1 = 1），则接通主接触器，Q0.0 = 1，并自锁。

程序段 7：若主接触器已接通（Q0.0 = 1），丫起动接触器已断开（Q0.1 = 0），则接通△运行接触器，Q0.2 = 1。

程序段 8：有无故障逻辑判断，以下 6 种情况均起动 2s 定时。

1）若有主接触器驱动信号（Q0.0 = 1），但无主接触器接通状态反馈信号（I0.3 = 0）。

2）若无主接触器驱动信号（Q0.0 = 0），而有主接触器接通状态反馈信号（I0.3 = 1）。

3）若有丫起动接触器驱动信号（Q0.1 = 1），但无丫起动接触器接通状态反馈信号（I0.4 = 0）。

4）若无丫起动接触器驱动信号（Q0.1 = 0），而有丫起动接触器接通状态反馈信号（I0.4 = 1）。

5）若有 △ 运行接触器驱动信号（Q0.2 = **1**），但无 △ 运行接触器接通状态反馈信号（I0.5 = **0**）。

6）若无 △ 起动接触器驱动信号（Q0.2 = **0**），而有 △ 运行接触器接通状态反馈信号（I0.5 = **1**）。

程序段 9：故障检测延时 2s 时间到，均说明出现了电气设备硬件故障，设置故障信号，Q0.3 = **1**。

程序段 10：人工排除故障后，按下复位（确认）按钮，复位故障信号，Q0.3 = **0**。

综上所述，该程序设计的特点在于在程序段 8 中实现的接触器状态监测与反馈。从原理上讲，反馈就是将输出信号与反应接触器实际状态的输入信号相比较，若不一致，则表示执行机构没有按照输出命令动作。实际运行时，接触器可能会因为机械故障，在线圈通电时，触点没有动作，或在线圈断电时，触点没有恢复原始状态。此时设置一个故障延时（T38），等待时间为 2s。这段延时时间对应接触器动作（吸合或释放）的最长时间。2s 延时时间到，说明故障存在，则设置故障指示 Q0.3，并在程序段 4、程序段 5 和程序段 6 中将所有输出复位，等待排查故障并确认复位后，方能再次执行起动过程。

5.4 PLC 程序的顺序控制设计法

如果一个控制系统可以分解成一些独立的控制动作，而且这些动作必须严格按照一定的先后次序执行才能保证生产过程的正常运行，这样的控制系统称为顺序控制系统，也称为步进控制系统，简称顺序控制系统。顺序控制系统的控制动作总是一步一步地按顺序进行。在工业控制领域中，顺序控制系统的应用很广，尤其在机械行业，几乎无一例外地利用顺序控制来实现加工的自动循环。

所谓顺序控制设计法就是针对顺序控制系统的一种专门的设计方法。这种设计方法很容易被初学者接受，对于有经验的工程师，也会提高设计的效率，程序的调试、修改和阅读也很方便。PLC 的设计者们为顺序控制系统的程序编制提供了大量通用和专用的编程元件，开发了专门供编制顺序控制程序用的顺序功能图（SFC），使这种有规律可循的设计方法成为当前 PLC 程序设计的主要方法。

5.4.1 顺序控制设计法的设计步骤

采用顺序控制设计法进行程序设计的基本步骤如下：①分析被控对象的工作周期；②确定每一个周期中有哪几种工作状态以及每一种状态所执行的动作；③明确前后工作状态之间的转换条件；④绘制类似程序流程图的顺序功能图（SFC）；⑤编写控制程序。

1. 步（状态）的划分

顺序控制设计法最基本的思想是将系统的一个工作周期划分为若干个顺序相连的阶段，这些阶段称为步（或称为状态），并且用编程元件（位存储器 M 或顺序控制继电器 S）来代表各步的逻辑状态。步的划分有两种方法：其一是根据 PLC 输出状态的变化来划分的，在任何一步之内，各个输出逻辑变量的状态不变，而相邻两步之间的输出逻辑变量的状态是不同的；其二是根据被控对象的工作状态的变化来划分，但被控对象工作状态的变化应该是由 PLC 输出状态的变化引起的。

例如，某彩灯工作系统的时序图如图 5-37 所示，红、黄、绿 3 种颜色的彩灯顺序点亮后，再一起熄灭，然后按上述步骤循环工作。根据 PLC 输出状态的变化来划分，可以将其划分为 4 步：步 1~步 4（或称为状态 1~状态 4）。

又如加热炉自动上料控制系统的工作过程，如图 5-38 所示，该系统有两台电动机 M1 和 M2，M1 用于控制炉门的开启与关闭，M2 用于控制送料机的进与退。SB1 为起动按钮。当按动起动按钮 SB1 时，M1 正转，炉门开启；炉门开启到位，压动行程开关 SQ1，M1 正转停止，同时 M2 正转，送料机推进；送料机推进到位，压动行程开关 SQ3，M2 正转停止，同时 M2 反转（暂时不考虑倒料动作及倒料所需的时间），送料机后退；送料机后退到位，压动行程开关 SQ4，M2 反转停止，同时 M1 反转，炉门关闭；炉门关闭到位，压动行程开关 SQ2，M1 反转停止。当再次按动起动按钮 SB1 时，重复上述过程。根据被控对象工作状态的变化来划分，可以将加热炉自动上料控制系统的工作过程划分为 5 步：步 1~步 5。

图 5-37　彩灯顺序点亮控制的时序图　　　图 5-38　加热炉自动上料的控制过程

综上所述，每一步或说每一个状态都是与所有输出的一种确定状态组合相对应的。因此，步的这种划分方法使代表各步逻辑状态的编程元件与 PLC 各输出状态之间有着极为简单的逻辑对应关系。

2. 确定转换条件

使顺序控制系统由当前步转入下一步的信号称为转换条件。转换条件可以是外部输入信号，如按钮、指令开关、限位开关的通断信号，也可以是 PLC 内部产生的信号，如定时器、计数器触点的通断等，转换条件也可以是若干个信号与、或、非的逻辑组合。在图 5-37 所示的彩灯顺序点亮控制系统中，各步之间的转换条件分别为定时器的定时时间到的信号。在图 5-38 所示的加热炉自动上料控制系统中，各步之间的转换条件分别为 SB1、SQ1、SQ2、SQ3 和 SQ4。

顺序控制设计法用转换条件来控制代表各步的编程元件，让它们的逻辑状态按一定的顺序变化，然后用代表各步的编程元件去控制各个输出映像寄存器。

3. 绘制顺序功能图

根据对系统控制功能的分析、顺序步骤和被控对象的动作要求绘制出顺序功能图。绘制顺序功能图是顺序控制设计法中最关键的一个步骤，具体方法将在后面详细介绍。

4. 编制梯形图

根据顺序功能图，选择某种编程方式编制出梯形图程序。如果 PLC 支持顺序功能图语言，则可直接使用该顺序功能图作为最终程序。

5.4.2 顺序功能图的绘制

顺序功能图又称为功能表图或状态转移图，它是描述控制系统的控制过程、功能和特性的一种图形，也是设计 PLC 的顺序控制程序的工具。顺序功能图并不涉及所描述的控制功能的具体技术，它是一种通用的技术语言，可以用于与不同专业的人员之间进行技术交流，并据此进一步设计程序。各个 PLC 厂家都开发了相应的顺序功能图，各国也都制定了顺序功能图的国家标准。我国颁布的顺序功能图国家标准 GB/T 21654—2008 采用了 GRAFCET 规范语言。

顺序功能图的一般形式如图 5-39 所示，它主要由步（状态）、有向连线、转换、转换条件和动作（命令）组成。

1. 步与动作

步在顺序功能图中用矩形框来表示，方框内标注该步的编号或名称。在图 5-39 所示的顺序功能图中，用编号 $n-1$、n 和 $n+1$ 表示各步（或标注状态 $n-1$、状态 n 和状态 $n+1$）。在具体编程时，一般用 PLC 内部的编程元件来代表各步，如 M0.0、S2.1 等，这样做便于根据顺序功能图比较直观地设计出梯形图。

任何控制系统都有初始状态，与系统的初始状态相对应的步称为初始步。初始状态一般是控制系统等待起动命令的相对静止的状态。初始步用双线方框表示，如图 5-40 所示。每一个顺序功能图至少应该有一个初始步。

图 5-39　顺序功能图的一般形式　　　图 5-40　顺序功能图的例子

一个顺序控制系统的被控对象在某一步中可能要完成几个动作，与此相应，PLC 在某一步中则要向被控系统发出几个命令，这些命令或动作用矩形框中的文字或符号表示，并将该矩形框与相应的步相连。多个动作的表示方法有两种，如图 5-40 所示，即可以将多个动作的矩形框横向排列或纵向排列，而且多个动作的矩形框的排列顺序不代表这些动作之间的任何顺序。

当系统正处于某一步时，该步相应的动作被执行，称此步为活动步，其他步则称为休止步。当某一步由活动步变为休止步时，相应的动作如果需要继续执行，则称此动作为保持型的动作；当某一步由活动步变为休止步时，相应的动作如果要求立即停止，则称此动作为非保持型的动作。一般在顺序功能图中保持型的动作应该用文字或助记符标注，而非保持型的动作不用标注。

2. 有向连线、转换与转换条件

在顺序功能图中，随着时间的推移和转换条件的实现，将会发生步的活动状态的顺序推移，这种推移按有向连线规定的路线和方向进行。在画顺序功能图时，将代表各步的方框按它们成为活动步的先后次序顺序排列，并用有向连线将它们连接起来。活动状态的移动方向习惯上是从上到下或从左至右，在这两个方向有向连线上的箭头可以省略。如果不是上述的方向，应在有向连线上用箭头注明活动状态的转移方向。

转换是用有向连线上与有向连线垂直的短画线来表示的，转换将相邻两步分隔开。上下两步之间的转换是依靠转换条件实现的，转换条件可以用文字语言、逻辑代数式或图形符号标注在表示转换的短线的旁边。如图5-40所示，要从初始状态转换到第一步M0.0，转换条件是按钮信号SB；要从第一步M0.0转换到第二步M0.1，转换条件是行程开关信号SQ。一般地，转换条件X和$\overline{X}$分别表示在逻辑信号X为1态和0态时实现转换；转换条件X↑和X↓分别表示当X从0态变为1态（上升沿）时和从1态变为0态（下降沿）时实现转换。对于较复杂的、由多个信号的综合得到的转换条件，则使用逻辑代数式来表示，如转换条件（I0.2+I0.5）·V1.0。

3. 顺序功能图的基本结构

顺序功能图的基本结构有单控制流（单序列）、选择性控制流（选择序列）和并行控制流（并行序列）。

单控制流由一系列相继激活的步（状态）组成，每一步的后面仅接有一个转换，每一个转换的后面只有一个步，如图5-41a所示。

控制流的选择性分支如图5-41b所示。各个分支的转换条件不同，某一时刻只有一个转换条件成立（具有一定的随机性）。当某个转换条件成立时，活动步则转入相应的步。例如，当前活动步在第5步，若f=1，则活动步转入第7步，同时第5步变为休止步。

选择性控制流的合并如图5-41c所示。当某个分支上的步为活动步，且其下面的转换条件成立时，则活动步发生向下的转移。例如，如果第8步是活动步，且j=1，则活动步转入第9步，同时第8步变为休止步。

控制流的并行分支如图5-41d所示。当转换条件成立时，会导致几个分支上的步同时被激活。若当活动步在第5步，且k=1，则第6~8步这3步同时变为活动步，同时第5步变为休止步。每个分支上的活动步的动作是独立进行的。水平线段使用双线是为了强调激活几个后续步的同步实现。

并行控制流的合并如图5-41e所示。当分支上的所有步均为活动步且转换条件实现时，会导致几个分支上的所有步同时被休止，即当第6~8步这3步同时为活动步，且x=1时，则活动步转入第9步，同时第6~8步变为休止步。水平线段使用双线是为了强调休止几个前级步的同步实现。

4. 绘制顺序功能图应注意的问题

1）两个步绝对不能直接相连，必须用一个转换将它们隔开。

2）两个转换也不能直接相连，必须用一个步将它们隔开。

3）顺序功能图中初始步是必不可少的，它一般对应于系统等待起动的初始状态，这一步可能没有什么动作执行，因此很容易遗漏这一步。如果没有该步，无法表示初始状态，系

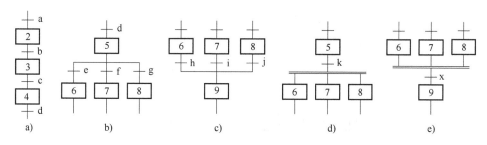

图 5-41　顺序功能图的基本结构

a）单控制流　b）控制流的选择性分支　c）选择性控制流的合并

d）控制流的并行分支　e）并行控制流的合并

统也无法返回停止状态。

4）只有当某一步的前级步为活动步时，该步才有可能变成活动步。如果用无断电保持功能的编程元件代表各步，则 PLC 开始进入 RUN 方式时各步均处于 **0** 态。因此必须要有初始化信号，将初始步预置为活动步，否则顺序功能图中永远不会出现活动步，系统将无法工作。

如图 5-37 所示的彩灯顺序点亮控制系统的顺序功能图如图 5-42 所示。该控制系统的工作过程分成依次点亮和全灭 4 步，相应的转换条件为定时器的时间信号 T33、T34、T35 和 T36。每一步直接用编程元件位存储器 M0.1～M0.4 来代表，图 5-42 中 SM0.1 为 S7-200 PLC 产生初始化脉冲的特殊标志位，一般使用该信号来激活系统的初始状态。

如图 5-38 所示的加热炉自动上料控制系统的顺序功能图如图 5-43 所示。其中，图 5-43a 是用文字叙述每一步的状态和动作，图 5-43b 则直接使用编程元件来代表每一步的状态和动作。该控制系统的工作过程分成停止状态、炉门开、送料机进、送料机退和炉门关 5 步。

显然，彩灯顺序点亮控制系统和加热炉自动上料控制系统都是具有单控制流顺序功能图的简单控制系统。

图 5-42　彩灯顺序点亮控制系统的顺序功能图

图 5-43　加热炉自动上料控制系统的顺序功能图

5.4.3　单控制流的顺序控制设计法

梯形图的顺序控制设计法是指根据顺序功能图设计出梯形图的方法。本节仅讨论顺序功能图具有单控制流结构的简单控制系统的顺序控制设计法。

1. 使用位逻辑指令的编程方法

各厂商 PLC 的位逻辑指令基本相同，因此采用位逻辑指令的编程方法是一种通用的编程方法。该编程方法使用位存储器（中间继电器）来代表步。当某一步为活动步时，对应的位存储器的状态为 **1** 态，转换条件满足时，该转换的后续步变为活动步，并使本步休止，即使位存储器的状态变为 **0** 态。由于转换条件大都是短暂有效的，因此，应使用有自锁功能的程序段来维持代表步的位存储器的状态（**1** 态）。

如图 5-44a 所示，是某单控制流顺序功能图中顺序相连的 3 步，X_i 是第 M_i 步之前的转换条件。编程的关键是找出它的起动条件和停止条件。根据转换实现的基本规则，转换实现的条件是它的前级步为活动步，并且满足相应的转换条件，所以第 M_i 步变为活动步的条件是 M_{i-1} 为活动步（$M_{i-1}=1$），并且转换条件 $X_i=1$，在梯形图中则应将 M_{i-1} 和 X_i 的常开触点串联后作为控制 M_i 的起动电路，如图 5-44b 所示；当 M_i 和 X_{i+1} 均为 **1** 态时，第 M_{i+1} 步应变为活动步，并应使第 M_i 步变为休止步，因此，可以将 $M_{i+1}=1$ 作为使 M_i 变为 0 态的条件，即将 M_{i+1} 的常闭触点与 M_i 的线圈串联。

也可用置位指令 S 和复位指令 R 来实现上述功能，如图 5-44c 所示。当 M_{i-1} 为活动步，且转换条件 $X_i=1$ 时，执行置位指令 S，M_i 被置 1，使 M_i 变为活动步；当 M_{i+1} 变为活动步时，执行复位指令 R，M_i 被置 0，使 M_i 变为休止步。

使用置位指令 S 和复位指令 R 编程的另外两种方法如图 5-44d 和 e 所示。在图 5-44d 中，当 M_i 变为活动步的条件满足时（M_{i-1} 和 X_i 同时为 **1** 态），执行置位指令 S，使 M_i 置 1，同时执行复位指令 R，使 M_{i-1} 置 0。在图 5-44e 中，若 M_i 为活动步，执行复位指令 R，使上一步 M_{i-1} 置 0，当下一个转换条件满足时，执行置位指令 S，使下一步 M_{i+1} 置 1。

这种编程方法与转换实现的基本规则之间有着严格的对应关系，思路清晰，用它编制复杂的顺序功能图的梯形图时，更能显示出它的优越性。

162

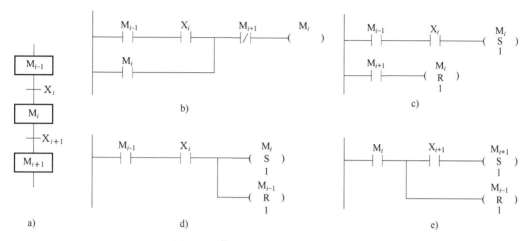

图 5-44　使用位逻辑指令的编程方法

　　由图 5-42 所示的彩灯顺序点亮控制系统的顺序功能图编写的梯形图程序如图 5-45 所示。开始运行时由初始脉冲 SM0.1 将 M0.0 置为 **1** 态（程序段 1 中），使系统处在初始状态；在程序段 2～程序段 6 中，当转换条件满足时，置前级步为休止步，置后续步为活动步；在程序段 7～程序段 10 中，是对某个活动步进行定时；在程序段 11～程序段 13 中，是由某个活动步的状态所激励的对应动作的输出程序段，由于这 3 个动作均为保持型，故程序采用了自锁触点，并且在 M0.3 步的定时时间达到时（T35＝1），使所有步的动作复位（灯全灭）；当 M0.4 步的定时时间达到时（T36＝1），程序段 3 中的常开触点 T36 闭合，使第一步 M0.1 再次置为 **1** 态，各个彩灯再次顺次点亮，从而彩灯周而复始地工作。

　　本彩灯顺序点亮控制系统的控制程序没有考虑系统启动工作后怎样停止的问题，如果增设一个停止信号 I0.1，请读者自行修改顺序功能图和梯形图程序。

　　由图 5-43 所示的加热炉自动上料控制系统的顺序功能图编写的梯形图程序如图 5-46 所示。在程序段 1 中，开始运行时由初始脉冲 SM0.1 将 M0.0 置为 **1** 态，使系统处在初始状态；在程序段 2 中，当起动信号 I0.0 有效时，M0.1 置为 **1** 态，使系统由初始状态转换到状态 M0.1，同时执行 M0.1 状态时对应的动作，即 Q0.0 被接通，炉门打开；在程序段 3 中，当行程开关信号 I0.2 有效时，M0.2 置为 **1** 态，使系统由 M0.1 状态转换到 M0.2 状态，同时执行 M0.2 状态时对应的动作，即 Q0.2 被接通，送料机推进；在程序段 4 中，当行程开关信号 I0.4 有效时，M0.3 置为 **1** 态，使系统由 M0.2 状态转换到 M0.3 状态，同时执行 M0.3 状态时对应的动作，即 Q0.3 被接通，送料机退出；在程序段 5 中，当行程开关信号 I0.5 有效时，M0.4 置为 **1** 态，使系统由 M0.3 状态转换到 M0.4 状态，同时执行 M0.4 状态时对应的动作，即 Q0.1 被接通，炉门关闭；在程序段 1 中，当行程开关信号 I0.3 有效时，M0.0 重新置为 **1** 态，使系统由 M0.4 状态转换到初始状态。

　　加热炉自动上料控制系统虽然每发出一个起动信号，系统就循环工作一次，最后能自动停止在原位，但是还应该考虑到在一个循环工作过程中如何发生某种故障，应该立即停止系统运行的问题。也就是说，必须给系统增设一个急停开关 SB2，以此相应的停止信号 I0.1 怎样加进上述控制程序中？请读者自行完善该梯形图程序。

　　由于加热炉自动上料控制过程的每一个状态所对应的动作都是非保持型的，即一个动作

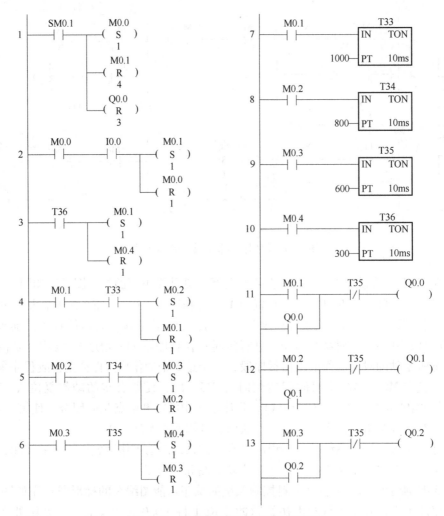

图 5-45　彩灯顺序点亮控制的梯形图

对应一个状态，当某个状态结束时，相应的动作也就结束了，因此输出线圈可以直接与代表状态的线圈并联。这与保持型动作所对应的输出驱动程序的设计是完全不同的。如果某一输出动作在某几步中都为 **1** 态，应将代表各有关步的位存储器的常开触点并联后驱动该动作的输出线圈；或者按照图 5-45 中的输出线圈的驱动程序段（程序段 11～程序段 13）的设计方法（自锁）来保持动作。注意，用自锁来保持动作，只能用于该动作在连续的几步中都必须保持的情况，否则不能采用自锁来保持动作。

图 5-47 所示是根据图 5-44e 的编程方法编写的另一种形式的加热炉自动上料的控制程序。对照图 5-43 可知，该梯形图与顺序功能图的形式很相似，这样的程序具有更好的可读性。

综上所述，由于步是根据输出状态的变化来划分的，并且使用了位存储器来代表每一个状态，所以不仅梯形图中输出驱动程序段的编程极为简单，而且具有思路清晰、编程规范、梯形图易于阅读和修改的优点。

图 5-46 加热炉自动上料控制的梯形图（一）　　图 5-47 加热炉自动上料控制的梯形图（二）

2. 使用顺序控制继电器指令的编程方法

许多厂商的 PLC 都有专门用于编制顺序控制程序的指令和编程元件。例如，西门子公司的 S7-200 PLC 的 SCR 指令（LSCR、SCRT、SCRE），美国 GE 公司和 GOULD 公司的鼓形控制器，日本东芝公司的步进顺序指令、三菱公司的步进梯形指令等。

下面使用顺序控制继电器指令来编写例 5-4 的运料小车三位行程控制系统的梯形图程序。现将原控制功能稍微改动一点，要求每按一次起动按钮，小车分两次自动将料运送到 B、C 两地，并返回到原位 A 停止。

首先，根据对运料小车的控制要求，画出运料小车控制系统的顺序功能图，如图 5-48 所示。当使用顺序控制继电器指令编程时，应该用顺序控制继电器 S 来代表每一步的状态。假设小车在原位并已经装料为系统的初始状态步 S0.0，系统的工作过程简述如下：

按下起动按钮 I0.1，系统由初始步 S0.0 转换到第 1 步 S0.1，小车右行；小车右行到 B 位，产生了行程开关信号 I0.4，系统由 S0.1 步转换到第 2 步 S0.2，输出卸料信号 Q0.3，并起动定时器 T38 定时；T38 定时时间到，系统由 S0.2 步转换到第 3 步 S0.3，小车左行；小车左行到 A 位，产生了行程开关信号 I0.3，系统由 S0.3 步转换到第 4 步 S0.4，输出装料信号 Q0.2，并起动定时器 T37 定时；T37 定时时间到，系统由 S0.4 步转换到第 5 步 S0.5，小车右行；小车右行到 C 位，产生了行程开关信号 I0.5，系统由 S0.5 步转换到第 6 步 S0.6，输出卸料信号 Q0.3，并起动定时器 T39 定时；T39 定时时间到，系统由 S0.6 步转换到第 7 步 S0.7，小车左行；小车左行到 A 位，产生了行程开关信号 I0.3，系统由 S0.7 步转换到初始状态步，停止运行。即每按一次起动按钮，系统按上述步骤循环工作一个周期后回到初始状态步 S0.0。

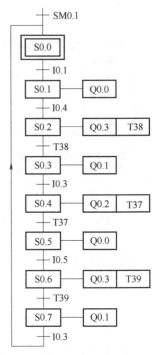

图 5-48　运料自动小车控制系统的顺序功能图

图 5-49 所示为采用顺序控制继电器指令编写的小车自动送料控制系统的梯形图。计入初始状态，小车自动送料控制系统的控制程序分为 8 个顺控程序段（或称 8 个状态），即 S0.0 ~ S0.7，每一个程序段由 SCR 指令开始，SCRE 指令结束，在某个程序段结束之前，要用 SCRT 指令将下一个程序段激活。在 SCR 指令与 SCRE 指令之间放置的是本程序段需要执行的动作（指令）。

图 5-49 所示梯形图程序的工作过程简述如下：

程序段 1 为控制的初始化程序。系统上电时，初始脉冲 SM0.1 使初始状态位 S0.0 置 **1**，状态 S0.1 ~ S0.7 置 **0**（复位）。

程序段 2 ~ 程序段 5 为第 1 个顺控程序段。系统上电后的首个扫描周期，该顺控段被执行，所执行的任务是程序段 3 复位所有的输出，并在起动信号 I0.1 有效时，程序段 4 激活下一个顺控段，即 S0.1 置 **1**。

程序段 6 ~ 程序段 9 为第 2 个顺控程序段。该顺控段所执行的任务是程序段 7 用 PLC 的运行标志位 SM0.0 使输出 Q0.0 置 **1**，发出正转信号，运料小车右行；当小车右行到 B 位而压动行程开关 I0.4 时，程序段 8 激活下一个顺控段，即 S0.2 置 **1**。

程序段 10 ~ 程序段 13 为第 3 个顺控程序段。在程序段 11 中，SM0.0 使输出 Q0.3 置 **1**，发出卸料信号并起动卸料定时，同时小车停止右行；当卸料定时时间 100s 到时，程序段 12 激活下一个顺控段，即 S0.3 置 **1**。

程序段 14 ~ 程序段 17 为第 4 个顺控段。在程序段 15 中，SM0.0 使输出 Q0.1 置 **1**，发出反转信号，运料小车左行，同时复位卸料信号；当小车左行到 A 位而压动行程开关 I0.3 时，程序段 16 激活下一个顺控段，即 S0.4 置 **1**。

程序段 18 ~ 程序段 21 为第 5 个顺控段。在程序段 19 中，SM0.0 使输出 Q0.2 置 **1**，发出装料信号并起动装料定时，同时小车停止左行；当装料定时时间 150s 到时，程序段 20 激

图 5-49 运料自动小车控制系统的梯形图

活下一个顺控段，即 S0.5 置 **1**。

程序段 22~程序段 25 为第 6 个顺控段，程序段 26~程序段 29 为第 7 个顺控段，程序段 30~程序段 33 为第 8 个顺控段，这些顺控程序段的执行情况由读者自行分析。

综上所述，每一个程序段的动作都是用 SM0.0 来激活，用定时时间或行程开关的信号（都是转换信号）使 SCRT 指令被执行，从而激活下一个顺控段，本顺控段由 SCRE 指令（对应着用位逻辑指令编程中的复位指令）终止。该程序是基于如下假设设计的：初始状态为运料小车停在原位（A 位），且系统的工作完全按部就班地执行。运行实际系统时，事故是难免的，控制程序需增设急停开关。当事故发生时，小车将会紧急停放在任意位置，控制程序应该怎样修改才能恢复系统的顺序工作状态？请读者自行分析设计。

这种编程方法看似复杂，因为图 5-49 所示的程序相比例 5-4 的程序要长许多，实际上，因其编程思路特别清晰，对解决复杂的顺控问题非常有效。

从上述各个例子可以看出，顺序功能图能够清楚地展现出控制程序中各个输入、输出逻辑变量之间的逻辑关系，无论是采用位逻辑指令还是顺序控制继电器指令，编程的思路都非常清晰。因此，根据顺序功能图进行编程的方法是一种最简单、有效的编程方法。

5.4.4 复杂控制流的顺序控制设计法

如图 5-41 所示，顺序功能图除了单控制流结构，还有控制流的选择性分支、选择性控制流的合并、控制流的并行分支以及并行控制流的合并等复杂结构。本节将介绍具有这几种复杂控制流结构的顺序功能图对应的梯形图的设计方法。

图 5-50 所示是使用顺序控制继电器指令实现控制流的选择性分支控制的编程实例。如图 5-50a 所示，当系统处于状态 S2.3 且转换条件 I0.6 为真时，则系统转换为状态 S2.4；或者当系统处于状态 S2.3 且转换条件 $\overline{M1.2}$ 为真时，则系统转换为状态 S2.5。控制程序如图 5-50b 所示，图中没有画出的程序段 16 是状态 S2.3 中系统应当执行的动作；程序段 17 和程序段 18 中的两条 SCRT 指令实现了将一段 SCR 程序分解成两条选择性分支的控制。

图 5-50　控制流的选择性分支控制编程实例

图 5-51 所示是使用顺序控制继电器指令实现控制流的并行分支控制的编程实例。如图 5-51a 所示，当系统处于状态 S1.0 且转换条件（I0.3）·（M0.1）（逻辑与）为真时，则系统同时转换到状态 S1.1 和 S1.2。控制程序如图 5-51b 所示，图中没有画出的程序段 11 是状态 S1.0 中系统应当执行的动作；程序段 12 中的两条 SCRT 指令同时将状态 S1.1 和 S1.2 同时激活，实现了将一段 SCR 程序分解成两条并行分支的控制。

图 5-52 所示是使用顺序控制继电器指令实现选择性控制流的合并控制的编程实例。如图 5-52a 所示，如果系统处于状态 S0.6 且转换条件 T37 为真，则系统转换为状态 S1.0；如果系统处于状态 S0.7 且转换条件 M2.0 为真，则系统转换为状态 S1.0。控制程序如图 5-52b 所示，图中没有画出的程序段 13 和程序段 18 分别是状态 S0.6 和状态 S0.7 中系统应当执行的动作；程序段 14 和程序段 19 中的 SCRT 指令将状态 S1.0 激活，实现状态转移。

图 5-53 所示是使用顺序控制继电器指令实现并行控制流的合并控制的编程实例。如图 5-53a 所示，由于状态 S1.4 和 S1.5 均要完成控制是实现状态转换的必要条件，因此需设置两个等待状态 S1.6 和 S1.7，V1.0 是状态 S1.4 完成控制的标志，而 V1.2 是状态 S1.5 完成控制的标志。通过从状态 S1.4 转换到状态 S1.6，以及从状态 S1.5 转换到状态 S1.7 的方

图 5-51 控制流的并行分支控制编程实例

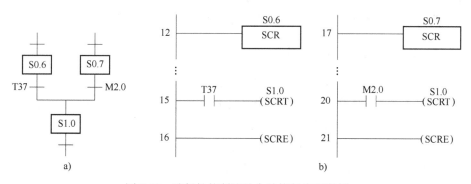

图 5-52 选择性控制流的合并控制编程实例

法实现控制流的合并。当 S1.6 和 S1.7 同时为 1 态且转换条件 C30 为真时，则系统转换到状态 S2.0。控制程序如图 5-53b 所示，图中没有画出的程序段 21～程序段 23，以及程序段 27～程序段 28 分别是状态 S1.4 和状态 1.5 中系统应当执行的动作；显然 S1.6 与 S1.7 是两个没有任何操作的等待状态；程序段 28 中的置位和复位指令将下一个状态 S2.0 激活、使上两个状态 S1.6 与 S1.7 休止，实现状态转移。

图 5-53 并行控制流的合并控制编程实例

对于复杂的顺序控制系统，不仅 I/O 点数多，顺序功能图也相当复杂。其工作周期不是固定的，在某个工作周期中所做的动作与转换条件有关，具有一定的随机性，以此相应的顺序功能图不仅会包含选择性控制流和并行控制流，还会出现跳步与循环等特殊控制，而且系统往往还要求设置多种工作方式，如手动和自动（包括连续、单周期、单步等）工作方式。手动程序比较简单，一般用经验设计法，自动程序的设计一般用顺序控制设计法。

*5.5 PLC 程序的逻辑设计法

逻辑设计法包括组合逻辑设计法和时序逻辑设计法，这是借用逻辑电路的设计方法。逻辑电路包括组合逻辑电路和时序逻辑电路，简单地说，组合逻辑电路是没有记忆功能的逻辑电路，输出逻辑变量与输入逻辑变量之间的关系可以使用逻辑函数简单地表达出来；而时序逻辑电路是有记忆功能的逻辑电路，输出逻辑变量与输入逻辑变量之间除了逻辑关系还有时间关系。作为程序设计基础，本节只介绍组合逻辑设计法。

5.5.1 梯形图与逻辑函数的关系

在完全由基本位逻辑指令构成的梯形图中，输出逻辑变量与输入逻辑变量之间存在简单的逻辑关系，见表 5-7。为了简化逻辑函数中变量的书写，表 5-7 中，输入逻辑变量采用单字母 A、B、C、D 等表示，输出逻辑变量采用 F_1、F_2、F_3 等表示。与、或、非是逻辑代数中 3 种最基本的运算，触点串联对应着逻辑与，触点并联对应着逻辑或（亦称逻辑加）。在 PLC 中，常开触点指令是取逻辑变量的原码参与运算，而常闭触点指令是取逻辑变量的反码参与运算。而在逻辑代数中，逻辑非运算即将逻辑变量的值（**1** 或 **0**）取反后（**0** 或 **1**）参与运算。因此，常开触点应当直接采用逻辑变量表示，而常闭触点应当采用逻辑非变量表示。

由于梯形图与逻辑函数存在一一对应的关系，因此，可以借助组合逻辑电路的设计方法来设计梯形图程序。

表 5-7 梯形图与逻辑函数的对应关系

梯形图	逻辑函数	梯形图	逻辑函数
A B F_1	$F_1 = A\bar{B}$	A/C NOT F_4	$F_4 = \overline{A+\bar{C}}$
A/C F_2	$F_2 = A+\bar{C}$	A C / B D F_5	$F_5 = A\bar{C}+\bar{B}D$
A/C B F_3	$F_3 = (A+\bar{C})B$	A C/ B D F_6	$F_6 = (A+\bar{B})(\bar{C}+D)$

5.5.2 组合逻辑关系的程序设计法

采用组合逻辑电路的设计方法设计梯形图的具体步骤如下：

1）分析实际的控制问题，明确有哪些输入逻辑变量和输出逻辑变量。并使用字母代表各个逻辑变量。进一步分析这些逻辑变量之间的逻辑关系，列出真值表。

2）根据真值表列写出输出逻辑变量的逻辑代数式（逻辑函数）。由真值表列出的逻辑代数式都是与或项之和的形式，该逻辑代数式中可能有多余的项，也可能有多余的变量，因此必须化简该逻辑代数式。

3）根据化简后的逻辑代数式，使用位逻辑指令画出梯形图。

下面通过一个实例来说明组合逻辑设计法。

例 5-7 某消防设备为了处理紧急事故设置了可以在 4 个地点进行控制的控制开关（单掷开关），操作任意一处的控制开关均能起动该消防设备自动工作或停止工作。试设计实现控制该消防设备工作的梯形图程序。

解：设 4 个控制开关分别用 A、B、C 和 D 表示，它们分别接入 PLC 的 I0.0、I0.1、I0.2 和 I0.3 四个端口，当开关断开或闭合时，对应逻辑状态为 **0** 或 **1**。驱动消防设备工作的信号 F 由 PLC 的 Q0.0 端口输出，当输出为 **1** 态时，设备自动起动工作，反之，当输出为 **0** 态时，设备自动停止工作。

根据题意，可以列出的真值表见表 5-8。表 5-8 是遵循每一次操作只改变一个开关的状态、输出的逻辑状态总与原来状态相反的规律列写的。第 1 行，所有开关均为断开状态，输出为 **0** 态，设备不工作；第 2 行闭合开关 D，输出变为 **1** 态，设备开始工作；第 3 行闭合开关 C，输出变为 **0** 态，设备停止工作，以此类推。也就是说，在某地起动设备工作，可以在另外一地（异地）停止设备工作，亦可再换一处再次起动设备工作。这样的逻辑关系，保证了能够及时控制消防设备。

表 5-8　消防设备逻辑变量的真值表（一）

$A\ B\ C\ D$	F	$A\ B\ C\ D$	F
0　0　0　0	0	1　0　0　1	0
0　0　0　1	1	1　0　1　1	1
0　0　1　1	0	1　0　1　0	0
0　1　1　1	1	0　0　1　0	1
1　1　1　1	0	0　1　1　0	0
1　1　1　0	1	0　1　0　0	1
1　1　0　0	0	0　1　0　1	0
1　0　0　0	1	1　1　0　1	1

根据表 5-8 可列出如下逻辑代数式：

$$F=\overline{A}\ \overline{B}\ \overline{C}D+\overline{A}BCD+\overline{A}B\overline{C}D+\overline{A}B\ \overline{C}\ \overline{D}+A\overline{B}CD+A\ \overline{B}CD+ABC\ \overline{D}+AB\overline{C}D \tag{5-1}$$

根据卡诺图可知，上述逻辑函数是不能化简的，但可以通过合并同类项来简化表达形

171

式。现将第1项与第6项合并、将第2项与第7项合并、将第3项与第8项合并、将第4项与第5项合并，可得

$$F = \bar{A}\,\bar{B}(\bar{C}D + C\bar{D}) + \bar{A}B(CD + \bar{C}\,\bar{D}) + AB(\bar{C}D + C\bar{D}) + A\bar{B}(CD + \bar{C}\,\bar{D}) \tag{5-2}$$

继续合并同类项，可得

$$F = (\bar{A}\,\bar{B} + AB)(\bar{C}D + C\bar{D}) + (\bar{A}B + A\bar{B})(CD + \bar{C}\,\bar{D}) \tag{5-3}$$

根据式（5-3）以及各个逻辑变量与 PLC 输入-输出端口的关系，可以得到如图 5-54 所示的梯形图。由图 5-54 可见，这是一个逻辑关系比较复杂的程序，如果不采用组合逻辑设计法，很难分析出各个逻辑变量之间的逻辑关系。

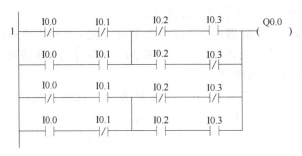

图 5-54　控制消防设备的梯形图

根据实际逻辑问题列写真值表的方法不是唯一的。表 5-8 所示的真值表是按照每一次只操作一个与上次操作的开关不同的顺序列写的。显然，在自变量更多的情况下，这样列写很难将自变量的所有排列列写出来。如果按照自变量构成的二进制数的大小顺序列写，就不存在上述困难。表 5-9 是与表 5-8 相同的真值表，但 4 个自变量是按照十进制数 0、1、2、…、14、15 的顺序列写的。第一行，所有开关均为断开状态，输出为 **0** 态，设备不工作；第二行闭合开关 D，输出变为 **1** 态，设备开始工作；第三行闭合开关 C、同时断开开关 D，相当于操作了两次开关，故输出保持 **1** 态，设备继续工作。依次类推。显然，根据表 5-9 列出的逻辑函数与由表 5-8 得到的逻辑函数完全相同。

表 5-9　消防设备逻辑变量的真值表（二）

A B C D	F	A B C D	F
0 0 0 0	0	1 0 0 0	1
0 0 0 1	1	1 0 0 1	0
0 0 1 0	1	1 0 1 0	0
0 0 1 1	0	1 0 1 1	1
0 1 0 0	1	1 1 0 0	0
0 1 0 1	0	1 1 0 1	1
0 1 1 0	0	1 1 1 0	1
0 1 1 1	1	1 1 1 1	0

例 5-8 Y_1、Y_2、Y_3 3 组照明灯由一个常开触点按钮控制,每点动一次按钮,3 组灯顺次点亮;当 3 组灯全亮后,再每点动一次按钮,3 组灯按照点亮的顺序依次熄灭;若每一次点动按钮的时间超过 2s,则 3 组灯同时熄灭。试设计实现上述控制功能的梯形图程序。

解: 根据题意,点动按钮 6 次就可以使 3 组灯顺次点亮并依次熄灭,完成一个周期的规律性亮灭。因此,可以采用具有计数功能的指令来实现工作状态的累计,并由工作状态的步序产生输出驱动信号。本例采用字节增指令来累计按钮点动的次数,并将其存放在字节 MB0 中。若设用 3 个中间变量 A、B、C 代表 MB0 的低 3 位 M0.2、M0.1、M0.0,可列出的真值表见表 5-10。表 5-10 中,第 7 行对应按钮点动 6 次时的计数状态,当出现 **110** 时,计数单元应当马上清零、恢复初始状态。

表 5-10　3 组照明灯工作逻辑真值表

按钮点动次数	计数状态			输出变量		
	A	B	C	Y_1	Y_2	Y_3
0	0	0	0	0	0	0
1	0	0	1	1	0	0
2	0	1	0	1	1	0
3	0	1	1	1	1	1
4	1	0	0	0	1	1
5	1	0	1	0	0	1
6	1	1	0	0	0	0
	0	0	0			
7	0	0	1	1	0	0

根据表 5-10,可列出 3 个输出变量与计数状态的逻辑关系:

$$\left.\begin{array}{l} Y_1 = \overline{A}\,\overline{B}C + \overline{A}BC + \overline{A}B\overline{C} = \overline{A}(B+C) \\[2mm] Y_2 = \overline{A}B\overline{C} + \overline{A}BC + A\overline{B}\,\overline{C} = \overline{A}B + A\overline{B}\,\overline{C} \\[2mm] Y_3 = \overline{A}BC + A\overline{B}\,\overline{C} + A\overline{B}C = \overline{A}BC + A\overline{B} \end{array}\right\} \qquad (5\text{-}4)$$

用 M0.2、M0.1、M0.0 代替中间变量 A、B、C,设驱动 Y_1、Y_2、Y_3 3 组灯的信号分别由 Q0.0、Q0.1、Q0.2 输出,则可得到如图 5-55 所示的梯形图。图 5-55 中,程序段 1 是初始化程序段;程序段 2 使用字节增指令累加按钮点动的次数;程序段 3~程序段 5 是根据式(5-4)画出的驱动程序段;程序段 6 记录按钮按下的时间;程序段 7 在下列两种条件下都将使 3 个计数位清零:当第 6 次按下按钮(计数状态为 **110**);或者按钮按下时间达到或超过 2s。

本例所描述的问题是有时间先后顺序的控制问题,并不是简单的组合逻辑问题,但是通过字节增指令将按钮的点动次数转换为 3 位二进制数后,因二进制数与灯的状态之间存在一一对应的关系,故逻辑关系就转换成了组合逻辑。设计程序时,除了根据逻辑函数,还需要补充计时和清零、复位的程序段。

例 5-9 某喷漆车间的排风系统由 3 台风机组成,为了保证在喷漆时保持车间排风通畅,必须检测风机是否正常工作。当有两台及两台以上风机工作时,表示车间通风状况良好,通

图 5-55 控制三组灯的梯形图

风系统的状态指示灯正常点亮；当只有一台风机工作时，状态指示灯以 0.5Hz 频率闪烁报警，表示车间通风状况不佳，提示检修通风系统；当所有风机停止工作时，状态指示灯以 2Hz 频率闪烁报警，并且蜂鸣器鸣叫，发出声音报警以警告车间处于危险状态，必须马上停工检查。试用组合逻辑设计法设计该喷漆车间的排风系统运行状态检测系统的 PLC 程序。

解：设 3 台排风扇分别用 A、B、C 表示，传感器输出的信号正常运转时为 1，停转时为 0；设驱动指示灯的信号为 F，驱动蜂鸣器的信号为 Y。根据检测要求，可列出状态表见表 5-11（指示灯闪烁与蜂鸣器鸣叫也定义为 1 态）。

表 5-11 例 5-9 状态表

$A\ B\ C$	F	Y
0 0 0	1（2Hz 频率闪烁）	1
0 0 1	1（0.5Hz 频率闪烁）	0
0 1 0	1（0.5Hz 频率闪烁）	0
0 1 1	1	0
1 0 0	1（0.5Hz 频率闪烁）	0
1 0 1	1	0
1 1 0	1	0
1 1 1	1	0

由于同一个输出变量有 3 种输出状态，可设置 3 个中间变量 F_1、F_2 和 F_3，分别代表指示灯点亮、指示灯按 0.5Hz 的频率闪烁和指示灯按 2Hz 的频率闪烁。根据表 5-11 可知 3 个中间变量的逻辑关系分别为

$$F_1 = \overline{A}BC + A\overline{B}C + AB\overline{C} + ABC = BC + AC + AB \tag{5-5}$$

$$F_2 = \overline{A}\,\overline{B}C + \overline{A}B\overline{C} + AB\,\overline{C} \tag{5-6}$$

$$F_3 = \overline{A}\,\overline{B}\,\overline{C} \tag{5-7}$$

当 $F_1 = 1$ 时，指示灯正常点亮；当 $F_2 = 1$ 时，指示灯按 0.5Hz 的频率闪烁；当 $F_3 = 1$ 时，指示灯按 2Hz 的频率闪烁。因此，驱动指示灯的逻辑代数式为

$$F = F_1 + F_2 \cdot CP_1 + F_3 \cdot CP_2 \tag{5-8}$$

式中，CP_1 是 0.5Hz 脉冲信号；CP_2 是 2Hz 脉冲信号。

驱动蜂鸣器的逻辑代数式为

$$Y = \overline{A}\,\overline{B}\,\overline{C} \cdot CP_2 = F_3 \cdot CP_2 \tag{5-9}$$

由状态表可知，逻辑变量 F_2 与逻辑变量 $(F_1 + F_3)$ 具有相反的逻辑关系，即

$$F_2 = \overline{F_1 + F_3} = \overline{F_1}\,\overline{F_3} \tag{5-10}$$

再设逻辑变量与 PLC 存储单元的对应关系，见表 5-12。

表 5-12　逻辑变量与 PLC 存储单元的对应关系

A	B	C	F_1	F_3	F_2	F	Y
I0.0	I0.1	I0.2	M0.0	M0.1	M0.2	Q0.0	Q0.1

根据式（5-5）~式（5-10），可以直接得到如图 5-56 所示的梯形图。图 5-56 中，程序段 1~程序段 3 是根据式（5-5）、式（5-7）和式（5-10）得到的程序段；程序段 4 与程序段 5 是产生 0.5Hz 脉冲信号的程序段；程序段 6 与程序段 7 是产生 2Hz 脉冲信号的程序段；程序段 8 和程序段 9 是根据式（5-8）和式（5-9）得到的程序段。

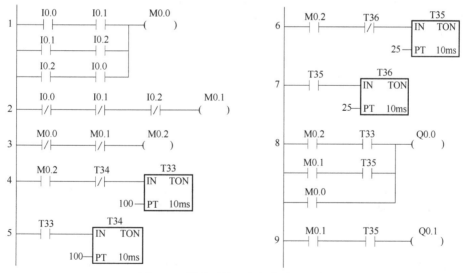

图 5-56　排风系统运行状态检测程序

练　习　题

5-1　应用计数器指令设计一个计数范围为 50000 的计数程序，当计数达到预设值时，将标志位 M10.0

设置为 **1** 态，并停止计数，若要再次开始计数，需点动复位按钮。设计数脉冲来自端口 I1.5，复位按钮使用常开触点，接至输入端口 I1.4。

5-2　试用计数器指令和定时器指令设计一个定时时间为 100h 的长定时程序。

5-3　在图 5-57 所示梯形图中，I0.0~I0.2 均是来自外部常开触点按钮的信号（发控制命令），Q0.0 和 Q0.1 是驱动外部设备的信号。试分析该程序的工作过程，说明 I0.0~I0.2 的功能以及操作顺序，总结该程序的功能。

5-4　在图 5-58 所示梯形图中，I0.0 和 I0.2 是来自外部常开触点按钮的信号（发控制命令），I0.2 外接接触器的辅助常开触点，Q1.0 是驱动外部接触器线圈的信号，Q1.1 是报警信号。试分析该程序的工作过程，说明 I0.0 和 I0.2 的功能以及在什么情况下会发出报警信号。

图 5-57　练习题 5-3 的梯形图　　　　图 5-58　练习题 5-4 的梯形图

5-5　用接在输入端 I0.0 的开关检测传送带上通过的产品，有产品通过时 I0.0 为 ON，如果 15s 内没有产品通过，由 Q0.0 发出报警信号，用 I0.1 输入端外接的开关解除报警信号。画出实现上述控制的梯形图，并写出对应语句表程序。

5-6　编写一个显示系统时间的梯形图程序。要求：用读实时时钟指令 READ_RTC 将所使用的 PLC 内部 CPU 的时钟读出，并存放在 VB0~VB7 中；再使用段码指令 SEG 将系统时钟秒数的个位数字显示出来；说明 PLC 的输出端口怎样与 LED 显示器连接。

5-7　试设计具有运行状态指示灯的异步电动机正、反转控制的梯形图程序。要求：

1）正转运行时绿灯亮，反转运行时黄灯亮，停机时红灯亮；

2）画出 PLC 的 I/O 分配图（提示：可参考例 5-1）。

5-8　图 5-59 所示是实现在甲、乙两地对同一台三相异步电动机实现起动和停止控制的继电器-接触器控制的主电路和控制电路。图 5-59 中，SB1 和 SB2 是安装在甲地的停车按钮和起动按钮，SB3 和 SB4 是安装在乙地的停车按钮和起动按钮，QF 是低压断路器，FR 是热继电器（当电动机过载时，相应的常闭触点 FR 断开，从而实现过载保护）。试将该控制功能改为由 PLC 程序来实现，要求说明控制按钮所采用的触点类型及 PLC 的 I/O 分配关系。

5-9　图 5-60 所示是实现一台笼型三相异步电动机既能连续运行又能点动的继电器-接触器控制的主电路和控制电路。图 5-60 中，SB1 是停车按钮，SB2 是连续运行的起动按钮，SB3 是点动按钮。按动 SB2 电动机起动并连续运行，按动 SB1 连续运行停止，按动 SB3 实现点动控制。试将该控制功能改为由 PLC 程序来实现。要求：

1）用联动按钮代替停车按钮 SB1 和点动按钮 SB3，使从连续运行到点动控制的转换过程不经过停车这一操作；

2）说明控制按钮所采用的触点类型及 PLC 的 I/O 分配关系。

图 5-59 练习题 5-8 的主电路和控制电路　　　　图 5-60 练习题 5-9 的主电路和控制电路

5-10　图 5-61 所示是实现一台三相绕线转子异步电动机串联电阻起动的继电器-接触器控制的主电路和控制电路。起动时：KM1 闭合、KM2 断开，转子串联电阻 R_{st} 起动；时间继电器 KT 延时一定时间后使 KM2 闭合，自动切除起动电阻 R_{st}。红灯、黄灯和绿灯分别指示停机、起动和运行 3 种状态。试将上述控制电路转换成 PLC 梯形图程序。要求：画出 PLC 的 I/O 分配图，并设定串联电阻起动的时间为 25s。

图 5-61　练习题 5-10 的主电路和控制电路

5-11　图 5-62 所示是实现两台三相交流异步电动机 M1 和 M2 顺序控制的继电器-接触器控制的主电路和控制电路。起动时：M1 需先起动，延时 30s 后 M2 自行起动；停止时：M2 需先停止，延时 20s 后 M1 自行停止。图 5-62 中，SB1 和 SB2 分别是停止按钮和起动按钮，KT1 和 KT2 分别是起动延时和停止延时的时间继电器，热继电器 FR1 和 FR2 的常闭触点串联说明当任何一台电动机过载时，两台电动机将同时停机。试将上述控制电路转换成 PLC 梯形图程序，要求画出 PLC 的 I/O 分配图。

图 5-62　练习题 5-11 的主电路和控制电路

5-12　如图 5-63 所示，两个运动部件 A 和 B 分别由电动机 M1 和 M2 控制。正常未起动时，A 与 B 分别处于 a1 与 b1 的位置。当按下起动按钮 SB1 时，要求按如下规律顺序完成一个周期的动作后等待下一次起动信号：A 由位置 a1 移动到位置 a2，延迟 30s 时 B 由位置 b1 移动到位置 b2；紧接着 A 由位置 a2 退回到位置 a1，再延迟 15s 时 B 又由位置 b2 退回到位置 b1。4 个位置分别由行程开关 SQ1、SQ2、SQ3 和 SQ4 检测。如果按下停止按钮 SB2，则终止上述周期动作。

1）根据表 5-13 所示的 I/O 分配，设计实现上述控制要求的 PLC 梯形图程序；

2）非正常停止动作后，下次起动前应让 A 和 B 退回原位。试修改完善 PLC 程序（提示：可增补控制信号）。

图 5-63　练习题 5-12 的电动机顺序控制

表 5-13　两台电动机顺序控制程序的 I/O 分配

输入		输出	
控制信号	输入端口	驱动信号	输出端口
起动信号 SB1（常开触点）	I0.0	M1 正转信号	Q0.0
停止信号 SB2（常开触点）	I0.1	M1 反转信号	Q0.1
a1 位置信号 SQ1（常开触点）	I0.2	M2 正转信号	Q0.2
a2 位置信号 SQ2（常开触点）	I0.3	M2 反转信号	Q0.3
b1 位置信号 SQ3（常开触点）	I0.4		
b2 位置信号 SQ4（常开触点）	I0.5		

5-13 试采用 PLC 设计一个灯光控制系统。逻辑要求如下：用一个常开触点按钮 SB 控制 3 只彩灯 HL1、HL2 和 HL3：点动 3 次按钮后，从 HL1 开始 3 灯顺次点亮并保持；再次点动 3 次按钮后，从 HL1 开始 3 只灯顺次熄灭。然后周而复始重复上述过程。

1）画出 3 只彩灯的工作时序图；

2）使用位逻辑指令编写梯形图或写出语句表程序。

5-14 现有 8 只彩灯排成一行，要求自左向右、每秒依次点亮一只灯；循环两次后，8 只彩灯同时点亮，3s 后全部熄灭，1s 后再次重复上述过程。用一个乒乓开关控制彩灯的工作。试设计该彩灯控制的梯形图或语句表程序。

5-15 用 I0.0 控制接在 Q0.0~Q0.7 上的 8 只彩灯循环移位点亮，用 T37 定时，每 0.5s 移一位，首次扫描时给 Q0.0~Q0.7 赋初值，用 I0.1 控制彩灯移位的方向。试设计该彩灯控制的梯形图程序。

5-16 现有 3 台三相笼型异步电动机按照如下规律实现顺序起动、运行和停止：

1）M1 起动 40s 后，M2 自动起动；

2）M2 起动 50s 后，M3 自动起动；

3）M3 起动 60s 后，M1 停止；

4）M1 停止 30s 后，M2 和 M3 同时停止。

试用一个起动按钮和一个停止按钮设计实现上述控制要求的梯形图程序。

5-17 试设计一个实现三相绕线转子异步电动机串联电阻三级起动控制的梯形图程序。要求：起动时转子电路每相绕组串联 3 个电阻 R_{st1}、R_{st2} 和 R_{st3}，起动过程中，每 10s 切除一个电阻，起动完毕，在转子电路没有外串电阻的情况下运行。参照题 5-10 画出电动机控制的主电路，PLC 的 I/O 分配自行设定。

5-18 画出图 5-64 所示时序图的顺序功能图，并使用位逻辑指令设计梯形图程序。

图 5-64 练习题 5-18 的时序图

5-19 某信号灯控制系统的时序逻辑如图 5-65 所示，图 5-65 中，I0.0 为外部乒乓开关产生的控制信号，当开关闭合时，红、绿、黄三色灯按顺序周期性点亮。试画出该控制系统的顺序功能图，并使用位逻辑指令设计梯形图程序。

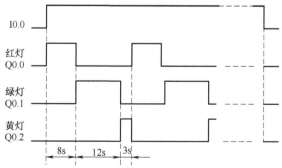

图 5-65 练习题 5-19 的信号灯控制系统时序逻辑

5-20 试使用置位、复位指令设计图 5-66 所示的顺序功能图的梯形图程序，定时器 T37 和 T38 的定时值为 15s 和 12s。

5-21 某零件加工过程由三道工序组成，加工周期共需 18s，每一道工序所需时间如图 5-67 所示。用控制开关控制加工过程的开始、运行和停止，每次控制开关接通，加工过程均从第一道工序开始。试画出该控制时序的顺序功能图，并使用顺序控制继电器指令设计实现该加工工序控制的梯形图程序。

图 5-66 练习题 5-20 的梯形图程序   图 5-67 练习题 5-21 的控制时序

5-22 试画出练习题 5-11 控制程序的时序图和顺序功能图，并使用位逻辑指令的顺序控制设计法重新设计原程序。

5-23 试画出练习题 5-12 控制程序的时序图和顺序功能图，并使用顺序控制继电器指令的顺序控制设计法重新设计原程序。

5-24 试画出练习题 5-13 控制程序的时序图和顺序功能图，并使用顺序控制继电器指令的顺序控制设计法重新设计原程序。

5-25 已知运料小车周期性工作，工作行程如图 5-68 所示，其中，A 位是装料位，B、C、D 3 位是卸料位。在小车已经装完料且没有过载的情况下，若点动起动按钮，小车从 A 位开始，依次为 B、C、D 3 个卸料位送料；每到一个卸料位，延时 50s 后自动返回装料位；每次返回装料位装料延时 120s 后，自动起动去下一个卸料位送料。完成 3 个位置的送料后，自动停止在 A 位。若送料过程中发生事故时，点动停止按钮，小车可以停留在任意位置。设计要求：

1）设置位置指示灯及运行方向指示灯，列出 I/O 分配表；

2）画出顺序功能图，采用顺序控制设计法设计控制小车的梯形图程序；

3）采用经验设计法，使用位逻辑指令和定时器指令设计控制小车的梯形图程序（说明：故障停车后，需手动排除故障后，再启动手动操作程序恢复系统的运行。此功能本程序设计不予考虑）。

5-26 某搅拌机由一台异步电动机驱动，一旦起动后，就会按照如下规律周而复始地工作：正转 30s→停止 5s→反转 30s→停止 6s→正转 30s→…，工作时序如图 5-69 所示。图 5-69 中，I0.0 和 I0.1 分别是来自起动按钮和停止按钮的起动和停止信号，Q0.0 和 Q0.1 是电动机的正、反转驱动信号。试设计该搅拌机的控制程序（程序设计方法不限）。

5-27 试用组合逻辑设计法设计一个 3 个地点控制一盏电灯的梯形图程序。要求：当 3 个地点的开关（设为乒乓开关）均为断开状态时，灯为熄灭状态；操作任何一个开关动作一次（闭合或断开），电灯的状态就发生一次改变。设 3 个开关分别产生 3 个输入信号 I0.0、I0.1 和 I0.2，用输出 Q0.0 控制电灯。

图 5-68 练习题 5-25 的工作行程

图 5-69 练习题 5-26 的工作时序

5-28 某机房有 A、B、C、D 4 台排风扇，如果 A 开机，同时其他 3 台至少有两台开机，则绿色指示灯点亮，否则红色指示灯按照 1Hz 的频率闪烁（报警信号）。试用组合逻辑设计法设计机房排风扇运行状态检测的 PLC 程序。

5-29 试用 PLC 设计一个 4 人抢答逻辑电路。要求：

1）每个人控制一个常开触点的按钮，当没有按动按钮时，对应的输出为 **0** 态，相应指示灯不亮；

2）当给出开始抢答信号后，任何一个人先按动按钮时，输出变为 **1** 态，相应指示灯点亮，此后其他人再按动按钮，输出不会发生变化；

3）有抢答信号时驱动蜂鸣器鸣叫，给出时长为 1s 的提示音；

4）程序具有复位功能，当每次抢答后，通过复位按钮使系统状态恢复为初始状态 **0** 态（程序设计方法不限）。

5-30 试设计双头钻床的 PLC 控制程序。双头钻床有两个独立的立式钻头，待加工的工件放置于钻头下方的工作台上。当工作时，首先由夹紧装置将工件夹紧，然后两个钻头一起向下运动，对工件进行钻孔。当达到各自的加工深度后，钻头上升，分别返回原位。当两个钻头都返回原位时，夹紧装置松开，可取走工件。工件是否夹紧，由压力传感器检测，当达到预设压力时，压力传感器输出高电平（逻辑 1）信号。钻头的上下限位位置由行程开关检测，两个钻头分别由两台电动机 M1 和 M2 驱动。根据钻头的加工工艺，PLC 的 I/O 端口可按表 5-14 进行分配。

表 5-14 双头钻床 PLC 控制的 I/O 分配表

输入		输出	
控制信号	输入端口	驱动信号	输出端口
起动信号 SB1	I0.0	夹紧与释放电磁阀	Q0.0
压力传感器信号	I0.1	1 号钻头上升（M1 正转）	Q0.1
1 号钻头上限位 SQ1	I0.2	1 号钻头下降（M1 反转）	Q0.2
1 号钻头下限位 SQ2	I0.3	2 号钻头上升（M2 正转）	Q0.3
2 号钻头上限位 SQ3	I0.4	2 号钻头下降（M2 反转）	Q0.4
2 号钻头下限位 SQ4	I0.5		

5-31 试用 PLC 设计一个简单的十字路口交通信号灯控制电路。假设南北干道为主干道，东西干道为次干道，在每个路口有红、黄、绿 3 种颜色的交通信号灯。各个方向的交通信号灯点亮的时间长度见表 5-15，其中，**0** 态表示信号灯为熄灭状态，**1** 态表示信号灯为点亮状态。要求：

1）设置起动信号和停止信号，PLC 通电但未起动时，所有信号灯均为熄灭状态；

2）画出 PLC 的 I/O 分配图；

3）设计出 PLC 程序（程序设计方法不限，建议采用顺序控制继电器指令）。

表 5-15　十字路口交通信号灯点亮控制时间表

序号	时间段	南北			东西		
		红	黄	绿	红	黄	绿
1	0~30s	0	0	1	1	0	0
2	31~32s	0	1	0	1	0	0
3	33~52s	1	0	0	0	0	1
4	53~54s	1	0	0	0	1	0
5	55~84s	0	0	1	1	0	0

第6章 可编程序控制器的通信及网络

随着计算机通信及网络技术的日益成熟以及企业对工业自动化程度要求的提高，自动控制系统也从传统的集中式控制向多级分布式控制方向发展，构成控制系统的PLC也就必须要具备通信及网络的功能，能够相互连接、远程通信。因此，从20世纪90年代起，世界各PLC生产厂家纷纷给自己的产品增加通信及联网的功能，不断研制开发自己的PLC网络系统，以适应控制领域的新要求。现在，即使是微型和小型的PLC也都具有网络通信接口，极大地拓宽了它们在自动化领域的应用。PLC通信及网络技术正向着高速、多层次、大信息量、高可靠性和开放式的方向发展。

本章将首先介绍PLC网络通信的基础知识，然后以应用较为广泛的西门子公司的S7系列PLC为例，着重介绍它的网络通信功能的实现。

6.1 网络通信概述

6.1.1 数据通信的基本概念

1. 并行与串行通信方式

根据计算机传输数据的时空顺序，数据通信的传输方式可以分为并行通信（Parallel Communication）和串行通信（Serial Communication）两种。

（1）并行通信方式

在多个信道同时传输的方式称为并行传输。并行通信时，数据的各个位同时发送或接收，以字或字节为基本单位并行进行传输。并行通信传递数据快，通常用于要求传输速率高的近距离数据传输，如打印机与计算机之间的数据传输，PLC的内部各元件之间、主机与扩展模块之间采用的也是并行通信方式。

（2）串行通信方式

数据在一个信道上，以二进制的位（bit）为单位按顺序发送或接收的数据传输方式，称为串行通信方式。串行通信每次只传输一位，传输速度低，所需要的信号线少，在远距离传输时通信线路简单、成本低，故常用于远距离传输而速度要求不高的场合。近年来串行通信技术得到了快速的发展，通信速度可以达到Mbit/s数量级，因此在分布式控制系统中得到了广泛的应用。通常，当计算机之间、PLC网络内部等的传输距离大于30m时要采用串行通信方式。

2. 异步通信和同步通信

在串行通信系统中，各种处理工作总在一定的时序脉冲控制下进行，因此通信系统的收发端工作的协调一致性是实现信息正确传输的关键，这就是通信系统的传输同步问题。在串行通信中采用了两种同步技术：异步通信和同步通信。

（1）异步通信

异步通信是利用起止位来达到收发同步的。在异步通信中，数据是按照固定格式一帧一帧进行传输，一帧包括一个字符代码或 1B 数据，每个传输的字符都有一个附加的起始位和多个停止位作为字符的开始标志和结束标志，构成一帧数据信息。

在空闲状态下，线路呈高电平 **1** 状态，传输字符时，首先发送起始位 **0**，然后是被编码的字节，通常规定低位在前，高位在后，接下来是奇偶校验位（可省略），最后是停止位 **1**（可以是 1 位、1.5 位或 2 位）表示字符的结束。停止位后可以加空闲位，以 **1** 表示，位数不限，其作用是等待下一个字符的传输。例如，传输一个 ASCII 码字符（7 位），选用 2 位停止位、1 位校验位和 1 位起始位，那么传输这个 7 位的 ASCII 码字符就需要 11 位，格式如图 6-1 所示。

图 6-1　串行异步通信格式

异步通信时每个字符都要附加起始位和停止位等非有效信息，因而传输效率低，主要应用于中、低速通信场合。PLC 一般使用串行异步通信。

（2）同步通信

同步通信就是把每个完整的数据块作为整体来传输。同步传输时，用 1~2 个同步字符表示传输过程的开始，接着是 n 个字符的数据块，字符之间不允许有空隙。由定时信号（时钟）来实现收发端同步，一旦检测到与规定的同步字符相符合的信息，接下来就是连续按顺序传输的数据。

同步通信传输效率高，但是对软、硬件的要求也高，因此一般只用于近距离的高速通信场合，通常在传输速率超过 2kbit/s 的系统中才采用。

3. 单工通信与双工通信

数据在通信线路上的传输具有方向性，按串行通信的数据在某一时刻的传输方向，线路通信的方式可以分为单工通信方式和双工通信方式，其中双工通信方式又可以分为半双工通信方式和全双工通信方式，如图 6-2 所示。

图 6-2　数据通信方式

（1）单工通信方式

单工通信就是数据的传输始终保持同一个方向，不能反向传送，如图 6-2a 所示。其中 A 端只能作为发送端发送数据，B 端只能作为接收端接收数据。无线电广播采用的就是单工通信方式。

（2）半双工通信方式

在半双工通信方式中，信息流可以沿两个方向传输，但同一时刻只限于一个方向传输，如图 6-2b 所示。A 端和 B 端都具有接收和发送的功能，但传输线路只有一条，即 A 端发送 B 端接收，或者 B 端发送 A 端接收。RS485 接口通信属于半双工通信方式。

（3）全双工通信方式

全双工通信方式下，通信的双方都能在同一时刻接收和发送信息，如图 6-2c 所示。A 端和 B 端都可以一面发送数据，一面接收数据。全双工通信方式使数据吞吐量明显增加。RS232 接口和 RS422 接口通信属于全双工通信方式。

4. 数据传输速率

数据传输速率，即波特率，表示每秒传输的二进制的位数，单位是 bit/s。不同的串行通信网络的传输速率差别很大，常用的标准数据传输速率为 300bit/s、600bit/s、1200bit/s、2400bit/s、4800bit/s、9600bit/s 和 19200bit/s 等。

5. 基带传输与宽带传输

通信网络中的数据传输方式分为两种：基带传输和宽带传输。基带传输是指数据传输系统不对信号做任何调制的直接传输方式。基带传输时，整个频带范围都用来传输某一数字信号，即单信道，常用于半双工通信。PLC 网络中大多采用基带传输。宽带传输是把信号调制到某一频带上，以调制信号进行数据传输的方式。宽带传输时，在同一条传输线路上可用频带分割的方法将频带划分为几个信道，同时传输多路信号。前者的优点是价格低、设备简单、可靠性高，缺点是通道利用率低，长距离传输衰减大。后者的优点是通道利用率高，但需加调制解调器，故成本较高。

6.1.2 网络配置

网络配置与建立网络的目的、网络结构及通信方式有关，但对于任何网络，配置都涵盖了软件和硬件两个方面。

1. 硬件配置

硬件配置主要包括通信接口和通信介质的配置。

（1）通信接口

工业网络中，通常采用串行通信的方式来传输数据。PLC 网络的通信接口也多为串行接口，主要功能是进行数据的并行与串行转换、控制传输速率和字符格式、进行电平转换等。常用的串行通信接口标准有 RS232C、RS422A 和 RS485。

RS232C 是美国电子工业协会（Electronic Industries Association，EIA）于 1969 年公布的一种标准化串行通信接口标准，现在已基本被 USB（通用串行总线）取代。RS232C 接口是标准 25 针的 D 形连接器，采用全双工通信方式。RS232C 的电气接口为非平衡型，每根信号线只有一根导线，所有信号回路共用一根地线，故线间干扰较大。在通信距离较近（一般不超过 15m）、传输速率要求不高（最高 20kbit/s）的场合可以直接使用该接口实现联网通信，但只能一对一通信。

RS422A 是 EIA 于 1977 年推出的新串行通信标准 RS499 的一个子集。RS422A 采用平衡驱动、差分接收的全双工通信方式，从根本上取消了信号地线。在传输速率、通信距离、抗共模干扰等方面较 RS232C 接口有较大提高。RS422A 接口适合远距离传输，工厂应用较多。

RS485 是 RS422A 的变型。RS422A 是全双工方式，采用两对平衡差分的信号线，而 RS485 是半双工方式，只有一对平衡差分信号线，不能同时发送和接收。RS485 也采用平衡驱动、差分接收的工作方式，它输出阻抗低，无接地回路，有较强的抗干扰能力，通信距离可达 1200m，传输速率可达 10Mbit/s，适合远距离传输数据。

RS232C、RS422A 和 RS485 三种通信接口的性能比较见表 6-1。

表 6-1　RS232C、RS422A 和 RS485 三种通信接口的性能比较表

参考项目	RS232C	RS422A	RS485
传输方式	单端	差分	差分
通信距离/m	15	1200（传输速率 100kbit/s）	1200（传输速率 100kbit/s）
最高传输速率/(bit/s)	20k	10M（距离 12m）	10M（距离 12m）
输入电压范围/V	−25~25	−7~7	−7~12
最大驱动器数量	1	1	32 单位负载
最大接收器数量	1	10	32 单位负载

（2）通信介质

通信接口主要靠介质实现相连，以此构成信道。常用的通信介质有同轴电缆、屏蔽双绞线和光缆。此外，还可以通过电磁波实现无线通信。

PLC 要求通信介质必须具有传输速率高、能量损耗小、抗干扰能力强等特点。由于同轴电缆和屏蔽双绞线成本低且安装简单，因此被广泛应用于 PLC 的通信中。光缆相比电缆，具有尺寸小、重量轻、抗干扰能力更强、传输距离更远的优点，但安装需要专门设备，成本高、维修复杂。常用通信介质性能比较见表 6-2。

表 6-2　常用通信介质性能比较

性能指标	传输介质		
	屏蔽双绞线	同轴电缆	光缆
传输速率/(Mbit/s)	9.6k~2	1~450	10~500
连接方法	点到点 多点 1.5km 不用中继器	点到点 多点 10km 不用中继器（宽带） 1~3km 不用中继器（基带）	点到点 50km 不用中继器
传输信号	数字、调制信号、纯模拟信号（基带）	调制信号、数字（基带） 数字、声音、图像（宽带）	调制信号（基带） 数字、声音、图像（宽带）
支持网络	星形、环形、小型交换机	总线型、环形	总线型、环形
抗干扰能力	好	很好	极好
环境适应能力	好	好，但必须与腐蚀物隔离	极好，耐高温和其他恶劣环境

2. 软件配置

不同公司生产的 PLC，通信软件各不相同。通常分为两类：一类是系统编程软件，用以实现计算机编程，并把程序下载到 PLC 中，监控 PLC 的工作状态，如西门子公司的 STEP 7-Micro/WIN SMART 软件；另一类是应用软件，用户根据不同的开发环境和具体要求，用不同的语言编写通信程序。此外，目前网络上还可以找到一些 PLC 模拟仿真软件，这类软件可以帮助用户在没有 PLC 实物的基础上进行单纯的程序模拟仿真，以验证程序功能，比较适合初学者练习 PLC 的编程。

6.2 S7-200 SMART PLC 的通信接口

S7-200 SMART PLC 具有多种通信接口，支持多种通信方式。各通信接口的位置可参考图 3-2。

1. 以太网通信接口

S7-200 SMART PLC 相比同家族的 S7-200 PLC 增加了一个 RJ45 以太网通信接口，可自动检测全双工或半双工通信，通信速率为 10Mbit/s 和 100Mbit/s。它支持以下多种通信方式：

1）编程通信：使用该接口与安装有 STEP 7-Micro/WIN SMART 的编程计算机进行通信，可以实现程序下载、调试及状态监控。

2）与 HMI 设备通信：使用该接口与触摸屏进行通信。

3）与上位机软件的 OPC 通信：使用该接口以 OPC 通信的方式与上位机软件，例如 WinCC 进行通信，上位机需安装有 PC Access SMART 软件。

4）与 S7-200 SMART PLC 之间的通信（GET/PUT 指令）：实现多个 S7-200 SMART CPU 之间互相通信。

5）开放式用户通信 OUC：基于 UDP、TCP 或 ISO-on-TCP 通信协议。

2. RS485 通信接口

S7-200 SMART PLC 配备有一个 RS485 通信接口，支持如下通信方式：

1）自由端口通信：一种由用户自定义通信协议的串行通信。

2）Modbus RTU 通信。

3）USS 通信：与支持 USS 协议的变频器进行通信。

4）与 TD/HMI 设备通信：使用该接口与 TD400C 文本显示器及触摸屏进行通信。

3. 通信信号板接口

S7-200 SMART PLC（标准型 CPU）配备有一块通信信号板 SB CM01，该信号板可通过 STEP 7-Micro/WIN SMART 软件组态成为 RS232 或 RS485 通信接口，成为它们的补充接口，实现以下 4 种通信方式：自由端口通信、Modbus RTU 通信、USS 通信和与 TD/HMI 设备通信。

4. 通信扩展模块接口

S7-200 SMART PLC 还可额外选配通信扩展模块 EM DP01 接口，该模块可实现多种通信方式：

1）作为 MPI（多点传输协议）从站通信。

2）作为 Profibus DP 从站通信：作为 DP 从站设备将 S7-200 SMART CPU 连接到 Profibus

网络。

3）与 HMI 设备通信。

6.3 S7-200 SMART PLC 的以太网通信及实例

6.3.1 S7-200 SMART PLC 以太网通信简介

以太网通信采用基带局域网技术，使用同轴电缆作为通信介质，可实现高速、长距离的数据传输，被广泛应用于工业控制领域。

S7-200 SMART PLC 的以太网通信是采用面向连接的通信协议，即在进行数据交换前，需与通信用户建立一对一的连接（逻辑链路，非物理介质），因此以太网通信具有较高的安全性。

S7-200 SMART PLC 的以太网接口具有强大的通信功能：

1）1 个连接用于编程计算机。

2）8 个连接用于 HMI 设备。

3）8 个 GET/PUT 主动连接，用于主动建立与其他远程 SMART CPU 的通信，进行数据读写操作。同一时刻最多能对 8 个不同 IP 的 CPU 进行 GET/PUT 指令调用。

4）8 个 GET/PUT 被动连接，用于被动接收其他远程 SMART CPU 的通信请求，接收对自身数据的读写操作。同一时刻最多可以与 8 个不同 IP 的 CPU 建立被动连接。

5）8 个主动连接，用于主动建立与远程以太网设备的通信。

6）8 个被动连接，用于被动接收远程以太网设备的通信请求。

S7-200 SMART PLC 的以太网接口有两种物理连接方式：直接连接和网络连接。当 PLC 与一个编程设备、一台 HMI、一个 SMART PLC 通信时，这种一对一通信可采用直接连接方式，如图 6-3 所示。直接连接不需要交换机，仅使用网线连接两个设备。当 PLC 与两个以上设备进行通信时，应采用图 6-4 所示的网络连接方式，必须使用交换机来实现与多个 CPU 或 HMI 设备的通信。

a)   b)

c)

图 6-3 以太网接口的直接连接方式

a) PLC 连接到编程设备   b) PLC 连接到 HMI   c) PLC 连接到 PLC

以太网交换机

图 6-4　以太网接口的网络连接方式

6.3.2　GET/PUT 通信指令

GET/PUT 指令用于 S7-200 SMART PLC 之间的以太网通信。主动建立连接的 CPU 需要调用并执行指令，被动建立连接的 CPU 则不需要进行通信编程。

1. 指令格式

GET/PUT 指令格式见表 6-3。

表 6-3　GET/PUT 指令

LAD/ FBD	STL	功能描述
GET —EN　ENO— —TABLE	GET TABLE	GET 指令启动以太网端口上的通信操作，从远程设备读取数据；GET 指令可从远程设备读取最多 222B 的数据
PUT —EN　ENO— —TABLE	PUT TABLE	PUT 指令启动以太网端口上的通信操作，将数据写入远程设备；PUT 指令可向远程设备写入最多 212B 的数据

GET/PUT 指令都只有一个 TABLE 参数，数据类型为 BYTE，可以是 IB、QB、VB、MB、SMB、SB、*VD、*LD 和 *AC。程序中可以有任意数量的 GET 和 PUT 指令，但在同一时间被激活的 GET 和 PUT 指令之和最多为 16 个。

2. 传输数据表

GET 和 PUT 指令中数据表（TABLE）的参数定义见表 6-4。

表 6-4　数据表的参数定义

字节偏移量	Bit7	Bit6	Bit5	Bit4	Bit3	Bit2	Bit1	Bit0
0	D	A	E	0	错误代码			
1	远程 CPU 的 IP 地址：IP1							
2	远程 CPU 的 IP 地址：IP2							
3	远程 CPU 的 IP 地址：IP3							
4	远程 CPU 的 IP 地址：IP4							

（续）

字节偏移量	Bit7	Bit6	Bit5	Bit4	Bit3	Bit2	Bit1	Bit0
5	预留，必须设置为 0							
6								
7	远程 CPU 数据存储区的地址指针 允许数据区域包括：I、Q、M、V							
8								
9								
10								
11	通信的数据长度							
12	本地 CPU 数据存储区的地址指针 允许数据区域包括：I、Q、M、V							
13								
14								
15								

D 位：通信完成标志位，D 为 1 表示通信已完成，包括成功和出错两种状态，若出错，则 Bit5 的 E 会置 1。

A 位：通信激活标志位，A 为 1 表示正在通信。

E 位：通信发生错误标志位，如果执行指令后 E 位为 1，则应根据返回的错误代码在表 6-5 中查询错误原因。

表 6-5　错误代码及含义

Bit3 ~ Bit0	错误代码	说明
0000	0	无错误
0001	1	GET/PUT TABLE 参数表中存在非法参数： ● 本地或远程 CPU 通信区域不是合法的 I、Q、M 或 V ● 本地 CPU 通信区域的大小不足以提供请求的数据长度 ● GET 指令数据长度为零或大于 222B，PUT 指令数据长度大于 212B ● 远程 CPU 的 IP 地址是非法的（0.0.0.0）、广播地址、组播地址 ● 远程 CPU 的 IP 地址与本地 CPU 的 IP 地址相同，或位于不同的子网
0010	2	当前处于激活状态的 GET/PUT 指令超过 16 个
0011	3	无可用连接，当前所有连接都在处理未完成的数据请求
0100	4	从远程 CPU 返回的错误：请求或发送的数据过多、STOP 模式下不允许对 Q 存储器执行写入操作、存储区处于写保护状态
0101	5	与远程 CPU 之间无可用连接：远程 CPU 无可用的被动连接、与远程 CPU 的连接丢失（CPU 断电或物理连接断开）
0110 ~ 1001	6 ~ 9	预留

6.3.3　以太网通信实例

1. 控制要求

通过以太网通信，本地 CPU1（ST40）将 20B 数据（VB0 ~ VB19）发送到远程

CPU2（ST20）的 VB400~VB419；本地 CPU1 读取远程 CPU2 VB300~VB399 的 100B 数据，存储到自身的 VB100~VB199；本地 CPU1 的 PUT 指令 TABLE 参数的存储区地址为 VB200~VB215，GET 指令 TABLE 参数的存储区地址为 VB230~VB245，见表 6-6。

表 6-6 通信数据参数展示

目标	发送数据地址	接收数据地址	PUT 指令 TABLE 区	GET 指令 TABLE 区
本地 CPU1	VB0~VB19	VB100~VB199	VB200~VB215	VB230~VB245
远程 CPU2	VB300~VB399	VB400~VB419		

2. 硬件配置

装有 STEP 7-Micro/WIN SMART V2.2 编程软件的计算机 1 台，S7-200 SMART CPU1 和 CPU2 各 1 台，交换机 1 台，以太网线若干。全部硬件的网络连接及 IP 分配如图 6-5 所示。

主动端本地CPU1　　　被动端远程CPU2　　　编程计算机
192.168.2.10　　　　192.168.2.1　　　　192.168.2.100

图 6-5　以太网通信硬件连接图

3. 远程 CPU2 硬件组态

远程 CPU2 不需要做任何编程，只需如图 6-6 所示，在编程软件的"系统块"页面下对以太网端口进行 IP 设置。

图 6-6　远程 CPU2 硬件组态

4. 本地 CPU1 编程代码

本地 CPU1 的编程分为 5 个程序段，分别如图 6-7~图 6-11 所示。

图 6-7 程序初始化

图 6-8 PUT 指令初始化

图 6-9　CPU1 向 CPU2 发送数据

图 6-10　GET 指令初始化

图 6-11　CPU1 读取 CPU2 的数据

6.3.4 GET/PUT 向导编程实例

在 6.3.3 节以太网通信实例中，CPU1 的 GET/PUT 指令编程可以用 GET/PUT 向导来实现，详细步骤介绍如下。

1) 启动向导。在菜单栏的"工具"选项下单击"Get/Put"按钮，打开"Get/Put 向导"窗口，如图 6-12 所示添加操作步骤名称及注释。

2) 如图 6-13 所示，分别定义 PUT 和 GET 操作，设置各项参数值。

图 6-12　添加 PUT/GET 操作

图 6-13　分别定义 PUT 操作和 GET 操作

3) 进行存储器分配，如图 6-14 所示，可单击"建议"按钮，由向导自动分配存储器地址。单击"生成"按钮后，软件将自动生成如图 6-15 所示的通信子程序"NET_EXE"及符号表，可直接在主程序中调用。

图 6-14　分配存储器地址

图 6-15 子程序 NET_EXE 调用示例

6.4 S7-200 SMART PLC 的自由端口通信及实例

6.4.1 S7-200 SMART PLC 自由端口通信

自由端口通信是一种由用户自定义通信协议的串行通信。这种自定义通信方式可以将 PLC 与任意通信协议公开的、具有串口的外部智能设备或控制器进行通信，如上位机、打印机、条形码阅读器、变频器等，也可用于两台 PLC 之间简单的数据交换。

S7-200 SMART PLC 的 RS485 接口（端口 0）和通信板 SB CM01 接口（端口 1）都同时支持自由端口通信和 PPI（点对点）通信。当 CPU 处于 RUN 模式时，通过设置特殊寄存器 SMB30（端口 0）或 SMB130（端口 1）来设置自由端口通信模式；当 CPU 处于 STOP 模式时，自由端口通信模式被禁止，通信端口转换为正常的 PPI 通信。

S7-200 SMART PLC 的串行通信采用异步数据传输方式，传输格式如下：1 个起始位、7 或 8 个数据位、1 个奇/偶校验位或无校验位、1 个停止位。通信的波特率范围为 1200 ~ 115200bit/s，波特率设置决定了数据传输速率。用户可通过设置特殊寄存器的参数来改变通信端口的数据传输速率、数据格式（数据位数、停止位、校验位），以适应不同的通信协议。

6.4.2 XMT/RCV 通信指令

在自由端口通信模式下，用户程序可以通过发送指令 XMT、接收指令 RCV、接收中断和发送中断来控制通信操作。自由端口通信为半双工模式，同一时刻不能执行多条指令。

1. 自由端口通信初始化

特殊标志寄存器 SMB30 和 SMB130 分别用来控制和设置通信端口 0 与通信端口 1，为自由端口选择波特率、奇偶校验和数据位数。控制字节的定义见表 6-7。例如，如果寄存器

SMB30 为 2#11001001，代表当前的通信参数为自由端口通信模式、RS485 通信端口、波特率为 9600bit/s 、8 位数据位、奇校验。

表 6-7　自由端口通信模式的控制字节

端口 0	端口 1	描述
SMB30 格式	SMB130 格式	MSB LSB 7 0 | p | p | d | b | b | b | m | m |
SM30.7、SM30.6	SM130.7、SM130.6	pp 奇偶选择 **00/10**=无奇偶校验 **01**=偶校验 **11**=奇校验
SM30.5	SM130.5	d 每个字符的数据位 **0**：8 位 **1**：7 位
SM30.2～SM30.4	SM130.2～SM130.4	bbb 自由端口波特率（bit/s） **000**=38400 **001**=19200 **010**=9600 **011**=4800 **100**=2400 **101**=1200 **110**=600 **111**=300
SM30.0，SM30.1	SM130.0，SM130.1	mm 通信协议选择 **00**=PPI 从站模式 **01**=自由端口协议 **10**=保留（默认为 PPI/从站模式） **11**=保留（默认为 PPI/从站模式）

2. 自由端口模式通信指令

自由端口模式下的通信指令有自由端口发送指令 XMT 和接收指令 RCV。指令格式及功能见表 6-8。XMT 和 RCV 指令只有在 CPU 处于 RUN 模式时，才允许进行自由端口通信。

表 6-8　XMT/RCV 指令

LAD/FBD	STL	功能描述
XMT EN ENO TBL PORT	XMT TBL, PORT	当使能端 EN=**1**（有效）时，将数据缓冲区表 TBL 中的数据通过端口 PORT 发送出去
RCV EN ENO TBL PORT	RCV TBL, PORT	当使能端 EN=**1**（有效）时，通过指定的通信端口 PORT，接收从远程设备传输来的数据，将它存储在数据缓冲区 TBL 中

发送指令 XMT 数据缓冲区 TBL 中的第一个字节是要发送的字节数，其后是待发送字符；接收指令 RCV 数据缓冲区 TBL 中的第一个字节是用来累计接收到的字节数的，其后紧跟接收到的字符。PORT 为操作端口，如果使用 RS485 接口，PORT 值为 **0**；如果使用 SB CM01 接口，PORT 值为 **1**。

数据的发送与接收可以采取以下 3 种方式。

（1）用 XMT 指令发送数据

XMT 指令一次最多可以发送 255 个字符。如果有中断程序连接到发送结束事件上，在发送完缓冲区的最后一个字符时，端口 0 会产生中断事件 9，端口 1 产生中断事件 26。也可直接监视发送完成状态位 SM4.5 或 SM4.6 的变化来判断发送是否完成，当它们为 ON 时表示发送器空闲，为 OFF 时表示正在进行发送。

如果将字符数设置为 0，然后执行 XMT 指令，就可以以当前的波特率在线上产生一个 16 位的断开（BREAK）条件。完成断开发送时会产生一个 XMT 中断，SM4.5 或 SM4.6 反映 XMT 的当前状态。

（2）用 RCV 指令接收数据

RCV 指令可以方便地接收 1~255 个字符，如果有中断程序连接到接收信息结束事件上，在接收完最后一个字符时，端口 0 会产生中断事件 23，端口 1 产生中断事件 24。也可以不使用中断，通过监视接收信息状态寄存器 SMB86（端口 0）或 SMB186（端口 1）状态的变化，来判断接收是否完成。SMB86 或 SMB186 为非零时，RCV 指令未被激活或接收已经结束。当正在接收信息时，它们为零。

RCV 指令允许用户选择信息的起始和结束条件。信息开始和结束条件的描述见表 6-9。使用 SMB86~SMB94 对端口 0 进行设置，使用 SMB186~SMB194 对端口 1 进行设置。当超界或奇偶校验错时，接收信息功能自动终止，因此必须为接收信息功能操作定义一个起始条件和一个结束条件（或最大字符数）。

表 6-9　RCV 指令相关的特殊功能寄存器定义

端口 0	端口 1	描述
SMB86	SMB186	MSB LSB 7 0 | n | r | e | **0** | **0** | t | c | p | n=1：用户通过禁止命令结束接收信息 r=1：接收信息结束：输入参数错误或无起始或结束条件 e=1：收到结束字符 t=1：接收信息结束：超时 c=1：接收信息结束：字符数超长 p=1：接收信息结束：奇偶校验错误
SMB87	SMB187	MSB LSB 7 0 | en | sc | ec | il | c/m | tmr | bk | **0** | en：**0**：禁止接收；**1**：允许接收 每次执行 RCV 指令时都要检查该位 sc：**0**：忽略 SMB88 或 SMB188；**1**：使用 SMB88 或 SMB188 的值检测起始信息 ec：**0**：忽略 SMB89 或 SMB189；**1**：使用 SMB89 或 SMB189 的值检测结束信息 il：**0**：忽略 SMB90 或 SMB190；**1**：使用 SMB90 的值检测空闲状态 c/m：**0**：定时器是字符间定时器；**1**：定时器是信息定时器 tmr：**0**：忽略 SMW92 或 SMW192；**1**：若超过 SMW92 或 SMW192 时间就终止接收 bk：**0**：忽略 BREAK 条件；**1**：使用 BREAK 条件来检测信息的起始

（续）

端口 0	端口 1	描述
SMB88	SMB188	信息字符的开始
SMB89	SMB189	信息字符的结束
SMB90	SMB190	空闲线时间间隔以毫秒为单位。空闲线时间结束后接收的第一个字符是新信息的开始
SMB92	SMB192	字符间/信息间定时器超时值，如果超出该时间段，就停止接收信息
SMB94	SMB194	要接收的最大字符数（1~255B），这个范围必须设置为所希望的最大缓冲区

（3）使用字符中断控制接收数据

为了完全适应对各种通信协议的支持，可以使用字符中断控制的方式接收数据。接收每个字符时都会产生中断。在执行该中断程序之前，先将接收到的字符存入 SMB2 中，校验状态（如果使能）存入 SM3.0。SMB2 是自由端口接收字符缓冲区。在自由端口模式下，每个接收到的字符都会存放到该位置以便于用户程序访问。SMB3 用于自由端口模式，它包含一个校验错误标志位。当接收字符的同时检测到校验错误时，该位被置位，字节的其他位被保留。

SMB2 和 SMB3 是端口 0 和端口 1 共用的。当接收的字符来自端口 0 时，执行中断事件 8 的中断服务程序，SMB2 中存储从端口 0 接收到的字符，SMB3 中存储该字符的校验状态。当接收的字符来自端口 1 时，执行中断事件 25 的中断服务程序，SMB2 中存储从端口 1 接收到的字符，SMB3 中存储该字符的校验状态。

6.4.3　自由端口通信实例

控制要求：在自由端口模式下，实现一台本地 PLC 与一台远程 PC 之间的数据通信。本地 PLC 接收远程 PC 发送的一串字符，直到收到回车符为止，接收完成后，PLC 再将信息发送回 PC。

参数设置：PLC 通信端口设置为自由端口模式，传输速率为 9600bit/s，无奇偶校验，每个字符 8 位。接收和发送使用同一个缓冲区，首地址为 VB100。

通信主程序如图 6-16 所示。图 6-16 中，第一条 MOV_B 指令初始化自由端口，设置为 9600bit/s、8 位数据位、无校验；第二条 MOV_B 指令初始化 RCV 信息控制字、启用 RCV、检测信息结束符字符及空闲线信息条件；第三条 MOV_B 指令设定信息结束字符为 16#0A（回车字符）；第四条 MOV_W 指令设置空闲线超时时间为 5ms；第五条 MOV_B 指令设定最大字符数为 100；ATCH 指令设置接收中断 INT_0（事件 23）和发送中断 INT_2（事件 9）；ENI 指令允许用户中断；接收指令 RCV 启动接收，接收缓冲区从 VB100 开始，端口为 0。

通信中断 INT_0 如图 6-17 所示。图 6-17 中，执行第一行语句，如果 SMB86 接收状态显示接收到结束字符，则执行 MOV_B 指令为 SMB34 赋值，设定定时时间为 10ms；ATCH 指令设置 10ms 定时器中断 INT_1（事件 10）；RETI 指令实现中断返回；执行第四行语句后，如果由于任何其他原因接收未完成，则启动一次新的接收。

图 6-16　通信主程序

图 6-17　通信中断 INT_0

通信中断 INT_1 如图 6-18 所示。图 6-18 中，DTCH 指令断开定时器中断；XMT 指令在端口 0 向 PC 回送信息。

图 6-18　通信中断 INT_1

通信中断 INT_2 如图 6-19 所示，为发送字符中断事件，发送完成后允许 PLC 进行下一次接收。

图 6-19　通信中断 INT_2

6.5　S7-200 SMART PLC 的其他通信方式概述

除了以太网通信及自由端口通信，S7-200 SMART PLC 还支持 Modbus RTU 等其他多种通信方式，下面予以简单介绍。

1. Modbus RTU 通信概述

Modbus RTU 是一种通信协议标准，被广泛地应用于 PLC、变频器、自动化仪表等各类工业控制。Modbus RTU 通信协议是主从协议，主站发出带有从站地址的请求信息，该地址的从站接收信息后应答并发出响应信息。Modbus RTU 是单主站网络，每个网络中只有一个主站，从站数量最高可达 247 个。

S7-200 SMART CPU 可以作为 Modbus RTU 主站或从站与其他支持 Modbus RTU 协议的设备，例如仪表，进行数据通信、读取仪表数据。S7-200 SMART PLC 的 RS485 通信接口和通信信号板 CM01 接口都支持 Modbus RTU 通信，在网络中都既可以作为主站，也可以作为从站进行通信，但两者不能同时作为主站，可以一个端口作为主站，读取另一个作为从站的端口的数据。

2. 开放式用户通信（OUC）概述

开放式用户通信（Open User Communication，OUC），即采用开放式标准，与第三方设备或 PC 进行通信。S7-200 SMART CPU 支持基于以太网端口的开放式用户通信。这种通信方式可以实现 S7-200 SMART 相互之间以及与 S7-300/400/1200/1500 CPU 之间的通信（需带有以太网端口）。开放式用户通信包含 TCP、ISO-on-TCP 和 UDP 三种通信协议。

TCP 面向连接，每次通信时都需先建立连接，然后传输数据，最后断开连接。TCP 的消息发送功能具有可靠、有序、可进行错误检验的特点，能实现数据的安全传输，但是传输的数据里没有消息的起始和结束标志；ISO-on-TCP 是一种使用 RFC 1006 的协议扩展，相对于TCP，它的主要优点是传输数据有明确的消息长度和结束标志；UDP 是一种开销小、简单快捷、面向消息的无连接数据传输协议。数据传输时仅通过指定 IP 地址和端口号作为通信端点，不要求对方应答，数据传输的安全性不能得到保障，因此 UDP 适用于传输少量数据和对数据传输可靠性要求不高的场合。

3. Profibus DP 通信简介

Profibus 通信包含 Profibus DP、Profibus PA 和 Profibus FMS 三种通信协议。Profibus DP 主要适用于自动化系统中单元级和现场级通信，传输少量数据；Profibus PA 可用于过程控制领域，电源和数据可通过总线进行传输，适合对本质安全要求高的应用场合；Profibus FMS 主要应用于车间级主站之间的通信，适用于大数据量的传输。

S7-200 SMART PLC 使用通信扩展模块 EM DP01，将 CPU 作为 Profibus DP 从站设备连接到 Profibus 网络，主站通过该接口读写 PLC 的 V 存储区。每个标准型 CPU 最多可扩展 2 个 EM DP01 接口，最高通信速率为 12Mbit/s。EM DP01 接口同时支持 Profibus DP 和 MPI 两种协议，但都是从站模式，因此 EM DP01 只能作为 DP 从站，2 个 EM DP01 之间不能进行通信。

Profibus 通信网络使用 RS485 标准双绞线。它允许在一个网络段上最多连接 32 台设备。根据波特率的不同，网络段的长度可以达到 1200m。采用中继器连接网络段，可以在网络上连接更多的设备，延长网络的长度。根据不同的波特率，采用中继器最多可以把网络延长到 9600m。

4. USS 通信协议概述

USS 通信协议（Universal Serial Interface Protocol，通用串行接口协议）是西门子公司专门为驱动装置开发的一款通信协议。S7-200 SMART PLC 可以与西门子公司的变频器进行 USS 通信，控制电机的起停和调速、读取或写入驱动器参数，每个 USS 网络最多可以控制 31 个变频器。S7-200 SMART PLC 的 RS485 通信接口和通信信号板 CM01 接口都支持 USS 通信，通信速率最高可达 115.2kbit/s。USS 通信协议是主从协议，工作时，由主站不断循环轮询各个从站，从站可以响应主站，但是不会主动发送数据。因此 USS 通信协议不适于通信速率要求较高、数据传输量较大的应用场合。

5. OPC 通信协议简介

OPC（OLE for Process Control，用于过程控制的 OLE）是嵌入式过程控制标准。为了给工业控制系统应用程序之间的通信建立一个接口标准，OPC 在工业控制设备与控制软件之间建立了统一的数据存取规范，提供了一种标准的数据访问机制，使得不同数据用户都可直接使用不同硬件厂家的数据源，不必再安装各类驱动程序，因此采用 OPC 通信协议可以显著地提高系统效率并降低运营成本。

S7-200 SMART PLC 可以通过 OPC 通信方式与客户端（各类上位机软件）进行通信，从而实现设备监控或数据管理等功能。西门子公司针对 S7-200 SMART PLC 的 OPC 通信，开发了专门的服务器软件 PC Access SMART，该软件可以通过以太网方式或 RS485 接口与其他标准的 OPC 客户端建立连接，进行 OPC 通信。

练 习 题

6-1 数据通信方式有几种？试述它们各自的特点。

6-2 PLC 联网、通信的目的是什么？

6-3 PLC 采用的通信方式是什么？

6-4 带 RS485 接口的 PLC 如何与 RS232C 接口的计算机连接？

6-5 执行 RCV 指令或 XMT 指令时，为什么指令有时会出现红色错误？

6-6 如果在串行异步通信中，数据的传输速率为每秒传送 480 个字符，一个传输字符由 7 位有效数字、1 位起始位、1 位奇偶校验位和 1 位停止位组成，试求波特率。

下篇　实验教学篇

第7章 可编程序控制器编程软件

STEP 7-Micro/WIN SMART 是西门子公司专门为 S7-200 SMART PLC 开发的组态、编程和操作软件。它提供了一个用户友好的环境，供用户开发、编辑用户程序，完成对设计程序的监视和调试。

7.1 编程软件介绍

编程软件 STEP 7-Micro/WIN SMART 是在 Windows 操作系统的计算机上运行的软件，它的各个版本与不同 Windows 操作系统有一定的兼容关系。V1.0~V2.1 版本只能安装在 Windows XP 操作系统的计算机上，V1.0~V2.5 所有版本均可以安装在 Windows 7 操作系统的计算机上，只有 V2.3 以后的版本才能安装在 Windows 10 操作系统的计算机上。如果所安装的编程软件版本和操作系统不兼容，会产生通信不正常等各种问题，因此编写用户程序时必须使用与操作系统兼容的版本。

7.1.1 编程软件的安装

编程软件 STEP 7-Micro/WIN SMART 的容量小，以版本 V2.3 为例，该版本的安装包不到 300MB，对计算机没有太高的要求。

STEP 7-Micro/WIN SMART 对计算机操作系统的要求如下：

1）操作系统是 Windows 7（32 位或 64 位）的计算机；

2）操作系统是 Windows 10 的计算机。

STEP 7-Micro/WIN SMART 对计算机硬件配置的要求如下：

1）至少需要 350MB 的空闲硬盘空间。

2）屏幕分辨率为 1024×768 或者以上，小字体设置。

3）有键盘、鼠标和通信网卡。

在 Windows 文件夹中，双击 STEP 7-Micro/WIN SMART 软件安装包中的安装程序 setup.exe，按照安装程序的引导，即可完成编程软件的安装。注意，在安装过程中要选择好安装语言，STEP 7-Micro/WIN SMART 软件有简体中文、繁体中文和英语 3 种安装语言。

7.1.2 编程软件界面

编程软件界面如图 7-1 所示，与 Word 等 Office 文件编辑器的窗口界面相似。顶部左上角是常见任务的快速访问工具栏，图 7-1 中包括新建、打开、保存和打印等工具。之后是包含所有公用功能的菜单和菜单栏，包括文件、编辑、视图、PLC、调试、工具和帮助。左边是用于对组件和指令进行快捷访问的导航栏、项目树和指令树。打开的程序编辑器和符号表、变量表等其他组件占据用户界面的绝大部分。每个编辑窗口均可按所选择的方式停放或浮动在屏幕上，用户可以单独显示每个窗口，也可合并多个窗口以从单独选项卡访问各窗口。

导航栏　项目树和指令树　菜单栏　　菜单功能区　工具栏　　程序编辑器窗口

状态栏　　　　符号表、状态图表、　　　变量表、交叉引用、
　　　　　　　数据块选项卡　　　　　　输出窗口选项卡

图 7-1　STEP 7-Micro/WIN SMART 软件界面

1. 菜单栏

STEP 7-Micro/WIN SMART 采用带状式菜单栏，每个主菜单项在菜单栏都对应有菜单功能区。可通过右键单击菜单功能区并选择"最小化功能区"的方式最小化菜单功能区，以节省空间。菜单栏包含如下 7 个主菜单项。

1）文件：文件的菜单功能区包含操作、传输、打印、保护等部分，每部分包含具体的命令如图 7-2 所示。

图 7-2　文件

2）编辑：编辑的菜单功能区如图 7-3 所示，包含剪贴板、插入、删除和搜索等部分，各部分对不同编辑命令进行了分组。

图 7-3　编辑

3）视图：图 7-4 所示是视图的菜单功能区，具体包含编辑器、窗口、符号、注释、书

签和属性等部分，对用于管理 STEP 7-Micro/WIN SMART 中查看内容的相关命令进行了分组。

图 7-4　视图

4）PLC：PLC 的菜单功能区包含操作、传送、存储卡、信息和修改等部分，这些部分对多种 PLC 命令进行了分组，如图 7-5 所示。

图 7-5　PLC

5）调试：调试的菜单功能区主要有用于调试程序的命令，包含读/写、状态、强制、扫描和设置等部分，如图 7-6 所示。

图 7-6　调试

6）工具：工具的菜单功能区包含向导、工具和设置等部分，可以调用高速计数器、PID、PWM 等复杂指令向导，还包含运动控制面板和 PID 控制面板等工具，如图 7-7 所示。

图 7-7　工具

7）帮助菜单：显示 STEP 7-Micro/WIN SMART 的帮助信息，并可链接访问西门子公司的服务与支持网站，直接从网站获取最新产品信息。

2. 导航栏、项目树与指令树

图 7-8a 所示是导航栏、项目树与指令树的全貌，导航栏在项目树的上方，包括符号表、状态图标、数据块、交叉引用和通信等控制按钮。单击一个导航栏中的按钮，相当于展开项目树并单击同一选择内容，以快捷访问项目树上的常用对象。

项目树显示所有的项目对象，包括程序块、符号表、状态图表、数据块、系统块和通信等文件夹。图 7-8b 所示是打开符号表文件夹后的状态，双击符号表，在程序编辑窗口就出现了符号表所包括的 4 个小窗口（以选项卡形式重叠在一起）。如打开项目树中的程序块文件夹后，可以插入新的子程序和中断程序。

项目树的下面是包括了所有 S7-200 SMART 指令的集合树，即指令树。图 7-8c 所示是单击打开位逻辑指令文件夹后的状态，可以用左键将单个指令从树中拖放到程序编辑窗口中的任意位置，也可以双击某个指令，将其插入程序编辑窗口中的当前指针位置。

图 7-8　导航栏、项目树与指令树

3. 程序编辑器

程序编辑器最基本包含主程序、一个子程序和一个中断程序的编辑窗口，它们以选项卡的形式显示在程序编辑器窗口顶部，单击这些选项卡可以在子程序、中断程序和主程序之间切换。该窗口的底部还有逻辑变量表和输出窗口，可在逻辑变量表中为临时程序变量分配符号名称。输出窗口显示程序编译的结果信息，如果有错误，则给出程序错误清单。双击其中的错误信息处，可使程序自动滚动到错误所在的程序段。

4. 工具栏

各个编辑器都有自己的工具栏，具有该编辑器的常用功能。图 7-9 所示是程序编辑器窗口中的常用工具栏，从左至右各个按钮依次是运行、停止、编译、上传（程序）、下载（程序）、插入（程序段）、删除（程序段）、程序状态监控、暂停程序状态监控、插入指令分支、插入向下垂直线、插入向上垂直线、插入水平线、插入触点、插入线圈、插入指令框、切换寻址、符号信息表、切换程序组织单元注释和切换程序段注释。当鼠标停放在这些按钮上时，会自动给出注释，极大地方便了初学者。

图 7-9　常用工具栏

快速访问工具栏显示在菜单选项卡正上方。通过快速访问文件按钮可简单、快速地访问"文件"菜单的大部分功能，并可访问最近打开的文档。快速访问工具栏上的其他按钮对应于文件功能"新建""打开""保存"和"打印"。

5. 状态栏

位于主窗口底部的状态栏，提供给用户在软件执行操作的相关信息。当用户在编辑模式下工作时，状态栏根据具体情形显示简要状态说明、当前程序段编号、当前编辑模式等信息。状态栏还会显示通信状态、通信地址以及存在致命或非致命错误等在线状态信息。

7.1.3 窗口界面的自定义

STEP 7-Micro/WIN SMART 采用全移动式窗口设计，软件界面中的所有窗口均可以随意移动、拖拽、合并、关闭或最小化，方便用户在程序设计时按照习惯布局自己所需要的窗口界面，如变量表和符号表。仅在必要时调出这些窗口，这样可为项目树和程序编辑器等主要窗口腾出最大的空间，并提供多种方式以访问和显示信息，最大限度地提高编程效率。

1. 窗口的移动

除了始终显示在固定位置的程序编辑器窗口，项目树、变量表和符号表等其他窗口均可移动到所选的任意位置。要移动窗口，可以单击该窗口框架，然后将它拖动到要显示的位置。

也可以如图 7-10 所示，通过浮动与停靠完成窗口的移动，具体操作如下：右键单击该窗口，然后选择"浮动"，窗口变为浮动后可移动窗口到任意位置。在移动过程中，会看到定位器符号，它能帮助用户将窗口停靠在当前窗口的左侧、右侧、顶部或底部。也可使用靠近用户界面边缘的左、右、上、下定位器符号，将窗口停靠在界面四边之中的一边上。将窗口移动到定位器符号上时，会以阴影指示将其拖放到该窗口的位置。

图 7-10　窗口的移动

2. 窗口的合并

将一个窗口拖动到另一窗口之上，即可使该窗口成为第一个窗口的选项卡。通过此操作可将多个窗口进行合并，以免使工作区显得杂乱无序。需要显示哪个窗口，单击合并窗口下面相应窗口的选项卡就可以完成显示窗口的切换。如图 7-11 所示，显示的窗口就把输出窗口、符号表、状态图表、数据块和变量表等窗口进行了合并。

图 7-11　窗口的合并

3. 固定窗口和取消窗口固定

使用窗口右上角与关闭窗口按钮并排的图钉按钮，可以将窗口固定在适当位置。对于已经固定位置的窗口，可通过单击图钉按钮取消窗口固定。取消固定后，窗口最小化到窗口底部托盘，与任何其他"已取消固定"窗口显示在底部托盘中。已取消固定的窗口可通过单击托盘中的图标将其恢复。

7.2　S7-200 SMART PLC 通信设置

S7-200 SMART PLC 编程系统最少要包括一个 S7-200 SMART CPU 主机模块、一台安装有 STEP 7-Micro/WIN SMART 编程软件的编程设备以及连接编程设备与 CPU 主机的通信电缆，参见 3.1 节。S7-200 SMART CPU 可与以太网或者 RS485 中的编程设备进行通信。相应的通信电缆是以太网电缆或者 USB/PPI 电缆，参见 6.2 节介绍。

安装有编程软件的计算机作为通用编程设备，可以输入、调试和监控 PLC 用户程序。用户程序调试成功并下载到 SMART CPU 主机以后，断开通信电缆，S7-200 SMART CPU 的工作不再需要计算机支持，可以独立运行。

7.2.1　以太网通信设置

当 S7-200 SMART CPU 通过以太网连接到编程设备时，必须为每个连接至以太网网络的 S7-200 SMART CPU 进行通信设置，可以在通信对话框、系统块对话框或用户程序中对 CPU 的 IP 地址进行设置。

1. 在"通信"对话框中设置

在导航栏中单击"通信"按钮，或者双击项目树中的"通信"选项，打开图 7-12 所示的"通信"对话框。通过"通信"对话框进行 IP 信息设置，该设置立即生效，无需下载项目。

图7-12 通信对话框

单击"查找CPU"按钮，将显示本地以太网网络中所有可以访问的CPU。如果网络中有多个CPU，选中需要与编程设备通信的CPU，单击"确定"按钮，便可与对应的CPU建立连接。如果CPU位于远程网络，没有出现在找到CPU的列表中，可采用添加方式进行设置。单击"添加CPU"按钮，输入虽不属于本地网络但编程设备可访问的IP地址。

STEP 7-Micro/WIN SMART每次只能与一个CPU进行通信，所有CPU都有独立的IP地址。如果需要确认被选中是哪个CPU，则单击"闪烁指示灯"按钮，被选中的CPU的"STOP""RUN"和"FAULT"灯就会同时闪烁。单击"编辑"按钮可对IP地址、子网掩码、默认网关以及站名称等IP信息进行更改。按下"设置"按钮后，将在CPU中更新这些信息，然后单击"确定"按钮，完成信息更改。

2. 在"系统块"对话框中设置

在导航栏中单击"系统块"按钮，或者在项目树中双击"系统块"选项，打开图7-13所示的"系统块"对话框，在"系统块"中进行IP信息组态设置。

图7-13 "系统块"对话框

如果在"系统块"对话框中选中"IP 地址数据固定为下面的值，不能通过其它方式更改"复选框，则所设置的以太网端口输入的 IP 信息为静态信息，就无法在"通信"对话框中设置 IP 信息。设置好的静态 IP 信息必须下载到 CPU 后才能在 CPU 中激活。如果想要再次更改 CPU 的 IP 信息，也只能在"系统块"对话框中更改设置并将其再次下载至 CPU。完成 IP 信息组态后，将项目下载到 CPU。所有具有有效 IP 地址的 CPU 和设备都显示在"通信"对话框中。

3. 在用户程序中设置

在用户程序中可以使用 SIP_ADDR 指令对 CPU 的 IP 信息组态进行设置。将 CPU 的 IP 地址设置为在"ADDR"输入中找到的值，将 CPU 的子网掩码设置为在"MASK"输入中找到的值，并将 CPU 网关设置为在"GATE"输入中找到的值。通过 SIP_ADDR 指令设置的 IP 地址信息存储在 CPU 中的永久存储器中，无需下载项目即可生效。

7.2.2　RS485 通信设置

部分 S7-200 SMART CPU 模块没有以太网端口，不支持以太网通信相关的功能，可以通过 RS485 网络与 STEP 7-Micro/WIN SMART 进行通信，此时需要对 RS485 网络地址和波特率进行设置。

在项目树中双击"系统块"选项，打开图 7-13 所示的"系统块"对话框，为 RS485 端口选择网络地址和波特率，单击"确定"按钮后将系统块下载到 CPU，完成对 RS485 端口的通信设置。系统默认的 RS485 端口网络地址为 2，默认的 RS485 端口波特率为 9.6kbit/s。

7.3　程序的创建与编辑

7.3.1　创建项目

STEP 7-Micro/WIN SMART 的项目文件以 .smart 为文件扩展名，可使用以下方法之一创建和打开项目。

1. 新建项目

单击"文件"菜单功能区操作区域的"新建"按钮，或者单击快速访问工具栏中的"新建"按钮，创建一个新的项目。新的项目文件包括程序块、数据块、系统块、符号表和状态图表等基本组件。

程序块由主程序、可选的子程序和中断程序组成。主程序放置控制应用程序的指令，主程序中的指令按顺序执行，每个 CPU 扫描周期执行一次。子程序是位于单独程序块的可选指令集，只能在被其他程序调用时执行。中断程序用以处理某些预定义的中断事件，并不能由主程序调用，在中断事件发生时由 PLC 操作系统调用。

2. 打开现有的项目

在"文件"菜单功能区的"操作"区域内单击"打开"按钮，然后导航到要打开的现有项目。也可以在 Windows 资源浏览器中导航到现有项目相应目录，然后双击带有 .smart 文件扩展名的文件。

3. 从 PLC 上传项目

项目组件也可以自 PLC 上传到 STEP 7-Micro/WIN SMART 程序编辑器中。在 PLC 通信运行正常条件下，在"文件"或 PLC 菜单功能区的传输部分单击"上传"按钮，然后选择具体要上传的程序块、数据块或系统块等项目组件。

上传到现有项目会覆盖原有项目，只有在要使用存储在 PLC 中的项目彻底覆盖 STEP 7-Micro/WIN SMART 项目时，才使用此选项。安全的方法是把程序块、数据块或系统块等上传到新项目，不会意外损坏数据。如果要使用位于另一个项目的状态图表或符号表中的信息，可先打开第二个 STEP 7-Micro/WIN SMART 项目文件，然后将该信息从另一个项目文件复制过来。STEP 7-Micro/WIN SMART 不会上传注释，但是如果当前在程序编辑器中打开带有注释的程序，则保留这些注释。

7.3.2　程序的编辑

STEP 7-Micro/WIN SMART 提供了梯形图（LAD）、语句表（STL）和功能块图（FBD）三个用于创建程序的编辑器，可以方便、高效地开发适合用户应用的各种控制程序。一般来说，使用任何一种程序编辑器编写的程序都可以用其他程序编辑器进行浏览和编辑。可以在"视图"菜单功能区的"编辑器"部分对编辑器进行选取，通过"工具"菜单功能区"设置"区域内的"选项"按钮，可设置启动时的默认编辑器。

梯形图编辑器以图形方式显示程序，与电气接线图类似，逻辑简单，易于初学者使用。下面就以梯形图为例，完成用户程序的编写。

1. 指令的输入

梯形图中的各种指令通过图形符号表示，包括触点、线圈和方框 3 个基本形式，触点表示逻辑输入条件，线圈通常表示逻辑输出结果，方框表示定时器、计数器等其他指令。在程序编辑窗口输入指令的方法有以下 5 种：

1）将指令树中的指令拖放到程序段中。

2）双击指令树中的指令，该指令将直接插入到程序段中的指针处。

3）单击工具栏中的触点或线圈或方框按钮，在程序段中的指针处就会出现相应的指令列表框，继续点选指令即可。

4）将鼠标指针移到程序编辑区要插入指令的位置上，会出现一个方形的蓝色小点，然后双击，会调出位逻辑指令和比较指令的指令列表框，再从中选择所需的触点指令。或者右键单击蓝色小点，可以调出更多类型的指令。还可以当鼠标指向蓝色小点时，使用"F4""F6"或"F9"快捷键，调出各类指令。

5）使用 Windows 操作系统中常用的"复制""剪切"和"删除"等方法，可以添加或更改指令。

当用户在梯形图中输入一条指令时，指令参数最开始用问号表示，代表参数未赋值，如图 7-14a 所示。如果有任何参数未赋值，程序将不能正确编译。当给指令赋值后，有图 7-14b～d 三种显示方法。其中，图 7-14b 是仅显示绝对地址，图 7-14c 是仅显示符号地址，图 7-14d 是同时显示符号地址和绝对地址。在"视图"菜单下，可以选择显示变量的符号地址还是绝对地址，或者两者都显示。

图 7-14　梯形图中的指令输入

2. 输入程序注释

通过在"视图"菜单功能区的"注释"区域单击"POU 注释"和"程序段注释"按钮，来打开和关闭程序的总注释和程序段的注释，也可以在编程窗口上方的快捷工具栏中单击相应的按钮来打开和关闭程序的总注释和程序段的注释。用户可以给出程序功能的注释，注释最多允许 4096 个字符。如图 7-15a 所示，已经给本程序添加了总注释"定时运行"，给网络 1 添加了注释"起动并自锁"，给网络 2 添加了注释"定时 120s"。显然，注释可以帮助阅读理解程序。

在图 7-15a 所示的网络 2 中，定时器的地址下面出现了红色波浪线，这种图符说明地址参数错误了。编程者直接单击该参数就可以进行修改。

图 7-15　程序的注释和编译

213

7.3.3 程序的编译

编辑完成用户程序后，可以单击程序编辑器工具栏上的"编译"按钮，对开发的程序进行编译，在输出窗口中将显示编译的结果。若编译过程中发现错误，输出窗口将显示错误位置以及错误类型。可双击输出窗口中的错误行，程序编辑器中就直接转到错误的位置。编译成功后显示生成的程序和数据块大小。

如图 7-15a 所示程序通过编译后，在输出窗口中将出现如下提示："程序段 2，行 1，列 3：错误 37：（操作数 1）指令操作数的存储器寻址范围无效。错误总计：1"。如图 7-15b 所示程序通过编译后，在输出窗口中将出现提示：有 4 个指令操作数的语法非法（因为还没有输入操作数地址）。

7.3.4 程序的下载

用户程序编译成功后，就可以将项目组件从 STEP 7-Micro/WIN SMART 下载到 CPU 中。将项目组件下载到 CPU 会彻底覆盖 CPU 中该组件之前存在的任何内容。单击"下载"按钮后，如果弹出"通信"对话框，选择要下载到的 PLC 的网络接口卡和 IP 地址。确认后在"下载"对话框中，可以设置程序块、数据块或系统块的下载选项，以及设置在 CPU 从 RUN 模式切换到 STOP 模式和从 STOP 模式切换到 RUN 模式时是否提示，如图 7-16 所示。

点选"成功后关闭对话框"的复选框，可以让对话框在成功下载后自动关闭。下载成功后，程序位于 CPU 永久存储器中，随时可在 RUN 模式下执行。PLC 编译器会验证 PLC 硬件是否支持全部程序指令。编译或下载命令启动编译器。如果编译顺利通过，程序控制移交至下一步；如果未通过，退出编译或下载操作。

图 7-16　下载对话框

7.4　程序的监控与调试

在运行 STEP 7-Micro/WIN SMART 的编程设备与 PLC 之间成功建立通信并将程序下载到 PLC 后，便可使用 STEP 7-Micro/WIN SMART 的监视和调试功能。STEP 7-Micro/WIN SMART 提供软件工具来帮助用户调试和测试程序。这些功能包括：查看 CPU 正在执行的程序的状态、为 CPU 指定运行程序的扫描次数以及强制值。

7.4.1 使用程序编辑器监视程序

要在程序编辑器中显示当前数据值和 I/O 状态，需单击程序编辑器工具栏中的"程序状态"开关按钮 ，开始程序状态数据采集并在执行程序过程中显示所有逻辑运算的结果。也可单击程序编辑器工具栏中的"暂停状态"开关按钮，暂停程序状态数据采集。

梯形图、语句表和功能块图程序编辑器在扫描周期的程序执行阶段随着每条指令的执行，当前 PLC 数据值会显示在引用该数据的语句表语句或梯形图/功能块图图形旁边，在梯形图中指示能流状态，如图 7-17 所示。执行状态能够显示中间数据值，它们可能因执行后续程序指令而被覆盖。所有显示的 PLC 数据值都是从一个程序扫描周期中采集的。

图 7-17　梯形图中的程序状态监控

7.4.2　使用状态图表监视程序

在状态图表中，可以输入地址或已定义的符号名称，通过显示当前值来监视或修改程序输入、输出或变量的状态。通过状态图表还可强制或更改过程变量的值。可以将定时器和计数器值显示为位或字。如果将定时器或计数器值显示为位，则会显示指令的输出状态。如果将定时器或计数器值显示为字，则会显示定时器或计数器的当前值。

在控制程序的执行过程中，可用状态图表和趋势显示两种方式查看状态图表数据的动态改变。在状态图表中显示状态数据，表中每行指定一个要监视的 PLC 数据值，显示存储器地址、格式、当前值和新值等信息，如图 7-18 所示。

	地址	格式	当前值	新值
1	Start_1:I0.0	位	2#1	
2	Start_2:I0.1	位	2#0	2#1
3	Stop_1:I0.2	位	2#1	
4	Stop_2:I0.3	位	2#0	
5	High_Level:I0.4	位	2#0	
6	Low_Level:I0.5	位	2#0	
7	Reset:I0.7	位	2#0	
8		有符号		
9	Pump_1:Q0.0	位	2#1	
10	Pump_2:Q0.1	位	2#0	
11	Mixer_Motor:Q0.2	位	2#0	
12	Steam_Valve:Q0.3	位	2#0	
13	Drain_Valve:Q0.4	位	2#0	
14	Drain_Pump:Q0.5	位	2#0	
15		有符号		
16	High_Lev_Reached:M0.1	位	2#0	
17	Mix_Timer:T37	有符号	+0	
18	Cycle_Counter:C30	有符号	+0	

图 7-18　状态图表

趋势显示是通过随时间变化的 PLC 数据绘图给出跟踪状态数据，如图 7-19 所示。如果在选择趋势视图之前并未启动状态图表，不会为趋势视图启动状态采集。必须启动状态图表才能启动 PLC 数据采集。如果已启动状态图表，则趋势视图会立即开始显示 PLC 数据。用户可根据需要在表格视图和趋势视图之间切换现有状态图表。

图 7-19　趋势视图

7.4.3　单次和多次扫描

可以指定 PLC 对程序执行设定次数的扫描。通过选择 PLC 运行的扫描次数，用户可以在程序改变过程变量时对其进行监控。扫描次数可以设置为 1~65535 次，如图 7-20 所示。在执行单次扫描或多次扫描前，如果 PLC 尚未处于 STOP式，必须将 PLC 更改为 STOP 模式。

7.4.4　出错处理

访问 PLC 菜单功能区的"PLC 信息"可确定发生的错误类型。S7-200 SMART 的出错分为非致命错误和致命错误两类。

图 7-20　设置扫描次数

1. PLC 非致命错误

非致命错误可能降低 PLC 的某些性能，但不会导致 PLC 无法执行用户程序。运行时编程错误是在程序执行过程中由用户程序造成的非致命错误。例如，间接地址指针在程序执行时指向一个超出范围的地址。只有修改用户程序，才能纠正运行时间编程错误。下一次从 STOP 模式切换到 RUN 模式时，CPU 会清除运行时编程错误。

PLC 程序编译错误会阻止用户将程序下载到 PLC 中。在编译或下载程序时 STEP 7-Micro/WIN SMART 软件检测到编译错误，会在输出窗口中显示错误。如果发生了编译错误，PLC 会保留驻留在 PLC 中的当前程序。I/O 错误也是非致命错误，当 CPU 的 I/O、信号板和扩展模块出现问题时，PLC 在程序能够监视和评估的特殊存储器位中记录错误信息。

2. PLC 致命错误

致命错误可导致 PLC 停止执行程序。根据错误严重程度的不同，致命错误可能会导致

PLC 无法实现任一或全部功能。处理致命错误的目的是使 PLC 进入安全状态，这样 PLC 能对现有错误条件的询问做出响应。检测到致命错误时，PLC 会关闭输出并切换到 STOP 模式，接通系统故障 LED 和 STOP LED。

STEP 7-Micro/WIN SMART 在"PLC 信息"（PLC Information）对话框中显示 PLC 生成的错误代码和简要说明。要访问 PLC 信息，可在 PLC 菜单功能区的"信息"区域单击 PLC 按钮。在纠正了导致致命错误的条件后，对 PLC 循环上电或从 STEP 7-Micro/WIN SMART 软件执行启动。重新启动 PLC 会清除致命错误条件并引起上电诊断测试。如果出现另一个致命错误条件，PLC 会再次接通系统故障 LED，否则 PLC 开始正常操作。

有几种可能的错误条件会导致 PLC 无法通信，在这种情况下，无法查看 PLC 错误代码。此类错误表明硬件发生故障，需要修理 PLC 模块，更改程序或清空 PLC 存储器解决不了问题。

练 习 题

7-1　使用 PC/PPI 电缆需要做哪些设置？

7-2　简述创建一个新项目的具体方法。

7-3　使用 STEP 7- Micro/WIN SMART 编程软件，如何进行程序下载？

7-4　如何在程序编辑器中显示程序状态？

7-5　应用 STEP 7- Micro/WIN SMART 编程软件进行编程练习，熟练掌握程序输入、程序编译、程序修改、程序监控以及程序运行的方法。

第8章 基础指令编程实验

实验是巩固理论知识和培养实际动手能力的学习过程，要真正掌握 PLC 应用技术，必须通过大量编程实验的训练。本章设计了一些基本控制问题的实验项目，旨在培养熟练掌握 PLC 基本指令的应用方法，为编制较为复杂的控制程序奠定基础。

8.1 基本逻辑指令实验

8.1.1 多地点控制

1. 控制问题简述及 I/O 分配

在不同地点实现对同一设备的控制是实际中经常遇到的控制问题。例如，照明灯一般要求能在两地控制；电动机要求既能在操作室控制，也能在生产现场控制；消防设备为了能及时启动，更需要能在多地点进行控制。使用若干单刀双掷开关和双刀双掷开关，能够实现多地点对同一设备的控制，但接线比较复杂，而且不能清晰地表达出各个开关与被控对象之间的逻辑关系。而使用 PLC 就能简单地实现多地点对同一设备的控制。

无论被控对象是什么，多地点控制的逻辑关系是相同的。本次实验以 LED 指示灯为被控对象，使用单掷开关（乒乓开关），当在两个以及两个以上不同地方操作开关时，均可控制灯的亮灭。

根据上述控制要求，可按表 8-1 进行 I/O 分配。

表 8-1 多地点控制 I/O 分配表

输入		输出	
控制信号	输入端口	驱动信号	输出端口
A 地控制开关 SA1	I0.0		
B 地控制开关 SA2	I0.1		
C 地控制开关 SA3	I0.2	LED 指示灯	Q0.0
D 地控制开关 SA4	I0.4		
E 地控制开关 SA5	I0.5		

2. 实验要求

1）设计一个能在 2 个地点控制一只 LED 指示灯的梯形图程序。

2）设计一个能在 3 个地点控制一只 LED 指示灯的梯形图程序。

3）设计一个能在 4 个地点控制一只 LED 指示灯的梯形图程序。

4）设计一个能在 5 个地点控制一只 LED 指示灯的梯形图程序。

在梯形图编程器中录入程序并编译后，下载到 PLC 中，然后运行程序、操作各个开关，观察程序的运行结果。

提示:

1) 多地点控制问题的程序设计,可使用 5.5 节介绍的 PLC 程序的逻辑设计法进行设计。

2) 两地控制程序可参考练习题 4-14;三地、四地和五地控制程序可参考例 5-7 以及练习题 5-27。

8.1.2 三相异步电动机的基本控制

1. 控制问题简述及 I/O 分配

点动与连续运行是电动机最基本的运行状态,一般使用按钮发出控制命令。本次实验使用三个或两个常开触点按钮⊖控制一台电动机的点动运行和连续正、反转运行。

电动机在连续运行时,必须使用热继电器 FR 进行过载保护,通常在控制电路中使用 FR 的常闭触点检测是否有过载发生(电动机过载时,FR 的常闭触点断开)。为了让操作者直观掌握电动机的运行状态,通常要设置工作状态指示灯。

根据上述控制要求,可按表 8-2 进行 I/O 分配。

表 8-2 三相异步电动机的基本控制 I/O 分配表

输入		输出	
控制信号	输入端口	驱动信号	输出端口
点动按钮 SB1	I0.0	正转运行	Q0.0
连续运行正转起动按钮 SB2	I0.1	反转运行	Q0.1
连续运行反转起动按钮 SB3	I0.2	正转运行状态指示(绿色)	Q0.2
连续运行停止按钮 SB4	I0.3	反转运行状态指示(黄色)	Q0.3
过载保护 FR(常闭触点)	I0.4	停止状态指示(红色)	Q0.4

2. 实验要求

1) 设计既能正向点动又能单方向连续运行的电动机控制程序,不需要考虑过载保护和工作状态指示。分别采用使用三个按钮(点动、起动和停止)和使用两个按钮(点动、起动)这两种设计方案。

2) 设计具有运行状态指示灯的异步电动机正、反转控制的梯形图程序。

在梯形图编程器中录入程序并编译后,下载到 PLC 中,然后运行程序、操作各个按钮,观察程序的运行结果。

提示:

1) 程序参考例 5-1 的图 5-23 或图 5-24,以及练习题 5-7 和练习题 5-9。

2) 实验中,可使用实验箱中的乒乓开关模拟热继电器的触点;实验设备如果没有电动机主电路,驱动正、反转运行的信号也可以直接接指示灯。程序运行时,直接观察指示灯的

⊖ 若无特殊说明,实验中所使用的按钮均为常开触点按钮。在后续实验项目中使用的按钮要求相同,不再赘述。

状态即可代表电动机的运行状态。

8.1.3　抢答器控制程序

1. 控制问题简述及 I/O 分配

在各种智力竞赛中，都要使用抢答器。通常每个参赛组或单人参赛选手都有一个控制按钮和对应的指示灯。当主持人提问并按下抢答允许按钮后，各参赛组才能够按动按钮抢答，最先的抢答信号有效，点亮抢答组的指示灯，之后的抢答信号无效。新一轮问题和抢答前，主持人按下复位按钮，清除上一次的抢答信号灯，系统回到初始状态（各个输出均为 0 态）。

根据上述控制要求，可按表 8-3 进行 I/O 分配。

表 8-3　抢答器控制程序 I/O 分配表

输入		输出	
控制信号	输入端口	驱动信号	输出端口
抢答允许按钮 SB1	I0.0	A 组指示灯	Q0.0
复位按钮 SB2	I1.0	B 组指示灯	Q0.1
A 组控制按钮 SB3	I0.1	C 组指示灯	Q0.2
B 组控制按钮 SB4	I0.2	D 组指示灯	Q0.3
C 组控制按钮 SB5	I0.3	E 组指示灯	Q0.4
D 组控制按钮 SB6	I0.4	F 组指示灯	Q0.5
E 组控制按钮 SB7	I0.5		
F 组控制按钮 SB8	I0.6		

2. 实验要求

1）使用置位复位指令设计控制有 4 个参赛组的抢答器的梯形图程序。

2）使用基本输出指令设计控制有 5 个参赛组的抢答器的梯形图程序。

3）设计控制有 6 个参赛组的抢答器的梯形图程序。实验者可增补所设计抢答器的逻辑功能，程序使用的指令不限。

在梯形图编程器中录入程序并编译后，下载到 PLC 中，然后运行程序、操作各个按钮，观察程序的运行结果。

提示：程序设计方法可参考练习题 5-29。

8.2　定时器指令实验

8.2.1　多台电动机联锁运行控制

1. 控制问题简述及 I/O 分配

一个工业生产过程往往都是由多台电动机拖动、相互配合完成的。多台电动机之间最简单的配合就是多台电动机的顺序起动以及顺序或逆序停机，这些电动机在起动、运行和停止各个控制环节都有先后顺序的要求，有的还要进行严格的时间控制。例如，车床主轴电动机必须在油泵电动机工作后才能起动，以便在进刀时能可靠地进行冷却和润滑。再如，钻床在钻削加工时，拖动钻头的电动机必须先带动钻头旋转后，拖动刀架的电动机才能起动、进给，进给到位停止；钻头电动机继续旋转后，刀架电动机再后退，后退到位停止；最后钻头电动机才停止。上述的加工过程都要求完成同一工艺的多台电动机采用不同的顺序联锁控制。

本节实验要求设计两台和三台电动机的联锁控制。如果要求自动顺序起动及自动顺序或逆序停止，则只需要 2 个起动按钮和停止按钮。按下起动按钮起动第一台电动机后，第二台及第三台电动机按照时间控制原则，延时后相继自行起动；按下停止按钮停止必须先停的电动机后，其余电动机仍按照时间控制原则，延时后相继停机。如果有任何一台电动机过载，则要求所有运行的电动机同时停机。

根据上述控制要求，可按表 8-4 进行 I/O 分配。

表 8-4 多台电动机联锁运行控制 I/O 分配表

输入		输出	
控制信号	输入端口	驱动信号	输出端口
起动按钮 SB1	I0.0	电动机 M1 运行	Q0.0
停止按钮 SB2	I0.1	电动机 M2 运行	Q0.1
电动机 M1 过载保护 FR1	I0.2	电动机 M3 运行	Q0.2
电动机 M2 过载保护 FR2	I0.3		
电动机 M3 过载保护 FR3	I0.4		

2. 实验要求

1）设计两台电动机的顺序联锁控制程序。要求起动时顺序起动：M1 需先起动，延时 15s 后 M2 自行起动；停止时逆序停机：M2 需先停机，延时 10s 后 M1 自行停机。

2）设计两台电动机的顺序联锁控制程序。要求起动时顺序起动：M1 需先起动，延时 20s 后 M2 自行起动；停止时顺序停机：M1 需先停机，延时 12s 后 M2 自行停机。

3）设计三台电动机的顺序联锁控制程序。要求起动时顺序起动：M1 需先起动，延时 10s 后 M2 自行起动，再延时 10s 后 M3 自行起动；停止时逆序停机：M3 需先停止，延时 15s 后 M2 自行停机，再延时 15s 后 M1 自行停机。

在梯形图编程器中录入程序并编译后，下载到 PLC 中，然后运行程序、操作各个按钮，观察程序的运行结果。

提示：

1）程序参考练习题 5-11。

2）实验设备如果没有电动机主电路，驱动电动机运行的信号可以直接接指示灯。程序运行时，直接观察指示灯的状态即可代表电动机的运行状态。

8.2.2 闪光报警程序设计

1. 控制问题简述及 I/O 分配

故障检测与报警是电气控制系统必备的功能。一般当故障发生时，报警指示灯闪烁并同时给出音响信号，即声光报警。驱动指示灯闪烁需要很低频率的脉冲信号（如0.5~1Hz），而驱动扬声器发出报警声响则需要音频脉冲信号（如2000~5000Hz）。

在本书5.2.2节中专门介绍了脉冲信号的产生方法。本实验使用一个乒乓开关控制报警电路是否工作，I/O分配见表8-5。

表8-5　闪光报警程序的I/O分配表

输入		输出	
控制信号	输入端口	驱动信号	输出端口
起动/停止开关 SA1	I0.0	报警灯	Q0.0
		报警蜂鸣器	Q0.1

2. 实验要求

1）设计产生振荡频率为1Hz、占空比为50%的报警灯信号，以及产生振荡频率为1000Hz、占空比为50%的音频脉冲信号。要求在实验报告上画出所设计程序的工作波形。

2）设计产生图8-1所示报警信号的梯形图程序。注意在图8-1中，Q0.0和Q0.1两个时序图的时间轴（横轴）刻度是不相同的，这样画，只是为了清楚地标注每个波形的周期。

图8-1　报警信号

在梯形图编程器中录入程序并编译后，下载到PLC中，然后运行程序。观察记录上述两种程序的运行结果有何异同。

8.2.3　脉冲发生器程序设计

1. 顺序脉冲发生器程序设计

参考5.2.2节介绍的顺序脉冲发生器程序，设计一个能产生宽度为2s的8路顺序脉冲发生器的梯形图程序。要求：8路顺序脉冲依次从Q0.0~Q0.7输出，驱动LED指示灯；程序是否运行由开关SA1控制。

在梯形图编程器中录入程序并编译后，下载到PLC中，然后运行程序。观察LED指示灯的亮灭状态，判断程序设计的正确性。并改变程序参数、修改脉冲的宽度，再次运行程序，观察LED指示灯的亮灭状态。

2. 单脉冲发生器程序设计

参考 5.2.2 节介绍的单脉冲发生器程序，设计一个由按钮控制的、能产生宽度为 5s 的单脉冲发生器的梯形图程序，其工作时序如图 8-2 所示，显然，当两个信号的上升沿之间的间隔时间小于脉冲宽度时，第二个上升沿不起作用。要求：输入脉冲信号由按钮 SB 手动产生并输入到 I1.0，由 Q1.1 输出脉冲，驱动一只 LED 指示灯。

图 8-2　单脉冲发生器时序图

在梯形图编程器中录入程序并编译后，下载到 PLC 中，然后运行程序。观察 LED 指示灯的状态，判断程序设计的正确性。并改变程序参数、修改脉冲的宽度，再次运行程序，观察 LED 指示灯的状态变化。

8.2.4　通电延时与断电延时控制程序设计

1. 控制问题简述及参考程序

在某些应用场合，当接收到起动信号时，要求被控对象延时响应该起动信号；当接收到停止信号时，也要求被控对象延时响应该停止信号，其工作时序如图 8-3a 所示。使用通电延时定时器指令 TON 和断电延时定时器指令 TOF 容易实现此类控制要求。

实现通电延时与断电延时控制功能要求的参考程序如图 8-3b 所示。阅读理解本程序，简述程序工作过程，说明接通延时时间 t_1 和断开延时时间 t_2 分别为多少。

图 8-3　通电延时与断电延时
a）时序图　b）控制程序

2. 实验要求

（1）验证程序

按照图 8-3b 在梯形图编程器中录入程序，输出 Q1.0 接一个 LED 指示灯。运行该程序，观察 LED 指示灯的亮灭状态，判断程序的运行结果与预习时的分析结论是否一致。

（2）监考计时控制程序设计

设计一个能够满足考试时监考计时的控制程序。具体控制要求如下：

1）监考教师在考试开始之前 5min 按动起动按钮给出开始发卷信号，此时蜂鸣器鸣叫 1s，并开始发卷；延时 5min 后，绿色指示灯点亮，学生开始答卷。

2）在考试结束时，监考教师按动停止按钮，此时蜂鸣器鸣叫 1s 提示学生交卷，同时绿色指示灯熄灭、黄色指示灯按照 1Hz 的频率闪烁；延时 1min 后，黄色指示灯熄灭、红色指示灯点亮，停止交卷。

根据上述控制要求，自行列出 I/O 分配表。

在梯形图编程器中录入程序并编译后，下载到 PLC 中，然后运行程序。观察各色指示灯的亮灭状态以及蜂鸣器的鸣叫，判断程序设计的正确性。为了快速观察程序的运行效果，可以自行缩短上述定时器指令的预设时间。

8.2.5 单台电动机的丫-△起动控制

1. 控制问题简述及 I/O 分配

三相异步电动机的起动电流是额定运行时电流的 5~7 倍，当较大功率的电动机直接起动时，会对电网产生较大的冲击，影响同一线路中工作的其他电气设备，也影响到自身的起动转矩。为了限制起动电流，在传统起动方法中，常用星形-三角形换接起动，简称丫-△起动。即对于正常运行为三角形联结的电动机，起动时将三相绕组联结成星形、减压起动，延时后自动联结成三角形。该方法可将电动机的起动电流限制为直接起动电流的 1/3。

在 5.3.1 节中，图 5-25 给出了在继电器-接触器控制系统中，三相异步电动机丫-△起动控制的主电路和控制电路，图 5-27 给出了三相异步电动机丫-△起动控制的梯形图程序。本实验采用图 8-4 所示的两组三相对称电阻负载（灯）来模拟三相异步电动机的定子三相绕组，其中，U1、V1、W1 3 只灯联结成星形，U2、V2、W2 3 只灯联结成三角形。当驱动 U1、V1、W1 3 只灯点亮时，表示电动机联结成了星形；当驱动 U2、V2、W2 3 只灯点亮时，表示电动机联结成了三角形。

图 8-4 三相异步电动机丫-△起动控制模块

三相异步电动机Y-△起动控制的基本要求如下：点动起动按钮 SB1，Y联结接触器通电；延时 8s 时（此延时值取决于电动机功率的大小，一般电动机的功率越大惯性越大，起动过程的时间越长），自动断开Y联结接触器、接通△联结接触器，起动结束。点动停止按钮 SB2，电动机停机。电动机正常运行时，必须设置热继电器 FR 进行过载保护，在控制程序中，应当考虑继电器产生的过载保护信号（一般使用热继电器的常闭触点）。

根据上述控制要求，可按表 8-6 进行 I/O 分配。

表 8-6　单台电动机的Y-△起动控制 I/O 分配表

输入		输出	
控制信号	输入端口	驱动信号	输出端口
起动按钮 SB1	I1.0	电源开关（主接触器）	Q0.0
停止按钮 SB2	I1.1	Y联结接触器线圈（U1、V1、W1）	Q0.1
过载保护 FR（常闭触点）	I1.2	△联结接触器线圈（U2、V2、W2）	Q0.2
		Y起动指示灯 HL1	Q0.3
		△运行指示灯 HL2	Q0.4

2. 实验项目

参考图 5-27 所示的梯形图程序，设计满足如下控制要求的电动机Y-△起动控制程序。

（1）具有状态指示的电动机Y-△起动控制程序设计

除了满足电动机Y-△起动控制的基本要求，另增设各个运行阶段的状态指示灯：起动过程中点亮指示灯 HL1，并且按 1Hz 的频率闪烁；△正常运行时点亮指示灯 HL2。

（2）具有状态指示和换接延时的电动机Y-△起动控制程序设计

除了满足电动机Y-△起动控制的基本要求以及具备各个运行阶段的状态指示灯，实用的电动机Y-△起动控制还需要具备换接延时功能，即电动机从Y联结换接成△联结时，为了避免主电路中因Y联结接触器的主触点还未断开、△联结接触器的主触点就已闭合，所造成的主电路短路事故，必须保证Y联结接触器的线圈断电时，延时 1s 后才能接通△联结接触器的线圈。

在梯形图编程器中录入程序并编译后，下载到 PLC 中，然后运行程序、操作各个按钮和开关，观察程序的运行结果。

提示：

1）实验中，可使用实验箱中的乒乓开关模拟热继电器的触点，状态指示灯亦使用实验箱中的 LED 指示灯。

2）程序必须具备互锁功能，即Y联结接触器的线圈不能与△联结接触器的线圈同时通电。

3. 实验报告要求

1）打印出已经正确运行的程序。

2）画出整个系统的硬件接线图（参考图 5-26）；分析整个系统有哪几种电源，说明各个电源所起的作用。

8.3 计数器指令实验

8.3.1 计数器指令的基本应用程序设计

1. 控制问题简述及参考程序

由信号源产生的脉冲信号通常都是频率较高的脉冲信号，如果需要使用较低频率的脉冲信号，就需要将高频脉冲信号的频率降低后使用。降低脉冲信号的频率称为分频。利用计数器指令容易实现各种倍数的分频。

如图 8-5a 所示，是对输入信号二分频、四分频和三分频的时序图，根据该波形可知，二分频的输出脉冲频率是输入脉冲频率的 1/2，四分频的输出脉冲频率是输入脉冲频率的 1/4，三分频的输出脉冲频率是输入脉冲频率的 1/3。从数学意义上来说，分频实际上是做整数除法运算。

如图 8-5b 所示，是实现输入信号二分频的梯形图程序。如果使用按钮产生输入信号 I0.0，在输出端 Q0.0 接一只 LED 指示灯，那么点动按钮时就会发现，LED 指示灯会在奇数次点动按钮时点亮、偶数次点动按钮时熄灭。这也相当于实现了使用一只按钮控制一只灯。

图 8-5　脉冲信号的二分频、四分频和三分频

a）时序图　b）二分频梯形图程序

2. 实验要求

请读者自行阅读理解图 8-5b 所示的程序，据此设计实现以下要求的分频程序：

1）设计实现四分频的梯形图程序。

2）设计实现三分频的梯形图程序。

3）设计实现十分频的梯形图程序。

在梯形图编程器中录入程序并编译后，下载到 PLC 中，然后运行程序。观察 LED 指示灯的亮灭，判断程序设计的正确性。

8.3.2 计数器与定时器组合的定时程序

1. 控制问题简述

在 S7-200 PLC 中定时器最长定时时间为 3276.7s（不足 1h），但在实际工作中经常需要

几小时或更长时间的定时控制。利用计数器与定时器的组合可以扩大定时时间的范围，以满足各种长定时控制的要求。在 5.2.3 节中，给出了计数器与定时器组合应用的实例，参看图 5-16 所示的梯形图。理解该程序的工作原理，掌握定时时间的设置方法。

如果定时时间很长，定时精度要求不高时，例如小于 1s 或 1min 的误差可以忽略不计，也可以使用计数器指令累计特殊存储器位 SM0.4 产生的分脉冲，或者 SM0.5 产生的秒脉冲来构成长定时控制程序。

2. 实验要求

1）设计 56h30min 的长定时控制程序，要求任意时刻能清零复位。

2）利用特殊存储器位 SM0.4 和 SM0.5 设计 20h30min 的长定时控制程序。

使用 LED 指示灯观察程序的运行结果，自行进行 I/O 分配。

在梯形图编程器中录入程序并编译后，下载到 PLC 中，然后运行程序。观察指示灯的亮灭，判断程序设计的正确性。为了快速观察程序的运行效果，可以自行缩短上述程序的定时时间。

8.3.3 超大容量计数器程序设计

1. 控制问题简述

在 S7-200 PLC 中，一个计数器最大计数值为 32767。但在实际生产过程中，需要计数的范围有时会超过该值（比如产品数量统计）。通过多个计数器级联的组合计数方法能够方便地实现任意容量的计数，以满足各种生产工艺流程控制的要求。在 5.2.3 节中，给出了采用计数器组合以扩大计数范围的程序实例，参看图 5-17 所示的梯形图。理解该程序的工作原理，掌握计数值的设置方法以及计数器复位的逻辑设计方法。

2. 实验要求

根据图 5-17 所示的程序，设计实现以下要求的计数程序，说明程序中所使用 I/O 点的意义。

1）设计能实现计数容量为 500000 的梯形图程序，当计数值达到一半时，给出提示信号。

2）设计能实现计数容量为 87600 的梯形图程序。

在梯形图编程器中录入程序并编译后，下载到 PLC 中，然后运行程序。观察指示灯的亮灭，判断程序设计的正确性。

提示：如果使用按钮产生输入计数脉冲，不可能做到输入脉冲数量太多，为了快速观察程序的运行效果，可以将计数容量减小到 20 以内，但程序中要至少保留两个计数器指令。

8.4 比较指令实验

8.4.1 顺序控制程序设计

1. 控制问题简述及参考程序

比较指令可用于判断定时器所定时的时间值，也可用于判断计数器所累计的计数值。因此，灵活应用比较指令，将使很多控制程序的设计方案大为简化。例如，对于以时间参数为周期性工作的控制系统，使用比较指令与定时器指令结合，可以对多个被控对象按照时间控制的原则实现顺序控制。这类设计方案可以将定时器指令的使用条数减少到最小。

图 8-6 所示程序是在 8.2.1 节中设计过的三台电动机的顺序联锁控制程序。该程序实现的功能是起动时顺序起动：M1 先起动，延时 10s 后 M2 自行起动，再延时 10s 后 M3 自行起动；停止时逆序停机：M3 需先停止，延时 15s 后 M2 自行停机，再延时 15s 后 M1 自行停机。理解该程序中定时器时间值的设置方法以及比较指令的使用方法。

2. 实验要求

根据图 8-6 所示程序的设计思路，设计实现以下控制要求的程序，自行进行 I/O 分配，并列出 I/O 分配表。

1）设计 4 台电动机顺序起动、逆序停机的控制程序。控制要求如下：在起动信号有效时 M1 立即起动，延时 12s 时 M2 起动，再延时 15s 时 M3 起动，再延时 18s 时 M4 起动；在停止信号有效时，M4 立即停机，延时 10s 时 M3 停机，再延时 15s 时 M2 停机，再延时 20s 时 M1 停机。

2）设计实现两台电动机顺序控制的梯形图程序。控制要求如下：起动时，M1 立即起动，6s 时 M2 起动；M1 和 M2 一起运行 8s 时，M2 停止；M2 停止 2s 后 M1 停止；M1 和 M2 一起停止 7s 后，M1 再次起动，并按上述规律循环工作。停止信号有效时，终止上述循环工作。

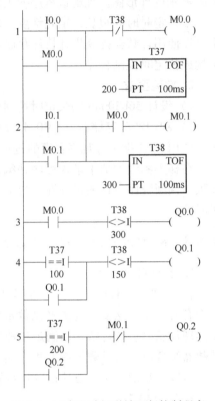

图 8-6 三台电动机联锁运行控制程序

在梯形图编程器中录入程序并编译后，下载到 PLC 中，然后运行程序。观察电动机的运行状态，判断程序设计的正确性。实验设备如果没有电动机主电路，驱动电动机运行的信号可以直接接 LED 指示灯。程序运行时，直接观察指示灯的状态即可代表电动机的运行状态。

8.4.2 密码锁程序设计

1. 控制问题简述及 I/O 分配

电子密码锁是目前最常用的锁具，密码锁最基本的功能是在密码正确的情况下，能打开锁。电子锁的密码是预设的，开锁时需要输入密码，内部电路将所输入的密码与预设密码比较，如果两者完全相同，则能开启锁。为了增加开锁的难度，不仅需要设置较多的密码位数，还需要设置其他一些干扰开锁的信号，比如能直接报警的信号和复位（清除）信号等。

假设密码锁的面板上由许多常开触点的按钮组成，其中包括若干个密码键，以及钥匙键、报警键和复位键。钥匙键产生的钥匙信号，代表有密码锁钥匙；复位键用于清除已经输入的密码，或在报警发生时也可以清除报警信号。根据控制要求，可按表 8-7 进行 I/O 分配。

表 8-7　密码锁程序的 I/O 分配表（一）

输入				输出	
控制信号	输入端口	控制信号	输入端口	驱动信号	输出端口
钥匙键 SB1	I0.0	第四位密码键 SB6	I0.5	开锁	Q0.0
第一位密码键 SB2	I0.1	第五位密码键 SB7	I0.6	报警	Q0.1
第二位密码键 SB3	I0.2	第六位密码键 SB8	I0.7		
第三位密码键 SB4	I0.3	报警键 SB9	I1.0		
复位键 SB5	I0.4	复位键 SB10	I1.1		

　　显然，如果使用 PLC 制成密码锁，控制程序应当主要使用比较指令。第 5 章的例 5-5 专题讨论了密码锁的程序设计。请读者阅读理解图 5-32 所给出的密码锁梯形图程序，掌握密码的设置方法及开锁方法。

2. 基本实验项目

　　根据图 5-32 所示程序的设计思路，设计实现密码位数为 4 位的密码锁程序，密码由指导教师指定。开锁信号与报警信号均用于驱动 LED 指示灯。根据密码的位数，上述 I/O 分配表中密码键可以不全部使用，但复位键至少使用一个。

　　在梯形图编程器中录入程序并编译后，下载到 PLC 中，然后运行程序。观察指示灯的亮灭，判断程序设计的正确性。

3. 扩展实验项目

　　设计密码为 6 位的密码锁程序。该密码锁的面板如图 8-7 所示，其中 ∗、#、F1～F4 为功能按键，HL1、HL2 为功能指示灯，均可按设计需要自行定义功能。密码锁逻辑功能如下：

图 8-7　密码锁面板

　　1）每按下一个数字，点亮一个输入指示灯，提示当前输入密码的位数。

　　2）密码输入正确时，执行开门动作，开门灯亮。

　　3）密码输入错误 3 次以上时报警，输入正确的密码后取消报警。

　　4）PLC 掉电后，密码不丢失。

　　5）在开门状态下，实现密码重新设置功能。

　　6）密码输入错误时，给出适当提示。

　　7）设置输入密码清除功能，当某一位密码输入错误后，可按清除键清空之前的输入。

　　8）设置虚位密码功能，即可输入多位数字，只要包含预设密码即可开锁。

　　9）设置长时开门警告功能，开门时间超过 1min 后提示，关门后取消提示。

实验要求：

　　1）本扩展实验，可以由小组合作完成。根据实验者的能力，以上 9 条逻辑功能可以只实现其中的部分功能。

2）先绘制程序控制流程，再编写梯形图程序。I/O 分配表见表 8-8。

表 8-8 密码锁程序的 I/O 分配表（二）

输入				输出	
按钮	输入端口	按钮	输入端口	驱动信号	输出端口
0	I0.0	8	I1.0	输入指示灯 1	Q0.0
1	I0.1	9	I1.1	输入指示灯 2	Q0.1
2	I0.2	*	I1.2	输入指示灯 3	Q0.2
3	I0.3	#	I1.3	输入指示灯 4	Q0.3
4	I0.4	F1	I1.4	输入指示灯 5	Q0.4
5	I0.5	F2	I1.5	输入指示灯 6	Q0.5
6	I0.6	F3	I1.6	开门灯	Q0.6
7	I0.7	F4	I1.7	报警灯	Q0.7
				HL1 灯	Q1.0
				HL2 灯	Q1.1

3）撰写设计报告，包括设计背景和设计思路。

4）撰写产品使用说明书，给自己完成的密码锁品牌命名，介绍产品特点和具体使用方法；制作产品宣传 PPT。

8.5 移位及循环指令实验

8.5.1 数码显示驱动程序设计

1. 控制问题简述及参考程序

七段 LED 数码显示器是数字系统常用的显示器件，在 4.5.4 节中，表 4-20 给出了该显示器的七段笔画的名称及顺序。七段 LED 数码显示器有共阴极和共阳极两种类型。对于共阴极的数码显示器，当各段笔画接收到高电平信号时被点亮。在数字电路中，有专用的译码显示电路将 BCD 码转换为七段 LED 数码显示器的驱动信号。本实验为了练习移位寄存器位指令的使用方法，采用 PLC 作为七段 LED 数码显示器的译码驱动电路。因此，为了驱动七段笔画，需要占用 7 个输出点。设将输出 Q0.0~Q0.6 分别与显示器的 a 段~g 段相连。

如果要求程序启动后，如图 8-8a 所示，按照一定的时间间隔、顺序循环显示 a 段—b 段—c 段—d 段—e 段—f 段—g 段—0—1—2，实现该控制功能的程序如图 8-8b 所示，图 8-8b 中，I0.0 是由外接的乒乓开关产生的控制程序运行的信号。分析该程序可知，在输入信号 I0.0 有效时，各段笔画及数字显示的时间间隔为 1s。

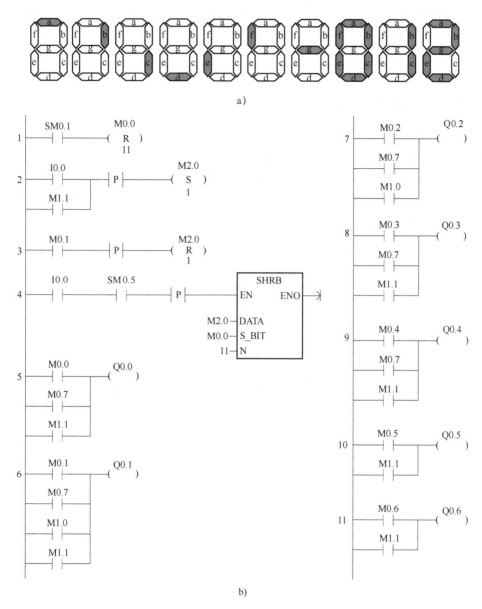

图 8-8 数码显示器驱动程序

a）显示顺序 b）显示驱动程序

2. 实验要求

根据图 8-7 所示程序的设计思路，设计实现以下显示要求的控制程序，显示的时间间隔设为 1s，自行进行 I/O 分配：

1）使用移位寄存器位指令设计按 0~9、A、b、C、d、E、F、H 的顺序循环显示的程序。注意，显示"6"与"b"的笔画区别。

2）使用移位寄存器位指令设计顺序循环显示自己学号的控制程序。

3）使用其他循环移位指令设计循环显示自己学号的控制程序。

4）参考 5.5 节例 5-8 的逻辑设计法，使用字节增指令设计循环显示做实验当天日期的控制程序。列出真值表和输出逻辑变量的逻辑函数。

在梯形图编程器中录入程序并编译后，下载到 PLC 中，然后运行程序。观察指示灯的亮灭，判断程序设计的正确性。

8.5.2 模拟喷泉的控制程序设计

1. 控制问题简述及参考程序

图 8-9a 所示为使用 LED 彩灯模拟喷泉控制的示意图，图 8-9a 中，使用 12 只 LED 彩灯阵列，当各个彩灯按照 HL1→HL2→HL3→HL4→HL5、HL9→HL6、HL10→HL7、HL11→HL8、HL12 的顺序循环快速点亮—熄灭时，就会模拟出喷泉的效果。实现该模拟显示功能的梯形图程序如图 8-9b 所示。

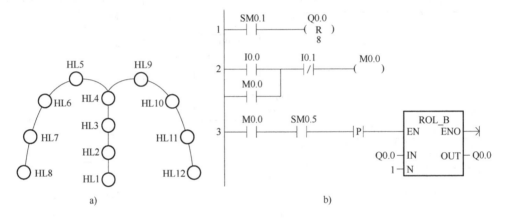

图 8-9　模拟喷泉控制

a）彩灯布局图　b）显示驱动程序

2. 实验要求

1）分析图 8-9b 所示程序的工作过程，说明输入 I0.0 和 I0.1 的功能；列表总结出各个 LED 灯与 PLC 的输出端口的连接关系；说明每只灯的点亮时间（或彩灯的闪烁频率）及一次循环点亮的周期。

2）如果使用字节右循环指令编写与图 8-9b 所示程序功能相同的程序，并且要求每只灯的点亮时间为 0.5s，说明上述显示控制程序应该如何修改，给出所设计的程序。

在梯形图编程器中录入程序并编译后，下载到 PLC 中，然后运行程序。观察指示灯的亮灭，判断程序设计的正确性。

8.5.3 彩灯控制程序的设计

1. 控制问题简述及 I/O 分配

节日彩灯大都使用 LED 彩灯，将 LED 彩灯排成复杂的阵列，配合各种显示驱动程序，就能组成变幻莫测的灯光图案。本实验给定排成一行的 8 只 LED 彩灯（HL1～HL8）和 3 个常开触点控制按钮及一只乒乓开关，要求使用移位或循环指令设计实现多种显示规律的驱动程序。

给定 I/O 分配见表 8-9。

表 8-9 彩灯控制程序的 I/O 分配表

输入		输出			
控制信号	输入端口	驱动信号	输出端口	驱动信号	输出端口
点动控制按钮 SB1	I0.0	LED1 显示	Q0.0	LED5 显示	Q0.4
连动控制按钮 SB2	I0.1	LED2 显示	Q0.1	LED6 显示	Q0.5
复位按钮 SB3	I0.2	LED3 显示	Q0.2	LED7 显示	Q0.6
方向控制开关 SA1	I0.3	LED4 显示	Q0.3	LED8 显示	Q0.7

2. 实验项目

（1）点亮方式和移位方向可控的显示程序设计

排成一行的 8 只 LED 彩灯，一次点亮一只彩灯，灯亮的方式有两种，一种为点动位移，即每按下一次点动控制按钮 SB1，灯亮向后移一位；另一种为连续位移，即长时间按下连动控制按钮 SB2，即可使彩灯以 2s 的时间间隔连续点亮并向后位移。彩灯点亮的移位方向（左移位或右移位）由方向控制开关 SA1 控制，当开关 SA1 闭合时，彩灯向左移位顺序点亮；当开关 SA1 断开时，彩灯向右移位顺序点亮。当按下复位按钮 SB3 时，终止彩灯的循环点亮，灯全部熄灭。

（2）复杂显示方式的显示程序设计

要求排成一行的 8 只 LED 彩灯自左向右、每秒钟依次点亮一只灯；循环 3 次后，8 只彩灯同时点亮，3s 后全部熄灭，2s 后再次重复上述过程，但是彩灯采取自右向左的位移方向点亮。当彩灯按照上述双向规律点亮一周后自动循环工作，直到接收到停止信号。

提示：可参考练习题 5-14 程序；输入控制信号可在上述 I/O 分配表中任意选择。

在梯形图编程器中录入程序并编译后，下载到 PLC 中，然后运行程序。观察 8 只 LED 彩灯的点亮规律，判断程序设计的正确性。

8.5.4 模拟天塔之光的控制程序设计

1. 控制问题简述及参考程序

一座城市的高塔（如电视台的信号发射塔）是城市的重要景观，其夜间灯光秀是城市夜景亮丽的风景线。模拟天塔之光的简易彩灯布局如图 8-10 所示。如果采用 PLC 作为控制器，可以设计各种各样不同的控制程序，驱动这 12 只彩灯按照某种复杂的规律点亮，得到变幻莫测的灯光效果。

例如，若要求彩灯 HL1～HL12 按下面的顺序，以 1Hz 的闪烁频率快速循环点亮—熄灭：HL12→HL11→HL10→HL8 → HL1 → HL2、HL3、HL4、HL5 → HL6、HL7、HL8、HL9，并设 PLC 的输出端口按照表 8-10 进行分配，可设计出如图 8-11 所示的梯形图程序。图 8-11 中，I0.0 是由外部

图 8-10 天塔之光彩灯布局图

乒乓开关产生的控制信号。

表 8-10　输出端口分配表

驱动信号	输出端口	驱动信号	输出端口
HL1	Q0.0	HL7	Q0.6
HL2	Q0.1	HL8	Q0.7
HL3	Q0.2	HL9	Q1.0
HL4	Q0.3	HL10	Q1.1
HL5	Q0.4	HL11	Q1.2
HL6	Q0.5	HL12	Q1.3

图 8-11　天塔之光控制程序

2. 实验要求

根据图 8-11 所示程序的设计思路（但不限制所使用的主要指令以及程序设计方法），设计实现以下显示要求的控制程序，I/O 分配按照图 8-11 所示的程序执行，设彩灯的闪烁频率为 0.5Hz：

1）彩灯 HL1 ~ HL12 按下面的顺序点亮：HL12→HL11→HL10→HL8→HL1→HL2、HL3、HL4、HL5→HL6、HL7、HL8、HL9→HL2、HL3、HL4、HL5→HL1（一个周期）→HL12→HL11→HL10→HL8→⋯。

2）彩灯 HL1 ~ HL12 按下面的顺序点亮：HL12→HL11→HL10→HL8→HL1→HL1、

HL2、HL9→HL1、HL5、HL8→HL1、HL4、HL7→HL1、HL3、HL6→HL1→HL2、HL3、HL4、HL5→HL6、HL7、HL8、HL9→HL1、HL2、HL6→HL1、HL3、HL7→HL1、HL4、HL8→HL1、HL5、HL9→HL1→HL2、HL3、HL4、HL5→HL6、HL7、HL8、HL9（一个周期）→HL12→HL11→HL10→HL8→…。

  在梯形图编程器中录入程序并编译后，下载到 PLC 中，然后运行程序。观察 LED 彩灯的点亮规律，判断程序设计的正确性。

第9章 可编程序控制器编程综合实验

通过本章实验，将进一步熟悉接触器、继电器、热继电器、行程开关等常用低压电器的功能和使用方法；学习 PLC 及其外部设备的接线方法；熟练掌握将继电—接触器控制电路移植成 PLC 梯形图的方法；熟练使用定时器指令、计数器指令、比较指令、传送指令、逻辑运算指令和顺序控制继电器指令等指令设计具有一定综合性的控制程序。

9.1 位置与行程控制

9.1.1 小车多地点往复运动的行程控制

1. 控制问题简述及 I/O 分配

有些生产线上的送料小车沿直线在多个地点之间做往复运动，如图 9-1a 所示。小车由电动机驱动，能在导轨上左右运动；小车的位置由安装在导轨上 A、B、C、D 四个位置的行程开关 SQ1~SQ4 检测。当小车行至某个位置而压动某个行程开关时，将使其常开触点闭合、常闭触点断开，从而发送位置信号。

图 9-1 小车在 4 个位置往复运动示意图

在 5.3.2 节中，例 5-3 和例 5-4 专题讨论了小车的两位控制和三位控制的梯形图设计方法，但根据生产工艺的不同要求，送料小车起动后的运行轨迹不尽相同。例如，有时要求小车在某两个位置之间往复运动，也可以要求小车在某 3 个位置之间往复运动，亦可要求小车在整条线上的 4 个位置之间按照一定的规律往复运动。另外，在不同位置要求小车有不同的停车等待时间。如图 9-1b、c 所示，给出了小车在 4 个位置之间往复运动的两种运行轨迹。

图 9-1b、c 中标注的数字：0 代表小车的起动位置，1、2、3、…代表按时间先后小车经历过的位置。显然，小车可以在任意位置停车。

根据控制要求，可按表 9-1 进行 I/O 分配。

表 9-1　小车在 4 个位置往复运动行程控制 I/O 分配表

输入				输出	
控制信号	输入端口	控制信号	输入端口	驱动信号	输出端口
右行起动按钮 SB1	I0.0	行程开关 SQ2	I0.4	向右运动	
左行起动按钮 SB2	I0.1	行程开关 SQ3	I0.5	（电动机正转）	Q0.0
停止按钮 SB3	I0.2	行程开关 SQ4	I0.6	向左运动	
行程开关 SQ1	I0.3			（电动机反转）	Q0.1

2. 实验项目

参考图 5-29 和图 5-31 两个梯形图程序，设计实现下述逻辑要求的控制程序。例 5-3 和例 5-4 是按照经验法设计的梯形图。学习者可尝试采用顺序控制设计法或组合逻辑设计法完成此类控制的梯形图设计。

实验统一要求在每个停车位的停车时间规定如下：A 位 3s、B 位 4s、C 位 5s、D 位 6s。

（1）小车两位控制

控制要求：小车在 C、D 两位之间运动。当小车停止在任意位置时，可以起动小车向右行，也可以起动小车向左行；当运行到 C 位或 D 位时，停车延时后，自动反向起动。如此往复运动，直到点动停止按钮，但小车只能在除了 A、B、C、D 4 个位置的任何位置停止运动。

（2）小车三位控制

控制要求：小车在 A、B、C 三位之间运动。当小车停止在 A、B、C 三位之间的任意位置时，可以起动小车向右行，也可以起动小车向左行；当运行到 A、B、C 三位之任意一位时，停车延时后，自动起动，继续沿相同方向运动，或自动反向起动，沿相反方向运动。如此往复运行，直到点动停止按钮，但小车只能在除了 A、B、C 3 个位置的任何位置停止运动。

（3）小车四位控制

控制要求：小车在 A、B、C、D 四位之间运动，如图 9-1b 和 c 所示。当小车停止在任意位置时，可以起动小车向右行，也可以起动小车向左行；经过 A、B、C、D 四个位置之任意一位置时，停车延时后，自动起动，继续沿相同方向运动，或自动反向起动，沿相反方向运动。如此周而复始地运动，直到点动停止按钮，终止上述工作。同样，小车只能在除了 A、B、C、D 4 个位置的任何位置停止运动。

按照 I/O 分配表，将 PLC 的输入与输出端口与硬件系统连接上。

在梯形图编程器中录入程序并编译后，下载到 PLC 中；然后运行程序，操作各个按钮或开关，观察小车的运动状态，判断程序设计的正确性。

9.1.2　铣床联锁控制

1. 控制问题简述及 I/O 分配

铣床是一种是用铣刀加工多种工件表面、用途广泛的机床，常用的万能铣床主要分为卧式和立式两大类。卧式万能铣床上由主轴电动机 M1、进给电动机 M2 和冷却泵电动机 M3 3 台异步电动机拖动。主轴电动机 M1 驱动铣刀所做的旋转运动称为主运动；加工中，进给电动机 M2 驱动工作台带动工件沿纵向、横向和垂直 3 个方向移动的运动称为进给运动。此外，铣削加工过程中，刀具与工件接触处必须时刻淋注冷却润滑油（切削液），提供切削液的油泵由冷却泵电动机 M3 驱动。

铣削加工有顺铣和逆铣两种加工方式，对应的主轴电动机 M1 采用转向选择开关 SA1 来改变三相电源相序，从而改变 M1 的旋转方向（机械换向）。主轴电动机 M1 改变旋转方向时必须经过"制动—停机—反转"这一过程，而不能直接从一个旋转方向切换到相反的旋转方向，否则转轴将承受过大的转矩。

工作台的进给运动虽然有多个方向，但只由一台进给电动机 M2 驱动，进给运动的方向通过操作十字形进给手柄，由机械部件（丝杆、齿轮等）配合控制。因此，进给电动机 M2 也要求能够正、反转。

以下是万能铣床加工工艺对 3 台电动机联锁控制的简化要求：

1）主轴旋转与工作台进给之间应有可靠的联锁控制，即进给运动要在铣刀旋转之后才能进行；加工结束时，必须先停止进给运动后才能使铣刀停转，以避免工件与铣刀碰撞造成事故。即 M1 先起动后停机，M2 后起动先停机。

2）为了保证机床和刀具的安全，加工时，任何时候工作台只允许向一个方向移动，因此，工作台的 3 个垂直（上下、左右、前后）进给方向的运动之间应当设置联锁保护。通常将两个进给操作手柄同时扳动时，必须立刻切断电源。工作台改变进给方向时，必须先将换向手柄停在中间位置（原位），然后再换向，不准直接换向。

3）冷却泵电动机 M3 应该在主轴电动机 M1 起动后、进给电动机 M2 起动前起动，而停机时，应该在 M2 停机后随 M1 一起停机。

4）如果进给电动机过载，只断开自身的控制电路；如果主轴电动机或冷却泵电动机过载，需要切断整个控制电路的电源。

图 9-2 所示是万能铣床电气控制电路（简化电路）。图 9-2 中，KM1 是控制主轴电动机 M1 的接触器，KM2 是控制冷却泵电动机 M3 的接触器，KM3 和 KM4 是控制进给电动机 M2 的接触器。FR1、FR2 和 FR3 分别是三台电动机的过载保护用热继电器的触点。

铣床配置两个进给操作手柄，它们分别是纵向进给手柄 S1 和横向与垂直进给手柄 S2。纵向进给手柄 S1 有 3 个位置："向左""向右"和"原位"（中间位置）。将 S1 扳向"向左"位置，压动行程开关 SQ1；将 S1 扳向"向右"位置，压动行程开关 SQ2；将 S1 扳向"原位"不压动 SQ1 或 SQ2。横向与垂直进给手柄 S2 是一个十字操作手柄，有 5 个位置："向上""向下""向前""向后"和"原位"（中间位置）。将 S2 扳向"向上"位置，压动行程开关 SQ3；将 S2 扳向"向下"位置，压动行程开关 SQ4；将 S2 扳向"原位"不压动 SQ3 或 SQ4。如果将 S2 扳向"向前"或"向后"位置，同样压动行程开关 SQ3 或 SQ4，但此时机械传动机构会改变工作台的进给方向。显然，任何时候，S1 和 S2 必须至少有一个处于"原位"。

2. 实验要求

根据图 9-2，采用移植设计法将万能铣床的继电—接触器控制电路替换为 PLC 控制，设计实现与图 9-2 控制功能相同的梯形图程序。自行进行 PLC 的 I/O 分配。

图 9-2 万能铣床电气控制电路

在梯形图编程器中录入程序并编译后，下载到 PLC 中；然后运行程序，操作各个按钮或开关，观察铣床各台电动机的运行状态，判断程序设计的正确性。

9.1.3 货叉取放箱控制

1. 控制问题简述及 I/O 分配

货物堆场需要使用货叉搬运、堆放货箱。最简单的货叉取放货箱的工艺流程示意图如图 9-3 所示。其中，C 位是货箱卸载或装载处（原位），A 位和 B 位是货箱堆放处。假设货叉最初停在中间 C 位，需要在 C 位与 A 位之间，或者 C 位与 B 位之间取放货

图 9-3 货叉取放货箱工艺示意图

箱。A、B、C 3 个位置分别使用行程开关 SQ1、SQ2 和 SQ3 检测，当货叉停在 A、B、C 3 个位置时，需要使用指示灯指示位置。若遇到某种事故，货叉运行过程中可以紧急停车。

根据控制要求，可按表 9-2 进行 I/O 分配。

表 9-2 货叉取放货箱控制 I/O 分配表

输入		输出	
控制信号	输入端口	驱动信号	输出端口
急停按钮 SB1	I0.0	向左运动（M 反转）	Q0.0
左向起动按钮 SB2	I0.1	向右运动（M 正转）	Q0.1

（续）

输入		输出	
控制信号	输入端口	驱动信号	输出端口
右向起动按钮 SB3	I0.2	A 位指示灯 LED1	Q0.2
A 位行程开关 SQ1	I0.3	B 位指示灯 LED2	Q0.3
B 位行程开关 SQ2	I0.4	C 位指示灯 LED3	Q0.4
C 位行程开关 SQ3	I0.5		

2. 实验项目

参考图 5-29 和图 5-31 两个梯形图程序，设计实现下述逻辑要求的控制程序。假设无搬运任务时，货叉始终停在 C 位。

（1）手动起动、自动停止

控制要求：当按下左向起动按钮 SB2 时，货叉左行，前往 A 位取放货箱，到达 A 位自动停止；当再次按下右向起动按钮 SB3 时，货叉右行，回到 C 位自动停止，完成一次货箱搬运过程。同理，前往 B 位取放货箱的操作方法与上述过程的操作方法相反。

（2）手动起动、自动往返

控制要求：当按下左向起动按钮 SB2 时，货叉左行，前往 A 位取放货箱，到达 A 位自动停止；延时 35s 后，自行起动返回；回到 C 位自动停止，完成一次货箱搬运过程。同理，前往 B 位取放货箱的操作方法与上述过程的操作方法类似。

按照 I/O 分配表，将 PLC 的输入与输出端口与硬件系统连接上。

在梯形图编程器中录入程序并编译后，下载到 PLC 中；然后运行程序，操作各个按钮或开关，观察货叉小车的运行状态，判断程序设计的正确性。

9.1.4 钻床与布料机控制

1. 控制问题简述

钻床是用钻头在工件上加工孔的机床。钻床的主要功能是钻通孔、盲孔、扩孔、锪孔、铰孔或进行攻丝等加工。卧式钻床的工作特点是工件固定不动，将钻头（刀具）中心对正孔中心，一边旋转一边进给。钻头旋转为主运动，钻头轴向移动为进给运动。钻头进给工艺如图 9-4 所示。钻头从初始位置开始向右进行钻孔，钻孔过程中，钻头向右进给一段距离后返回初始位置，然后再向右进给更远一段距离后再返回初始位置，如此反复，完成钻深孔工艺。钻头的进给行程由行程开关 SQ1、SQ2、SQ3 和 SQ4 检测。

图 9-4　钻头进给工艺示意图

布料机是一种与混凝土输送泵配套使用的施工机械，功能类似一只机械手，将泵压来的混凝土送到要浇筑构件的模板内。正常运行时，行走式布料机由初始位置出发，为了使混凝土的分布更均匀，布料机的工作行程按照"进二退一"的方式往返行驶于几个需要布料的位置之间，如图 9-5 所示。布料机的初始位置以及需要布料的位置由行程开关 SQ1、SQ2、SQ3、SQ4 和 SQ5 检测。

图 9-5　布料机的工作示意图

2. 实验项目

（1）钻头进给运动控制

钻头进给运动的控制按钮有起动按钮 SB1、急停按钮 SB2 和复位按钮 SB3；控制对象是驱动钻头进给的电动机。

控制要求：设钻头的初始位置在 A 位（原点）。点动起动按钮 SB1，钻头进给至 B 位后返回原点停止，马上自行起动再进给至 C 位后返回原点停止，紧接着钻头再次进给至 D 位后返回原点停止，至此完成钻床主轴进给控制系统全过程。

正常运行时，钻头工作一个周期时会自动停止在初始位置。但当遇到事故时，就需要点动急停按钮 SB2、使钻头停止在当前位置。当处理完事故后，再点动复位按钮 SB3 使钻头返回原位。

参考练习题 5-25，建议采用顺序控制设计法设计实现钻头进给运动控制的梯形图程序。自行进行 I/O 分配，并列出 I/O 分配表。

在梯形图编程器中录入程序并编译后，下载到 PLC 中；然后运行程序，操作各个按钮或开关，观察钻头运行状态，判断程序设计的正确性。

提示：实验操作时，若无钻床实验系统，所有行程开关均使用钮子开关代替，所有输出的驱动信号均连接 LED 指示灯。

（2）布料机行程控制

布料机运行的控制按钮有单周期运行起动按钮 SB1、循环周期运行起动按钮 SB2、停止按钮 SB3；控制对象是驱动布料机运行的电动机。

1）单周期运行控制要求：点动单周期运行起动按钮 SB1，布料机由初始位置 A 位出发，向右运行到 C 位处停止；定时 30s 后向左运行，退回到 B 位处停止，定时 30s 后再向右运行到 D 位处停止；再向左运行，退回到 B 位处停止；定时 15s 后再向右运行到 C 位处停止；定时 15s 后向左运行，退回到初始位置处停止，完成单周期运行过程。当点动停止按钮 SB3 时，布料机终止循环运行，退回到初始位置处停止。

2）循环周期运行控制要求：点动循环周期运行起动按钮 SB2，布料机按照单周期运行过程循环运行；每次返回初始位置时，定时 60s 再自行起动。当点动停止按钮 SB3 时，布料机终止循环运行，退回到初始位置处停止。

参考练习题 5-25，建议采用顺序控制设计法设计实现布料机行程控制的梯形图程序。自行进行 I/O 分配，并列出 I/O 分配表。

在梯形图编程器中录入程序并编译后，下载到 PLC 中；然后运行程序，操作各个按钮或开关，观察布料机的运行状态，判断程序设计的正确性。

9.2 步进电动机控制

步进电动机亦称为脉冲电动机，是将电脉冲信号转换为角位移或线位移的控制电动机。步进电动机每接收到一个脉冲信号，就会按设定的方向转动一个固定的角度（称为步距角），如果连续施加脉冲，步进电动机将连续旋转，其转速正比于脉冲频率。

步进电动机的种类有很多，若按照绕组的个数即相数来分，有两相、三相、四相、五相等。相数越多控制越精细，但机械结构以及控制电路或控制程序越复杂。

9.2.1 三相步进电动机模拟控制

1. 控制问题简述及 I/O 分配

三相步进电动机有 U、V、W 三相绕组，三相绕组的通电方式有 3 种：三相单三拍（U→V→W→U）、三相双三拍（UV→VW→WU→UV）和三相单双六拍（U→UV→V→VW→W→WU→U→UV）。其中，单三拍和双三拍的步距角相同，三相单双六拍的步距角是前者的一半。改变绕组的通电顺序就能改变电动机的旋转方向。

本实验所提供三相步进电动机的控制器面板如图 9-6 所示。该控制器中包括以下部分：旋转表盘，能指示电动机转子转过的角度；三相绕组（U1—U2，V1—V2，W1—W2）；3 个钮子开关，分别可以转换运行方式（单步与连续）、通电方式（三拍与六拍）和旋转方向（正转与反转）；起动和停止两个控制按钮；插线孔，分别与 PLC 的 I/O 端口相连。

图 9-6 三相步进电动机的控制器面板

当钮子开关拨到单步时，每点动一次起动，相当于产生一个驱动脉冲信号，电动机旋转一个角度；当钮子开关拨到连续时，点动一次起动按钮，相当于产生连续驱动脉冲信号，电动机连续旋转，直到按停止按钮。

当钮子开关拨到三拍时，电动机的步距角为 3°；当钮子开关拨到六拍时，电动机的步距角为 1.5°。当钮子开关拨到正转时，电动机沿顺时针方向旋转；当钮子开关拨到反转时，电动机沿逆时针方向旋转。根据控制器提供的信号及需要驱动的对象，可按表 9-3 进行 PLC 的 I/O 分配。

表 9-3　三相步进电动机模拟控制 I/O 分配表

输入				输出	
控制信号	输入端口	控制信号	输入端口	驱动信号	输出端口
起动按钮 SB1	I0.0	三拍控制信号	I0.4	U 相绕组	Q0.0
停止按钮 SB2	I0.1	六拍控制信号	I0.5	V 相绕组	Q0.1
正转控制信号	I0.2	单步控制信号	I0.6	W 相绕组	Q0.2
反转控制信号	I0.3	连续控制信号	I0.7		

2. 实验要求

设计能够实现三相步进电动机的单步与连续、三拍与六拍、正转与反转各种组合控制的梯形图程序。其中，运行方式、通电方式以及旋转方向的改变，可以点动停止按钮，使电动机停转后再拨动钮子开关转换，也可以不经过停止直接转换。

在梯形图编程器中录入程序并编译后，下载到 PLC 中，然后运行程序，设置 3 个钮子开关的各种组合方式，操作起动按钮，观察代表电动机转子的角度盘的运行状态，判断程序设计的正确性。

9.2.2　五相步进电动机模拟控制

1. 控制问题简述及 I/O 分配

五相步进电动机有五相绕组，现使用 A、B、C、D、E 五个 LED 指示灯分别代表五相绕组，模型示意图如图 9-7 所示。当某个 LED 指示灯点亮时，就代表该相绕组通电；当按照顺时针方向顺序点亮各 LED 指示灯时，代表电动机转子顺时针方向旋转，反之，转子则为逆时针方向旋转。若每次只点亮一只 LED 指示灯，表示通电方式为五相单五拍；若每次点亮相邻两只 LED 指示灯，则表示通电方式为五相双五拍；若按照一次点亮一只 LED 指示灯与一次点亮两只 LED 指示灯交替进行，则表示通电方式为五相单双十拍。

五相步进电动机运行的控制按钮和选择开关有起动按钮 SB1、停止按钮 SB2、运行方式控制开关 SA1、通电方式控制开关 SA2 和旋转方向控制开关 SA3。当 SA1、SA2 和 SA3 闭合时，表示为"单步""五拍""顺时针方向"控制方式；当 SA1、SA2 和 SA3 断开时，表示为"连续""十拍""逆时针方向"控制方式。在单步运行时，每点动一次起动按钮 SB1，相当于输入一个控制脉冲，步进电动机切换一拍；在连续运行时，点动起动按钮 SB1 时，

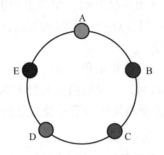

图 9-7　五相步进电动机模型

电动机接收到 1Hz 连续脉冲信号，开始连续旋转，即五相的指示灯自动连续切换。点动停止按钮 SB2，终止电动机的连续运行。

根据所需要的控制信号及需要驱动的对象，可按表 9-4 进行 PLC 的 I/O 分配。

表 9-4　五相步进电动机模拟控制 I/O 分配表

输入		输出	
控制信号	输入端口	驱动信号	输出端口
起动按钮 SB1	I0.0	A 相	Q0.0
停止按钮 SB2	I0.1	B 相	Q0.1
运行方式控制开关 SA1	I0.2	C 相	Q0.2
通电方式控制开关 SA2	I0.3	D 相	Q0.3
旋转方向控制开关 SA3	I0.4	E 相	Q0.4

2. 实验要求

分别设计实现以下控制要求的梯形图程序，然后将两个程序综合在一起，实现对五相步进电动机的控制。

1）五相单五拍控制：通电顺序 A→B→C→D→E→A→…或反顺序，通过旋转方向控制开关 SA3 切换旋转方向；通过运行方式控制开关 SA1，在单步和连续两种运行方式之间切换。

2）五相单双十拍控制：通电顺序 A→AB→B→BC→C→CD→D→DE→E→EA→A→…或反顺序；通过旋转方向控制开关 SA3 切换旋转方向；通过运行方式控制开关 SA1，在单步和连续两种运行方式之间切换。

参考程序（部分）如图 9-8 所示。阅读理解该程序的编程方法，将其补充、完善后，可以得到对五相步进电动机的五相单五拍控制。参照此编程思路，设计五相步进电动机的五相单双十拍控制，最后将这两个控制程序合并成一个完整的五相步进电动机的控制程序。

在梯形图编程器中录入程序并编译后，下载到 PLC 中；然后运行程序，设置 3 个开关的各种组合方式，操作起动按钮，观察代表电动机转子旋转的指示灯的点亮状态，判断程序设计的正确性。

图 9-8　五相步进电动机控制参考程序（部分）

9.3　交通信号灯控制

　　城市中有众多的十字路口，为了各个方向的车辆能够安全、迅速而有序地通过这些交汇路口，必须设置红黄绿三色信号指挥灯。其中，绿灯亮起表示允许通行，黄灯亮起表示未过停车线的车辆停止、已过停车线的车辆继续前行；红灯亮起表示禁行。在主干道与主干道交汇的十字路口，两个方向应设置相同的通行间隔时间；而在主干道与次干道的交汇路口，主干道的通行间隔时间应当长于次干道的通行间隔时间。

交通信号灯控制系统是一个典型的、按照时间控制原则进行控制的周期性工作的控制系统，按照顺序控制系统的设计方法，无论要求有多复杂，控制程序都不难实现。

9.3.1 基本交通信号灯控制

1. 控制问题简述及 I/O 分配

基本的交通信号灯系统只设置两组正交方向的红黄绿三色信号灯，如图 9-9a 所示。交通信号灯系统一般需要 24h 不间断循环、周期性工作。该控制系统只需要设置一个控制开关，当开关闭合时，起动系统工作，并按照如图 9-9b 所示的时序周而复始地工作。

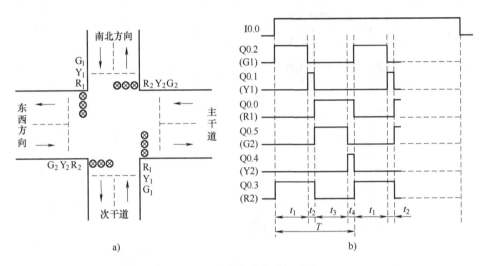

图 9-9　基本交通信号灯系统

a）系统基本组成　b）工作时序

同一条马路上相对的同色信号灯是并联的，由同一个信号驱动。根据控制要求，PLC 的驱动信号可按表 9-5 进行分配。其中，增设了两组代表车流的指示灯 X1 和 X2。设控制开关的信号接入 PLC 的 I0.0 端口。

表 9-5　基本交通信号灯控制 I/O 分配表

驱动信号	输出端口	驱动信号	输出端口
南北红灯 R1	Q0.0	东西黄灯 Y2	Q0.4
南北黄灯 Y1	Q0.1	东西绿灯 G2	Q0.5
南北绿灯 G1	Q0.2	南北车灯 X1	Q0.6
东西红灯 R2	Q0.3	东西车灯 X2	Q0.7

2. 实验要求

1）设 $t_1 = 25s$，$t_2 = 3s$，$t_3 = 27s$，$t_4 = 3s$。

2）当某个方向的绿灯点亮时，该方向的车灯延时 2s 也点亮；当绿灯熄灭后延时 1s 车灯随即熄灭。

参考练习题 5-31 的编程方法之一，设计满足上述要求的基本交通信号灯控制的梯形图程序。

在梯形图编程器中录入程序并编译后，下载到 PLC 中；然后运行程序，闭合控制开关，观察代表各色 LED 指示灯交替点亮—熄灭的规律，判断程序设计的正确性。

9.3.2 复杂交通信号灯控制

1. 控制问题简述及 I/O 分配

在基本交通信号灯运行方式下，增设以下控制功能，以达到更加安全、高效地通行（见图 9-10）：

1）在某个方向的绿灯点亮的最后 3s 时间内，变为闪烁状态，以提醒后续车辆在通行速度较慢时，不要"绿灯跟进"而造成交通拥堵。

2）增设左转弯信号灯。当某个方向的红灯熄灭后，首先点亮正交方向的左转弯信号灯，延时一段时间后，熄灭左转弯信号灯，点亮同组的绿灯。

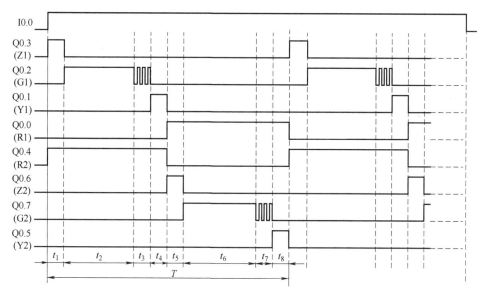

图 9-10 复杂交通信号灯系统工作时序

根据控制要求，PLC 的驱动信号可按表 9-6 进行分配。其中，增设了两组代表车流的指示灯 X1 和 X2。设控制开关的信号接入 PLC 的 I0.0 端口。

表 9-6 复杂交通信号灯控制 I/O 分配表

驱动信号	输出端口	驱动信号	输出端口
南北红灯 R1	Q0.0	东西红灯 R2	Q0.4
南北黄灯 Y1	Q0.1	东西黄灯 Y2	Q0.5
南北绿灯 G1	Q0.2	东西绿灯 G2	Q0.6
南北左转弯 Z1	Q0.3	东西左转弯 Z2	Q0.7
南北车灯 X1	Q1.0	东西车灯 X2	Q1.1

2. 实验要求

1）设 $t_1 = 5s$，$t_2 = 22s$，$t_3 = t_4 = 3s$，$t_5 = 5s$，$t_6 = 27s$，$t_7 = t_8 = 3s$。

2）绿灯闪烁的频率为1Hz。

3）其余控制要求与基本交通信号灯的控制要求相同。

参考练习题5-31的编程方法之一，设计满足上述要求的基本交通信号灯控制的梯形图程序。

在梯形图编程器中录入程序并编译后，下载到PLC中；然后运行程序，闭合控制开关，观察代表各色LED指示灯交替点亮—熄灭的规律，判断程序设计的正确性。

9.4 常见工业机械控制

9.4.1 多级传送带的模拟控制

1. 控制问题简述及 I/O 分配

传送带是各种生产场合常见的运送物料、产品或物件的机械。例如，航空港里运送旅客行李的传送带、饮料灌装生产线上的传送带、流水生产线上的零件传送带等。当传送的距离比较远时，往往需要多条传送带配合，才能将物料送达到比较远的地方。

某发电厂锅炉的燃料上料系统采用PLC实现全自动控制。当整包原料由散包机打散后，通过4条传送带轮传送到锅炉的料仓，如图9-11所示。1#~4#传送带轮分别由异步电动机 M1~M4 驱动。设散包机打散的燃料首先卸载在1#传送带轮上，然后依次传送到2#、3#和4#传送带轮上，最后燃料进入料仓。

图 9-11 传送带轮传送上料系统示意图

为了避免物料在传送带轮上堆积，系统起动时，按照逆料流方向延时、自动依次起动传送带轮和散包机。系统停止工作时，按照顺料流方向延时、自动依次停止散包机和传送带轮（与起动的顺序相反），以保证停工后传送带轮上没有物料堆积。

为了保证系统安全运行，各条传送带轮都设置了故障检测。当某条传送带轮发生故障时，立刻按照停机的顺序、顺次延时停止故障传送带轮及其上游的所有设备，并点亮故障指示灯，提醒操作者检查设备。

设各个设备发生故障时，故障检测传感器输出高电平，即1状态的信号。实验时，使用钮子开关模拟传送带轮的故障信号。根据燃料上料系统的控制要求，可按照表9-7对PLC的I/O进行分配。

2. 实验要求

设系统各个设备顺序起动的延时时间为30s，顺序停止的延时时间为60s，如图9-12所示。根据燃料上料系统的控制要求，采用经验设计法设计实现燃料上料系统控制的梯形图程序。提示：可参考练习题 5-11 的编程方法。

表 9-7　多级传送带的模拟控制 I/O 分配表

输入		输出	
控制信号	输入端口	驱动信号	输出端口
停止信号（按钮 SB1）	I0.0	散包机	Q0.0
起动信号（按钮 SB2）	I0.5	电动机 M1	Q0.1
1#传送带轮故障信号（开关 SA1）	I0.1	电动机 M2	Q0.2
2#传送带轮故障信号（开关 SA2）	I0.2	电动机 M3	Q0.3
3#传送带轮故障信号（开关 SA3）	I0.3	电动机 M4	Q0.4
4#传送带轮故障信号（开关 SA4）	I0.4	故障指示灯 HL	Q0.5

图 9-12　传送带轮传输上料系统起停顺序

在梯形图编程器中录入程序并编译后，下载到 PLC 中；然后运行程序，操作各个按钮和开关，观察各条传送带轮的运行状态，判断程序设计的正确性。

9.4.2　通风系统运行状态监测

1. 控制问题简述及 I/O 分配

某生产车间的通风系统由 4 台风机组成，每台风机由交流异步电动机拖动。为了保证工作人员安全，必须检测每台风机是否正常运行。如果有 3 台及 3 台以上风机同时运行，说明车间通风良好，则点亮绿色指示灯；如果同时只有两台风机运行，说明车间通风不良，点亮黄色指示灯，以提示安检员检查风机故障；如果少于两台风机同时运行，则点亮红色指示灯并以 0.5Hz 频率闪烁，提示安检员车间的通风系统已经出了严重故障；当没有任何风机工作时，则红色警告灯以 2Hz 频率闪烁，同时驱动蜂鸣器鸣叫。一旦出现声光报警，车间的工作人员必须马上疏散。

设 4 台风机分别用 A、B、C 和 D 表示，当风机正常运行时，传感器输出高电平，即 1 状态的信号，否则输出低电平，即 0 状态信号。实验时，可使用钮子开关模拟风机的运行状态信号。根据风机状态监测的要求，PLC 可按表 9-8 进行 I/O 分配。

2. 实验要求

根据通风系统运行状态监测的要求，采用组合逻辑设计法设计实现风机状态监测的梯形图程序。提示：可参考例 5-9 的编程方法。

表 9-8　通风系统运行状态监测系统 I/O 分配表

输入		输出	
控制信号	输入端口	驱动信号	输出端口
风机 A 运行状态（开关 SA1）	I0.0	绿色指示灯 G	Q0.0
风机 B 运行状态（开关 SA2）	I0.1	黄色指示灯 Y	Q0.1
风机 C 运行状态（开关 SA3）	I0.2	红色指示灯 R	Q0.2
风机 D 运行状态（开关 SA4）	I0.4	蜂鸣器 F	Q0.3

在梯形图编程器中录入程序并编译后，下载到 PLC 中，然后运行程序；操作各个开关模拟各台风机运行或停止，观察各个指示灯及蜂鸣器的状态，判断程序设计的正确性。

9.4.3　液体混合的模拟控制

1. 控制问题简述及 I/O 分配

图 9-13　药物液体混合罐示意图

在化工生产过程，常常需要将多种溶液按比例混合、搅拌均匀后，供下一道工序使用。如图 9-13 所示是某个两种药物液体混合罐的示意图。图 9-13 中，M 是搅拌电动机；Y1 和 Y2 是控制两种液体 A 和 B 流入的电磁阀，Y3 是控制混合液体流出的电磁阀；L1～L3 分别是检测液位高度的液位传感器（浮标传感器）。

当点动起动按钮起动工作时，首先打开电磁阀 Y1 的阀门、注入药液 A，当液面升高到触及 L2 时，关闭阀门 Y1，同时打开电磁阀 Y2 的阀门、注入药液 B；当液面升高到触及 L1 时，关闭阀门 Y2，同时起动搅拌电动机开始搅动；搅拌一定时间后，停止搅拌并开启电磁阀 Y3 的阀门，排放混合液体；当液面低于 L3 时，再经过短暂延时后关闭阀门 Y3，停止排放液体，同时自动起动下一周期的药液混合搅拌工作。如果点动停止按钮，则终止上述操作。

当溶液浸泡到液位传感器时，传感器输出高电平，即 **1** 状态的信号，否则输出低电平信号，即 0 状态信号。实验时，可使用按钮模拟液位信号。根据液体混合控制的要求，PLC 可按表 9-9 进行 I/O 分配。

表 9-9　液体混合的模拟控制 I/O 分配表

输入		输出	
控制信号	输入端口	驱动信号	输出端口
起动信号（按钮 SB1）	I0.0	电磁阀 Y1	Q0.1
停止信号（按钮 SB2）	I0.4	电磁阀 Y2	Q0.2
液位传感器 L1（按钮 SB3）	I0.1	电磁阀 Y3	Q0.3
液位传感器 L2（按钮 SB4）	I0.2	搅拌电动机 M	Q0.0
液位传感器 L3（按钮 SB5）	I0.3		

2. 实验要求

1）设搅拌电动机工作时长为 30s；液体排放、液位下降到低位 L3 时，再延时 3s 后关闭阀门。

2）采用经验设计法或顺序控制设计法设计实现液体混合控制的梯形图程序。提示：由于使用按钮模拟液位检测，设计程序时应注意设置输出信号的自锁。

在梯形图编程器中录入程序并编译后，下载到 PLC 中，然后运行程序；按照合理的时间间隔，依次操作各个按钮（SB1→SB4→SB3→SB5→SB2），观察各个输出指示灯的状态，判断程序设计的正确性。

9.4.4 装配流水线的模拟控制

1. 控制问题简述及 I/O 分配

装配流水线是工业企业实现批量生产不可或缺的设备，是生产流水线的一种。例如，在食品加工、水产及农副产品加工、饮料生产、制药、电器制造等行业中大量使用了各种类型的装配流水线。装配流水线是人和机器的有效组合，流水线上有多个工位，分别完成不同的工艺，按流水线传输的方向，上一道工艺完成后，才能进行下一道工艺。每一道工艺的完成，可以由操作者发出信号，或者由流水线上的检测装置自动检测。因此，装配流水线的传输方式有同步传输（强制式）和非同步传输（柔性式）两种，以实现手工装配或半自动装配，充分体现了设备的灵活性。

某产品的环形装配流水线上有 G1、G2、G3 和 G4 四个基础工位，还有 A、B、C 三个操作工位。当每个半成品进入该流水线时，首先经过 G1~G4 四个基础工位的工艺流程后，到达 A 工位完成一道加工；然后再次循环经过 G1~G4 四个基础工位的工艺流程后，到达 B 工位完成第二道加工；此后，第三次循环经过 G1~G4 四个基础工位的工艺流程后，到达 C 工位完成第三道加工，至此完成一件成品。最后，成品随流水线进入仓库 D。该装配流水线的工艺流程示意图如图 9-14 所示。

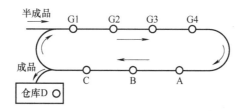

图 9-14 装配流水线的工艺流程示意图

假设产品到达每一个工位时，点亮该工位的指示灯，延时一定时间（完成相应的工艺）后自动传输到下一个工位，再点亮下一个工位的指示灯。直到成品传输进入仓库、点亮成品入库指示灯 D。该系统设置一个起动按钮和一个停止按钮，当点动起动按钮时，流水线的传输带开始运转；当点动停止按钮时，流水线的传输带停止运转，且停止所有的装配工艺。当有半成品到达流水线时，产生移位信号（使用按钮模拟），半成品首先进入 G1 工位，点亮 G1 工位的指示灯，然后按照工艺流程逐步完成装配。

根据装配流水线的工艺要求，PLC 控制系统的 I/O 端口可按表 9-10 进行分配。

表 9-10　装配流水线的模拟控制 I/O 分配表

输入		输出			
控制信号	输入端口	驱动信号	输出端口	驱动信号	输出端口
起动信号（按钮 SB1）	I0.0	操作 A	Q0.0	基础工艺 G2	Q0.4
停止信号（按钮 SB2）	I0.1	操作 B	Q0.1	基础工艺 G3	Q0.5
移位信号（按钮 SB3）	I0.2	操作 C	Q0.2	基础工艺 G4	Q0.6
		基础工艺 G1	Q0.3	仓库 D	Q0.7

2. 实验要求

假设在 G1~G4 四个基础工位产品的加工时间为 5s，在 A、B、C 三个操作工位产品的加工时间为 20s；产品在四个基础工位之间的传输时间为 3s，从 G4 传输到 A、B、C 三个工位的时间分别为 4s、7s、10s。

试设计一个能够跟踪指示产品位置的 PLC 程序。提示：由于没有设置产品的位置检测，因此，只能按照时间控制的原则设计本程序；移位信号代表半成品首次到达 G1 工位。

在梯形图编程器中录入程序并编译后，下载到 PLC 中，然后运行程序；操作各个按钮，观察各个输出指示灯的状态，判断程序设计的正确性。

9.5　复杂控制程序设计

9.5.1　机械手模拟控制程序

1. 控制问题简述及 I/O 分配

某气动搬运机械手的动作示意图如图 9-15 所示。机械手的初始位置处于左上方，手臂为放松状态。当起动机械手工作时，机械手由初始位置开始依次完成下列 8 个动作：下降→夹紧工件→上升→右移→再下降→松开工件→再上升→左移，并周而复始地工作。机械手的升降与左右移动的转换是由对应的行程开关控制的，而工件的夹紧与放松动作的转换是依靠设定的时间来控制的。机械手的所有动作是由气动驱动的，控制升降和平移动作的电磁阀 CY1、CY2 均有两个线圈，不同的线圈通电，压缩空气走不同的路径，可控制机械手向两个

图 9-15　机械手的动作示意图

相反的方向移动；控制夹紧动作的电磁阀 CY3 只有一个线圈，通电时夹紧，断电时放松。

机械手的运动要求有手动控制和自动控制两种方式。手动控制时，机械手的每一个动作都要依靠操作者操作相应的按钮来实现，8 个动作之间无先后顺序的要求。自动控制时，机械手必须从初始位置开始，按照严格的动作顺序执行。当机械手停在初始位置时，点亮位置指示灯，以提醒操作者。

根据机械手的运动控制要求，该控制系统有 13 个输入控制信号、6 个输出驱动信号，PLC 的 I/O 端口可按照表 9-11 进行分配。

表 9-11　机械手模拟控制 I/O 分配表

输入			
控制信号	输入端口	控制信号	输入端口
运行方式信号（开关 SA1）	I0.0	下降信号（按钮 SB3）	I1.0
上升限位信号（行程开关 SQ1）	I0.1	上升信号（按钮 SB4）	I1.1
下降限位信号（行程开关 SQ2）	I0.2	左移信号（按钮 SB5）	I1.2
左移限位信号（行程开关 SQ3）	I0.3	右移信号（按钮 SB6）	I1.3
右移限位信号（行程开关 SQ4）	I0.4	夹紧信号（按钮 SB7）	I1.4
自动运行起动信号（按钮 SB1）	I0.5	放松信号（按钮 SB8）	I1.5
停止信号（按钮 SB2）	I0.6		
输出			
驱动信号	输出端口	驱动信号	输出端口
下降电磁阀 CY1-2	Q0.1	右移电磁阀 CY2-2	Q0.4
夹紧电磁阀 CY3	Q0.2	左移电磁阀 CY2-1	Q0.5
上升电磁阀 CY1-1	Q0.3	初始位置指示灯 HL1	Q0.0

2. 实验要求

设计一个实现既能手动控制也能自动运行的机械手控制程序。假设夹紧电磁阀通电后，延时 3s 时可认为工件已经完全夹紧，而当夹紧电磁阀断电后，延时 2s 时可认为工件已经完全松开。

提示：

1）自动运行的程序可先画出顺序功能图，再按照顺序控制设计法设计程序。

2）当运行方式开关 SA1 断开时（I0.0 = **0**），设为手动控制方式；当 SA1 闭合时（I0.0 = **1**），则为自动控制方式。

在梯形图编程器中录入程序并编译后，下载到 PLC 中，然后运行程序；操作各个按钮，观察机械手的动作（或各个输出指示灯的状态），判断程序设计的正确性。

9.5.2　电梯模拟控制程序

1. 控制问题简述

电梯是高层建筑中必不可少的垂直运输工具。电梯的种类及分类方式有很多，若按照用途分类，最常用的是乘客电梯和载货电梯。电梯都是由电动机驱动运行的，一般采用 PLC 或微机作为控制器。控制功能越复杂、安全性和舒适性要求越高、楼层数越多都会使控制程序越复杂。

电梯的控制信号主要包括：各楼层的呼梯按钮信号（层站上行或下行呼梯信号）、轿厢内的楼层指令按钮信号（选层信号）、各楼层的位置信号、开关门信号以及安全保护信号等。驱动信号主要包括：轿厢（电动机）上下行信号、电梯运行方向指示灯、呼梯信号指示灯、楼层指示灯、内选楼层信号指示灯等。

乘客电梯的基本控制原则是顺向截梯与最远反向截梯。这是指如果电梯已经上行，即使各层站有下呼信号，也只顺序响应厅外的所有上呼信号，直到需要到达的最远层站（由选层信号指定的最高楼层或有下呼信号的最高楼层）；然后再下行，并顺序响应厅外的所有下呼信号（此时不响应中间层站的上呼信号），直到需要到达的最远层站（由选层信号指定的最低楼层或有上呼信号的最低楼层）。如此反复运行。

2. 程序设计思路及参考程序模块

由于电梯运行是一个随机过程，其控制程序的设计方法大都只能采用经验设计法。为了实现复杂的逻辑判断以及后期程序的可读性，应尽量采用模块化的设计思路，即将程序按照所实现的功能进行分块设计。通常电梯控制程序可分为：运行控制模块、轿厢位置确认模块、楼层数码显示模块、外呼和内选信号（指令）登记及销号模块、定向模块、换速模块、开关门控制模块、安全保护模块等。

本实验不需要考虑电动机的调速、安全保护、楼层数码显示、开关门等控制问题，只要求控制程序实现基本的逻辑判断，使电梯能够正确响应呼梯信号，准确到达目标楼层。控制要求简化后，PLC 的 I/O 点数也将减为最少，I/O 分配可按表 9-12 进行。

表 9-12　电梯模拟控制 I/O 分配表

输入		输出	
控制信号	输入端口	驱动信号	输出端口
内选一层（按钮 SB1）	I0.1	一层门厅指示灯 E1	Q0.1
内选二层（按钮 SB2）	I0.2	二层门厅指示灯 E2	Q0.2
内选三层（按钮 SB3）	I0.3	三层门厅指示灯 E3	Q0.3
一层上呼信号（按钮 SB4）	I0.4	一层上呼指示灯 E4	Q0.4
二层上呼信号（按钮 SB5）	I0.5	二层上呼指示灯 E5	Q0.5
二层下呼信号（按钮 SB6）	I0.6	二层下呼指示灯 E6	Q0.6
三层下呼信号（按钮 SB7）	I0.7	三层下呼指示灯 E7	Q0.7
一层位置信号（行程开关 SQ1）	I1.0	轿厢下行 KM1	Q1.0
二层位置信号（行程开关 SQ2）	I1.1	轿厢上行 KM2	Q1.1
三层位置信号（行程开关 SQ3）	I1.2		
门锁信号（行程开关 SQ4）	I1.3		
起动信号（钮子开关 SA1）	I0.0		

根据该 I/O 分配表，下面给出三楼电梯控制程序的 5 个基本控制模块。

（1）指令登记模块

该模块的功能是将轿厢内的选层按钮信号和门厅（层站）的呼梯按钮信号记忆存储下来。因此，指令登记模块包括选层信号登记与呼梯信号登记两个部分，梯形图如图 9-16 所示。图9-16中，一层~三层的选层信号分别设置标志位 M0.1~M0.3；层站呼梯信号分别设置标志位 M0.4~M0.7；M1.1~M1.3是轿厢到达一层~三层时分别设置的位置信号；M2.0 和 M2.1 是电梯上行与下行的运行方向标志位。由于电梯采取顺向截梯和最远反向截梯的控制原则，因此，运行时应该保持反方向的呼梯信号。

（2）定向模块

该模块的功能是根据轿厢所在的位置、当前的选层信号和呼梯信号，综合判断轿厢下一步应该上行还是下行，给出上行或下行的标志信号，梯形图如图9-17所示。图9-17中，由指令登记模块得到的选层信号和呼梯信号 M0.1~M0.7 设置上行标志 M2.0 和下行标志 M2.1；由轿厢位置信号 M1.1~M1.3 取消定向信号。

图9-16 指令登记模块

图9-17 定向模块

（3）换速模块

该模块的功能是根据轿厢所处的位置和运行方向判断下一个停靠站，在到达预定位置时，发出换速信号，轿厢将减速运行，直到平层停梯。本实验模型每一层只设置了一个位置检测的行程开关，也没有使用变频器，因此，换速信号就是停止信号。换速模块的梯形图如图 9-18 所示。轿厢换速的原因：一是有呼梯信号，轿厢应该在下一个上客层站停梯；二是有选层信号，轿厢应该在乘客需要到达的层站停梯。当轿厢停靠层站时，厅门打开，检测厅门位置的行程开关动作（I1.3=0），清除换速标志信号 M2.2。

（4）轿厢位置确认模块

轿厢位置是电梯运行的基础数据，轿厢位置由位置传感器检测。行程开关、干簧管和旋转编码器等都可以用于检测轿厢的位置。现代电梯基本不再采用行程开关检测位置，但本实验为简化的仿真实验，仍采用行程开关检测轿厢的位置。如图 9-19 所示的梯形图，是产生轿厢位置信号 M1.1~M1.3 的轿厢位置确认模块程序。

（5）运行控制模块

运行控制模块梯形图如图 9-20 所示。当有上行或下行定向标志信号时，产生起动信号 M3.0；起动信号触发定时器 T33（或多个定时器），该定时信号可用于驱动主电源开关闭合、抱闸装置通电释放、设置变频器的参数等。本程序不具备这些功能，仅使用该定时信号产生驱动电动机正、反转的信号 Q1.0 和 Q1.1。当有换速信号 M2.2 时，延时清除起动信号 M3.0。

根据上述模块化程序的设计思路，当楼层数或控制功能增加时，程序易于扩展。请自行设计显示程序。

3. 实验要求

根据图 9-16~图 9-20 所给的程序模块，设计出三层电梯控制的完整梯形图。在梯形图编程器中录入程序并编译后，下载到 PLC 中，然后运行程序；操作各个按钮，观察各个输出指示灯的状态，判断程序设计的正确性。

图 9-18　换速模块

图 9-19　轿厢位置确认模块

图 9-20　运行控制模块

9.5.3　洗衣机模拟控制程序

1. 控制问题简述及 I/O 分配

洗衣机的工作流程由注水、洗衣、排水和脱水 4 个工作流程组成。其中注水、洗衣、排水和脱水是通过水位开关、进水电磁阀和排水电磁阀配合进行控制，从而实现自动控制的。水位上限开关用来控制进水到洗衣机的高水位，水位下限开关用来控制排水水位；进水电磁阀控制水源的通与断；进水时，进水电磁阀打开，洗衣机开始注水；排水时，排水电磁阀打开，将水排出；洗衣时，起动洗涤电动机，脱水时，起动脱水桶（打开脱水阀）。

洗衣机的控制信号包括：起动信号、停止信号、上限水位和下限水位信号、手动排水信号。输出信号包括：洗涤电动机的正、反转信号，进水电磁阀和排水电磁阀信号，脱水桶旋转信号，脱水电磁阀信号等。PLC 的 I/O 端口可按照表 9-13 进行分配。

表 9-13　洗衣机模拟控制 I/O 分配表

输入		输出	
控制信号	输入端口	驱动信号	输出端口
起动信号（按钮 SB1）	I0.0	进水电磁阀及指示灯 HL1	Q0.0
停止信号（按钮 SB2）	I1.0	洗涤电动机 M1 正转	Q0.1
上限水位信号（钮子开关 SA1）	I0.1	洗涤电动机 M1 反转	Q0.2
下限水位信号（钮子开关 SA2）	I0.2	排水电磁阀及指示灯 HL2	Q0.3
手动排水信号（按钮 SB3）	I1.1	脱水电磁阀及指示灯 HL3	Q0.4
		脱水桶电动机 M2 运转	Q0.5
		洗涤完成提示蜂鸣器	Q0.6

2. 实验要求

（1）设计满足如下洗衣过程的控制程序

点动起动按钮、闭合上限水位开关 SA1 和下限水位开关 SA2，进水电磁阀通电，进水阀开启、进水指示灯 HL1 点亮，洗衣桶开始注水；当水位达到上限位置时，SA1 断开，进水电磁阀断电，停止进水，进水指示灯熄灭；水注满 2s 后开始洗涤，洗涤电动机正转 20s，停 2s，再反转 20s，停 2s，如此循环 5 次，洗涤电动机停止，完成洗涤；洗涤完毕，排水电磁阀通电，排水阀开启，排水指示灯 HL2 点亮，开始排水；当水位下降到下限位置以下时，SA2 断开，再延时 3s（表示水已排空）开始脱水，脱水桶电动机起动，脱水阀开启、脱水指示灯点亮，脱水 40s 后停止。至此完成一次从进水到脱水的洗衣过程。

以上洗衣过程循环运行 3 次时，延时 1s 后启动蜂鸣器，提示洗衣完成。使用频率为 1kHz 的脉冲信号驱动蜂鸣器，鸣叫时长为 5s。至此完成了全部操作过程，自动停机。

说明：点动手动排水按钮可以实现手动排水；点动停止按钮可以终止自动循环的洗衣过程，并启动蜂鸣器鸣叫。

（2）设计具有两种洗衣模式的洗衣机控制程序

1）洗衣模式有标准洗涤和强力洗涤两种：强力洗涤时，洗涤电动机高转速运行；标准洗涤时，洗涤电动机低转速运行。

2）洗衣量分为多与少两档，相应地设置高、中、低 3 个水位控制，洗衣量多时，进水采用高水位，洗衣量少时，进水量采用中水位。

洗衣的过程与（1）相同，自拟 I/O 分配表。

在梯形图编程器中录入程序并编译后，下载到 PLC 中，然后运行程序；操作各个按钮，观察洗衣机的运转状态（或各个输出指示灯的状态），判断程序设计的正确性。

附录 部分练习题解答

4-3 解答：Q0.0 和 Q0.1 的时序图，以及与梯形图对应的语句表程序如图 A-1 所示。

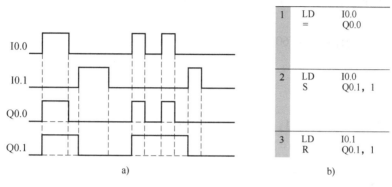

图 A-1 练习题 4-3 解答图

4-8 解答：M0.0 和 M0.1 分别在 I0.0 上升沿和 I0.1 的下降沿到来时接通一个扫描周期，时序图和语句表程序如图 A-2 所示。

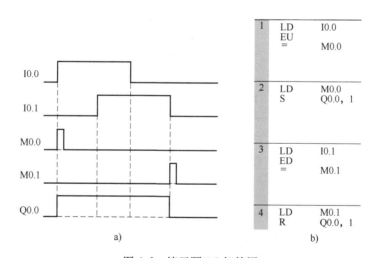

图 A-2 练习题 4-8 解答图

4-9 解答：

1）若长期没有输入信号，I0.0＝**0**，网络 1 中 T37 不会被复位，Q0.0 不会被置 **1**；网络 2 中，SM0.0＝**1**，T37 定时；网络 3 中定时 30s 时 Q0.0 被置 **0**。

2）点动一次按钮，I0.0＝**1**，网络 1 中 T37 被复位，Q0.0 被置 **1**，楼梯灯点亮；网络 2 中，SM0.0＝**1**，T37 定时 30s；网络 3 中定时时间到 T37＝**1**，Q0.0 被置 **0**，灯熄灭。

3）如果两次点动按钮的时间间隔小于 30s，则定时器从最后一次点动按钮松开时刻开始重新定时 30s 后，灯才能熄灭。因为只要点动按钮，定时器将被复位，而置位指令 S 会使输出 Q0.0 一直保持接通。

4-10 解答：

1）按钮长时（大于 60s）断开，I0.0=0，网络 2 中计数器累计秒脉冲 SM0.5 个数，达到 60 个时，C0=1，网络 1 中常闭触点 C0 断开，Q0.0=0。

2）点动一次按钮时，网络 1 中，Q0.0=1 并自锁；网络 2 中计数器被清零，按钮松开后重新累计秒脉冲的个数，达到 60 个时，C0=1，网络 1 中常闭触点 C0 断开，自锁解除，Q0.0=**0**。

3）如果 C0 开始计数后的 60s 内再次点动一次按钮，C0 被清零，网络 1 中常闭触点 C0 保持闭合，自锁有效，Q0.0=**1**。即两次点动按钮的时间间隔小于 60s 时，输出 Q0.0 只能接收到一次信号。

4-11 解答：

1）当开关闭合后，I0.0=1，网络 1 中定时器 T37 开始计时；计时达到或超过 3s 时，网络 2 中比较触点接通，使 Q0.0=**1**，外接 LED 灯点亮；计时达到 6s 时，状态位 T37=**1**，网络 3 中常开触点 T37 接通，使 M0.0=**1**；网络 1 中常闭触点 M0.0 断开，T37 复位，状态位 T37=**0**，使得 Q0.0=**0** 和 M0.0=**0**（M0.0 只接通了一个扫描周期）。下一个扫描周期，只要开关处于闭合状态，上述过程周而复始地进行。因此，LED 灯将以 6s 为周期，亮 3s、灭 3s。

2）时序图如图 A-3 所示。

图 A-3 练习题 4-11 时序图

4-12 解答：

1）网络 1 累计秒脉冲 SM0.5 个数，达到 60 个（60s）时，C0=1；网络 2 累计计数器 C0 产生的脉冲（多少个 60s）。C0 与 C1 都是用自身计数达到计数值的状态位清零。

2）网络 1 与网络 2 实现了时钟的秒计时和分计时，如果再增添网络 3，使用计数器累计 C1 的分脉冲，即可实现对小时的累计。梯形图如图 A-4 所示。

4-13 解答：

1）计数器 C 累计按钮按动的次数，每按两次，状态位 C0=1，起动定时器 T37 短暂定时，0.5s 后使 C0 复位，继而 T37 也就复位了。

2）时序图如图 A-5 所示。

3）程序的逻辑功能：奇数次点动按钮，Q0.0=**1**，LED 点亮；偶数次点动按钮，Q0.0=**0**，LED 熄灭。从时序图可见，输出 Q0.0 的频率是输入 I0.0 的一半，即二分频。

4-14 解答：梯形图如图 A-6 所示。

4-15 解答：

1）时序图如图 A-7 所示。

2）逻辑功能的异同如下：图 4-33a 所示程序运行的结果是 A 灯亮—A 灯灭、B 灯亮—全灭—A 灯亮；图 4-33b 所示程序运行的结果是 A 灯亮—A 灯与 B 灯同亮—A 灯灭、B 灯亮—全灭—A 灯亮。

图 A-4 练习题 4-12 梯形图

图 A-5 练习题 4-13 时序图

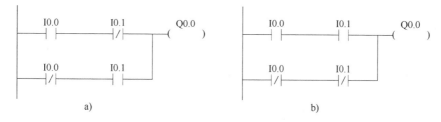

图 A-6 练习题 4-14 梯形图

4-16 解答：

1）程序段 1 是初始化程序，PLC 首个通电周期，SM0.1 接通，使 M0.0 ~ M0.3 4 位清零。

2）时序图略。

3）共驱动 4 只灯顺序循环点亮，每只灯点亮 1s，每个周期的第 5s 所有灯全灭，故每个周期的时间为 5s。

4-17 解答：

1）当 I1.0 = I1.1 = 1 时，从 PLC 通电开始，彩灯从 LED0 开始顺次点亮，即每间隔 1s 增加点亮一只灯，第 8s 时，8 只灯全亮后，状态不再变化。

图 A-7　练习题 4-15 时序图

2）如果 I1.0＝1，I1.1＝0，PLC 通电后，QB0 中的 8 位数据始终为 0，全部彩灯始终不亮。

3）如果 N＝-8，则在上述 1）的输入状态时，彩灯将从 LED7 开始顺次点亮；在上述 2）的输入状态时，全部彩灯仍然始终不亮。

4）若要操作按钮使 I0.0 通断，则应当将 I1.0 设为 0；每点动按钮一次，点亮一只彩灯，按动 8 次后，8 只彩灯顺次全部点亮。这是手动控制彩灯。

4-18 解答：

1）当 PLC 通电后，SM0.0＝1，执行 3 条指令：第一条传送指令，将时间的分钟值 BCD 码 00110101（35 分）传送到累加器 AC0 中（占用其低 8 位）；第二条转换指令，将 AC0 中的 BCD 码转换为整数，AC0 中低 8 位为 00100011；第三条传送指令，将 AC0 中的低 8 位传送到 VB25。

2）最终 VB25 中数据为整数 00100011。该程序实现了将时间值转换为整数的功能。

5-1 解答：

计数范围为 50000 的计数程序如图 A-8 所示。I1.5 是计数脉冲输入。

5-2 解答：

100h 的长定时程序如图 A-9 所示。I0.0 是起动信号，I0.1 是停止信号。

图 A-8　练习题 5-1 解答图

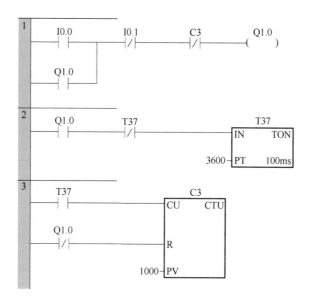

图 A-9 练习题 5-2 解答图

5-5 解答:

检测传送带上产品是否正常通过的程序如图 A-10 所示。

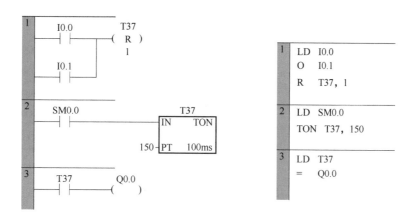

图 A-10 练习题 5-5 解答图

5-6 解答:

显示系统时间的梯形图程序如图 A-11 所示。

程序解释:系统时钟的秒值存放在 VB5 中,高 4 位为十位、低 4 位为个位;通过段码指令将秒值的个位转换为能驱动七段 LED 显示器的信号,并存放在 QB0 中。Q0.0~Q0.6 分别与 LED 显示器的 a、b、c、d、e、f、g 相连

5-7 解答:

具有运行状态指示灯的异步电动机正、反转控制的梯形图程序及 I/O 分配图如图 A-12 所示。

图 A-11　练习题 5-6 解答图

a)　　　　　　　　　　　　　　　　b)

图 A-12　练习题 5-7 解答图

5-8 解答：

所有起动与停止按钮均采用常开触点按钮，热继电器使用常闭触点。甲地起动与停止按钮信号接至 I0.0 和 I0.1；乙地起动与停止按钮信号接至 I0.2 和 I0.3；过载信号接至 I0.4。梯形图如图 A-13 所示。

5-9 解答：

所有起动与停止按钮均采用常开触点按钮，热继电器使用常闭触点。点动与停止信号 I0.0；连续运行起动信号 I0.1；过载信号 I0.2。梯形图如图 A-14 所示。

图 A-13　练习题 5-8 梯形图

图 A-14 练习题 5-9 梯形图

5-10 解答：

绕线转子异步电动机串联电阻起动控制程序及 I/O 分配图如图 A-15 所示。

a)

b)

图 A-15 练习题 5-10 解答图

可编程序控制器原理与应用基础（第3版）

5-11 解答：
两台三相交流异步电动机顺序起停控制程序及 I/O 分配图如图 A-16 所示。

a)   b)

图 A-16　练习题 5-11 解答图

5-12 解答：
两部件交错运行控制梯形图程序如图 A-17 所示。

5-13 解答：
1）工作时序图略；
2）梯形图如图 A-18 所示。

5-14 解答：
8 只彩灯按规律点亮控制语句表程序如图 A-19 所示。采用不同设计方法的 8 只彩灯按规律点亮控制的梯形图程序如图 A-20 所示。

5-15 解答：
8 只彩灯循环移位点亮控制程序如图 A-21 所示。

5-16 解答：
3 台三相笼型异步电动机顺序控制程序如图 A-22 所示。

1 初始化

```
   SM0.1        Q0.0
   ──┤ ├──      ─( R )
                   4
```

2 A和B均在原位且无停止信号，起动信号置位运行使能信号

```
   I0.0              I0.2     I0.4      M0.0
   ──┤ ├──┤P├──    ──┤ ├──   ──┤ ├──   ─( S )
                                          1
```

3 A在原位且B退回到原位时，或操作停止按钮复位使能信号

```
   I0.2      I0.4                        M0.0
   ──┤ ├──   ──┤ ├──────┬──┤P├──       ─( R )
                        │                  1
   I0.1                 │
   ──┤ ├────────────────┘
```

4 M1正转，A右行

```
   M0.0     I0.3     I0.4     Q0.1     Q0.0
   ──┤ ├──  ──┤/├──  ──┤ ├──  ──┤/├──  ─(   )
```

5 A到达a2位停止时启动定时器

```
   I0.3     I0.4              T37
   ──┤ ├──  ──┤ ├──        ┌─────────┐
                          IN    TON
                           │         │
                      300─ PT   100ms
                          └─────────┘
```

6 A在a2位停止定时到，则M2正转，B左行

```
   T37      M0.0     I0.5     Q0.3     Q0.2
   ──┤ ├──┬──┤ ├──  ──┤/├──  ──┤/├──  ─(   )
          │
   Q0.2   │
   ──┤ ├──┘
```

7 B到达b2位起动M1反转，A左行；可点动I0.6退回

```
   I0.5     M0.0     I0.2     Q0.0     Q0.1
   ──┤ ├──┬──┤ ├──  ──┤/├──  ──┤/├──  ─(   )
          │
   I0.6   │
   ──┤ ├──┘
```

8 A退回a1位停止时启动定时器

```
   I0.2     I0.5              T38
   ──┤ ├──  ──┤ ├──        ┌─────────┐
                          IN    TON
                           │         │
                      150─ PT   100ms
                          └─────────┘
```

9 A在a1位停止定时到，则M2反转，B右行；可点动I0.7退回

```
   T38      M0.0     I0.4     Q0.2     Q0.3
   ──┤ ├──┬──┤ ├──  ──┤/├──  ──┤/├──  ─(   )
          │
   Q0.3   │
   ──┤ ├──┤
          │
   I0.7   │
   ──┤ ├──┘
```

图 A-17 练习题 5-12 梯形图

图 A-18　练习题 5-13 梯形图

1	初始化	7	8只灯同时熄灭定时1s	12	点亮5#
	LD SM0.1		LD T38		LD C0
	O T38		TON T39，10		A T37
	R M0.0，8	8	点亮1#		O M0.4
2	设置状态1		LD C0		AN T38
	LD I0.0		A T37		= Q0.4
	O T39		O M0.0	13	点亮6#
	EU		AN T38		LD C0
	S M0.0，1		= Q0.0		A T37
3	字节循环左移控制状态转移	9	点亮2#		O M0.5
	LD I0.0		LD C0		AN T38
	A SM0.5		A T37		= Q0.5
	EU		O M0.1	14	点亮7#
	AN C0		AN T38		LD C0
	RLB MB0，1		= Q0.1		A T37
4	字节循环移位1周，累加1	10	点亮3#		O M0.6
	LD M0.7		LD C0		AN T38
	EU		A T37		= Q0.6
	LD T39		O M0.2	15	点亮8#
	CTU C0，2		AN T38		LD C0
5	循环两周时定时1s等待		= Q0.2		A T37
	最后一只灯点亮1s	11	点亮4#		O M0.7
	LD C0		LD C0		AN T38
	TON T37，10		A T37		= Q0.7
6	8只灯同时点亮定时3s		O M0.3		
	LD T37		AN T38		
	TON T38，30		= Q0.3		

图 A-19 练习题 5-14 语句表

5-17 解答：

三相绕线转子异步电动机串联电阻三级起动控制如图 A-23 所示。

5-18 解答：

图 5-64 对应的 SFC 及梯形图程序如图 A-24 所示。

5-19 解答：

信号灯控制的顺序功能图及梯形图程序如图 A-25 和图 A-26 所示。

5-20 解答：

图 5-66 所示的顺序功能图对应的梯形图如图 A-27 所示。

5-21 解答：

零件加工工序控制的顺序功能图和梯形图程序如图 A-28 和图 A-29 所示。

5-25 解答：

1）小车四位控制。I/O 分配表见表 A-1。

图 A-20　练习题 5-14 梯形图

图 A-21　练习题 5-15 梯形图

图 A-22　练习题 5-16 梯形图

图 A-23　练习题 5-17 解答图

表 A-1　练习题 5-25 I/O 分配表

输入		输出	
控制信号	输入端口	驱动信号	输出端口
停止按钮 SB1（常开触点）	I0.0	正转运行	Q0.0
起动按钮 SB2（常开触点）	I0.1	正转运行指示灯	Q0.1
装料位置信号 SQA（常开触点）	I0.2	反转运行	Q0.2
卸料位置信号 SQB（常开触点）	I0.3	反转运行指示灯	Q0.3
卸料位置信号 SQC（常开触点）	I0.4	A 位指示灯	Q0.4
卸料位置信号 SQD（常开触点）	I0.5	B 位指示灯	Q0.5
过载信号（常闭触点）	I0.6	C 位指示灯	Q0.6
		D 位指示灯	Q0.7

图 A-24　练习题 5-18 解答图

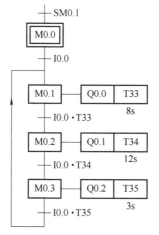

图 A-25　练习题 5-19 顺序功能图

图 A-26　练习题 5-19 梯形图

图 A-27 练习题 5-20 梯形图

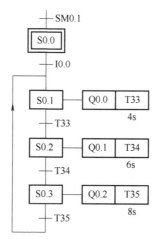

图 A-28 练习题 5-21 顺序功能图

图 A-29　练习题 5-21 梯形图

2）顺序功能图如图 A-30 所示，采用顺序控制继电器指令设计的梯形图如图 A-31 所示。

图 A-30　练习题 5-25 小车四位控制顺序功能图

3）经验设计法设计的梯形图如图 A-32 所示。

5-26 解答：搅拌机电动机正、反转控制如图 A-33 所示。

5-27 解答：设 3 个地点的控制开关信号为 A、B 和 C，分别接至输入端口 I0.0、I0.1 和 I0.2；开关的组合信号 F 由 Q0.0 输出，驱动灯，如图 A-34 所示。

5-28 解答：排风扇运行状态检测的状态表如图 A-35 所示。根据状态表列出逻辑函数式，并化简。

设 A、B、C 和 D 4 台排风扇的运行状态分别接至输入端口 I0.0、I0.1、I0.2 和 I0.3；排风扇的运行状态的组合信号 F_1 和 F_2 由 Q0.0 和 Q0.1 输出，驱动指示灯。程序如图 A-35 所示。

5-29 解答：三人抢答逻辑控制程序如图 A-36 所示。图中，I0.0 是复位按钮，I0.7 是起动按钮，I0.1～I0.3 是 3 个抢答按钮。请自行修改成四人或五人抢答控制程序。

5-30 解答：双钻头控制梯形图如图 A-37 所示。

5-31 解答：

1）交通灯控制程序编程方法一：使用定时器指令与比较指令的梯形图如图 A-38 所示。

2）编程方法二：使用定时器指令的梯形图如图 A-39 所示。

3）编程方法三：使用顺序控制继电器指令的梯形图如图 A-40 所示。增加功能：系统上电但没有起动时，点亮两个方向的黄灯。

图 A-31　练习题 5-25 小车四位控制梯形图（一）

图 A-32　练习题 5-25 小车四位控制梯形图（二）

图 A-33　练习题 5-26 梯形图

A	B	C	F
0	0	0	0
0	0	1	1
0	1	1	0
0	1	0	1
1	1	0	0
1	0	0	1
1	0	1	0
1	1	1	1

$F = \bar{A}\bar{B}C + \bar{A}B\bar{C} + A\bar{B}\bar{C} + ABC$

a)

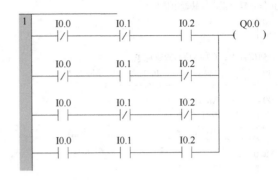

b)

图 A-34　练习题 5-27 解答图

A	B	C	D	F_1(绿灯)	F_2(红灯)
0	×	×	×	0	1
1	0	0	0	0	1
1	0	0	1	0	1
1	0	1	0	0	1
1	0	1	1	1	0
1	1	0	0	0	1
1	1	0	1	1	0
1	1	1	0	1	0
1	1	1	1	1	0

$F_1 = A\bar{B}CD + AB\bar{C}D + ABC\bar{D} + ABCD$
$\quad = ACD + ABD + ABC$

$F_2 = \bar{F_1}$

a)

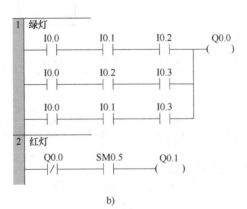

b)

图 A-35　练习题 5-28 解答图

图 A-36　练习题 5-29 梯形图

图 A-37　练习题 5-30 梯形图

图 A-38　练习题 5-31 梯形图（一）

图 A-39　练习题 5-31 梯形图（二）

图 A-40　练习题 5-31 梯形图（三）

参 考 文 献

[1]　刘凤春，王林，周晓丹. 可编程序控制器原理与应用基础［M］. 2版. 北京：机械工业出版社，2016.

[2]　西门子（中国）有限公司. S7-200可编程序控制器系统手册（V2.3）［Z］. 2017.

[3]　西门子（中国）有限公司. S7-200可编程序控制器产品样本［Z］. 2020.

[4]　西门子（中国）有限公司. 深入浅出西门子S7-200 SMART PLC［M］. 2版. 北京：北京航空航天大学出版社，2018.

[5]　北岛李工. 西门子S7-200 SMART PLC应用技术：编程、通信、装调、案例［M］. 北京：化学工业出版社，2020.

[6]　李建兴. 可编程序控制器应用技术［M］. 北京：机械工业出版社，2004.

[7]　常斗南. 可编程序控制器原理·应用·实验［M］. 北京：机械工业出版社，2005.

[8]　陈宇，段鑫. 可编程序控制器基础及编程技巧［M］. 广州：华南理工大学出版社，2002.

[9]　汪晓光，孙晓瑛，等. 可编程序控制器原理及应用［M］. 北京：机械工业出版社，2003.

[10]　王永华. 现代电气控制及PLC应用技术［M］. 北京：北京航空航天大学出版社，2003.

[11]　张伯龙. 可编程逻辑控制器使用教程［M］. 北京：国防工业出版社，2008.

[12]　高钦和. 可编程控制器应用技术与设计实例［M］. 北京：人民邮电出版社，2004.

[13]　廖常初. PLC编程及应用［M］. 北京：机械工业出版社，2005.

[14]　杨后川，张春平，等. 三菱PLC应用100例［M］. 北京：电子工业出版社，2013.

[15]　陈浩，刘振全，王汉芝. 台达PLC编程技术及应用案例［M］. 北京：化学工业出版社，2014.

[16]　西门子（中国）有限公司. S7-1200可编程序控制器系统手册［Z］. 2012.